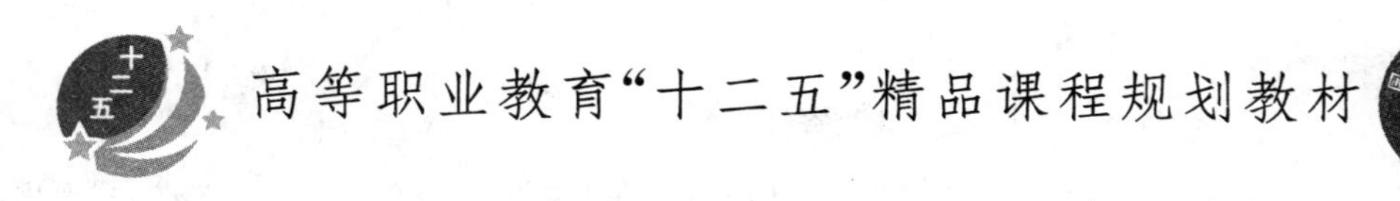

单片机原理及应用

（第 2 版）

刘焕平　童一帆　编著

北京邮电大学出版社
www.buptpress.com

内容简介

本书以 80C51 系列单片机为核心，系统介绍了 80C51 系列单片机的结构原理和应用技术。主要内容包括单片机入门、单片机的基本结构及原理、指令系统、汇编语言程序设计、内部并行口的应用、中断系统及应用、定时计数器及应用、串行口及应用、单片机的扩展技术、单片机应用系统设计实例等。

本书内容全面、结构合理、条理清晰、通俗易懂，列举了大量的应用实例，所有实例都经过了验证。本书第 4 章以后各章节的实例均以任务的形式出现，每个任务都是一个独立的完整的单片机控制系统，任务的编写按照学习目标、任务描述、任务实施、任务拓展等环节进行，符合人的认知规律和由简单到复杂的原则，旨在加深学习者对单片机控制系统设计过程的了解，养成良好的设计习惯。每章末配有习题，便于教学与自学。

本书既可作为高等职业院校机电类、电子类、通信类及计算机类专业相关课程的教学用书，又可作为单片机技术的培训教材，同时也可作为广大从事单片机应用开发的科研人员的参考用书。特别适合于高职高专院校的项目教学、教学做一体教学等方法。

图书在版编目(CIP)数据

单片机原理及应用/刘焕平，童一帆编著. --2 版. --北京：北京邮电大学出版社，2013.1

ISBN 978-7-5635-3080-9

Ⅰ.①单… Ⅱ.①刘…②童… Ⅲ.①单片微型计算机—高等职业教育—教材 Ⅳ.①TP368.1

中国版本图书馆 CIP 数据核字(2012)第 109307 号

书　　名：单片机原理及应用（第 2 版）
编 著 者：刘焕平　童一帆
责任编辑：彭　楠
出版发行：北京邮电大学出版社
社　　址：北京市海淀区西土城路 10 号（邮编：100876）
发 行 部：电话：010-62282185　传真：010-62283578
E-mail：publish@bupt.edu.cn
经　　销：各地新华书店
印　　刷：北京联兴华印刷厂
开　　本：787 mm×1 092 mm　1/16
印　　张：17.75
字　　数：442 千字
印　　数：1—3 000 册
版　　次：2008 年 8 月第 1 版　2013 年 1 月第 2 版　2013 年 1 月第 1 次印刷

ISBN 978-7-5635-3080-9　　定　价：38.00 元

前　言

随着电子技术和计算机技术的进一步发展，单片机技术已成为计算机技术的一个独特分支，已越来越广泛地应用于智能仪表、国防工业、工业控制、日常生活等众多领域。它不仅使人类进入一个新的科学技术和工业革命，而且是发展新技术、改造老技术的强有力的武器。单片机技术加快了智能控制系统的革命，促进了生产力的发展和人类智能化的进程。目前，单片机控制系统正以空前的速度取代经典电子控制系统。学习单片机并掌握其设计使用技术已经成为当代大学生和一些工程技术人员必备的技能。很多企业迫切需要大量熟练掌握单片机技术，并能开发、应用和维护管理单片机控制系统的高级工程技术人员。为了适应这一人才培养目标，配合机电类、电子类、通信类及计算机类等相关专业的专业建设和教材改革的需要，我们编写了这本教材。

本书在介绍单片机时，是以80C51系列为例进行讲述的。而在介绍具体型号时选用了Atmel公司的AT89系列产品。89系列单片机源于经典的MCS-51系列，实际上属于80C51系列。考虑到教学的连续性及89系列单片机开发装置的普及性，本书的单片机芯片采用89S51单片机(因为Atmel公司AT89C51已停产，取代89C51的产品是89S51)，在作一般性介绍时还是以80C51系列单片机为代表。

本书结合职业教育的特点，以“必需、够用”为原则，以“任务驱动”为导向，首先介绍了单片机入门知识(第1章)，并以80C51系列单片机为核心，系统地介绍了单片机的结构及原理(第2章)、指令系统(第3章)、汇编语言程序设计(第4章)、并行口及应用(第5章)、中断系统及应用(第6章)、定时/计数器及应用(第7章)、串行口及应用(第8章)、单片机的扩展技术(第9章)、单片机应用系统设计实例(第10章)。

本书将单片机内部并行口的应用作为第5章，并在该章介绍常用外设及其与单片机的接口电路和驱动程序，符合单片机的发展趋势。因为随着芯片集成度的提高，单片机的功能越来越强大。一般直接将单片机与外部设备连接就可以构成符合要求的控制系统，而不需要扩展芯片。所以供初学者使用的单片机教材，以单片机内部资源的应用为主，介绍单片机与各种外设的连接更符合单片机的发展趋势。另外，学习者对单片机的应用有了一定了解之后，更容易学习中断技术与定时计数技术，而且能够学以致用，所以本书将中断技术与定时计数技术放在单片机内部并行口的应用之后讲解。

本书力求紧密结合职业技术教育的特点，注重理论联系实际，特别对组成单片机控制系统的常用外设及其与单片机的接口电路和驱动程序等作了详细介绍，重在突出实用性，加强实践能力的培养。

本教材分三大模块：编程能力训练、单片机内部资源的应用和单片机扩展技术。首先介绍单片机的基础知识、编程结构和编程方法，然后介绍单片机的内部资源及其应用，最后介绍单片机扩展技术。本书结构合理、条理清晰、通俗易懂，列举了大量的应用实例，所有实例都经过了验证，并在每章末配有习题，便于教学与自学。

本书由石家庄职业技术学院刘焕平（第1～9章）和童一帆（第10章）编写，刘焕平统稿。本书引用了部分国内外的文献资料，主要来源见参考文献。在此编者对所选用参考文献、参考资料的编著者及对出版本书提供帮助的诸多同志表示衷心感谢。

本教材是国家级精品课程的配套教材，请从石家庄职业技术学院主页进入精品课程教学网页获得更多相关配套资源。

由于编者水平有限，书中难免有疏漏之处，恳请广大读者批评、指正。

编著者

目　录

第1章 单片机入门知识

单片机具有功能强、速度快、体积小、功耗低、使用方便、性能可靠、价格低廉等优点。目前,单片机控制系统正以空前的速度取代经典电子控制系统,逐步取代现有的多片微机应用系统。学习单片机并掌握其应用技术已经成为广大理工科院校的学生和科技人员必备的技能。

1.1 单片微型计算机概述

1946年美国宾夕法尼亚大学为了弹道设计的需要,设计了世界上第一台数字电子计算机。自第一台计算机问世以来,随着电子技术的发展,电子计算机经历了从电子管、晶体管、集成电路到大规模集成电路4个发展阶段,即通常所说的第一代、第二代、第三代、第四代电子计算机。微型计算机属于第四代电子计算机,它是计算机技术和大规模集成电路技术相结合的产物。微型计算机的出现是数字电子计算机广泛应用到人们日常工作、生活领域中的一个重大转折点,它对社会产生了极大的影响。

随着大规模集成电路技术的不断发展,导致微型机向两个主要方向发展:一是向高速度、大容量、多媒体和网络应用等方向发展;二是向稳定可靠、体积小、功耗低、价格廉、专用型方向发展。20世纪70年代中期,单片机诞生。随着单片机的出现,人们将计算机嵌入到对象体系中,使实现对象的智能化控制成为可能。从此,计算机开始进入各种专用的智能化控制领域。

1.1.1 计算机、微型计算机与单片机的区别

计算机按其规模大小和功能强弱可以分成5种:巨型机、大型机、中型机、小型机和微型机。无论哪种计算机,都由硬件系统(简称硬件,指计算机中看得见、摸得着的物理实体)和软件系统(为使计算机正常工作而设置的命令)共同构成。硬件只是使计算机具备了处理数据的可能,要使计算机脱离人的干预自动进行工作,还需要有软件的配合。硬件与软件相辅相成,缺一不可。

从系统结构和基本工作原理来看,计算机、微型计算机与单片机应用系统并无本质区别,它们的硬件均由运算器、控制器、存储器、输入设备、输出设备五部分组成。随着大规模集成电路技术的发展,运算器和控制器集成在一块半导体芯片上,称之为微处理器,简称CPU芯片;存储器由半导体存储器芯片组成;输入设备和输出设备(统称为外部设备,简称

为外设)通过输入/输出接口(简称 I/O 口)与各部件交换信息;CPU 芯片、存储器芯片、I/O 口芯片通过数据总线(DB)、地址总线(AB)、控制总线(CB)交换信息,这就构成了微型计算机的硬件系统。微型计算机的结构示意图如图 1.1 所示。

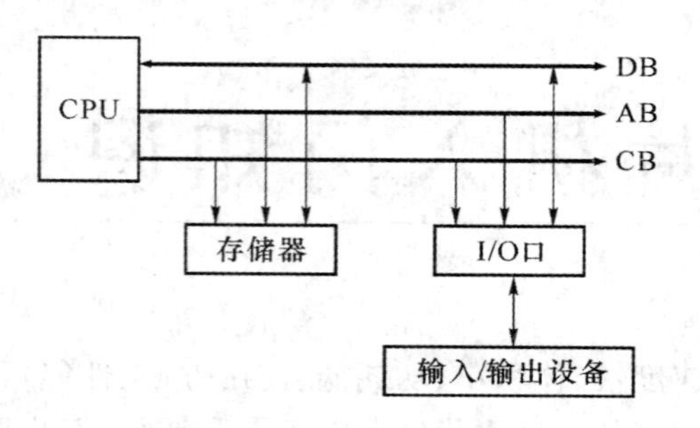

图 1.1 微型计算机的结构示意图

图 1.1 中地址总线的作用是在进行数据交换时提供地址,CPU 通过它们将地址输出到存储器或 I/O 接口;数据总线的作用是传送 CPU 与存储器之间的数据或 CPU 与 I/O 接口之间的数据,或存储器与外设之间的数据;控制总线包括 CPU 发出的控制信号线和外部送入 CPU 的应答信号线等。

将组成微型计算机的 CPU、存储器、I/O 口等部件集成在一个芯片上,即构成单片微型计算机(Single Chip Microcomputer,SCM),此芯片称为单片(单芯片)机。单片机具备一套功能完善的指令系统,其内部组成框图如图 1.2 所示。

由图 1.2 可见,在单片机的内部,各主要部件通过内部总线连接为一体。

需要注意的是,单片机本身只是一个集成度高、功能强的电子元件,只有当它与某些器件或设备有机地结合在一起时才构成了单片机应用系统的硬件部分,配置适当的工作程序后,就可以构成一个真正的单片机应用系统,完成特定的任务。

一个简单的单片机应用系统的结构示意图如图 1.3 所示。

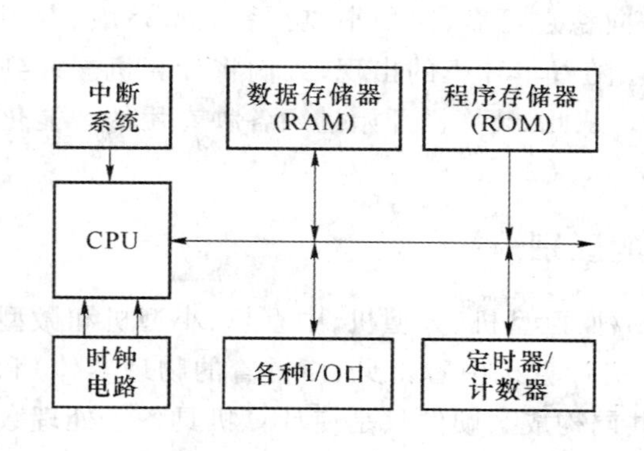

图 1.2 单片机内部组成框图

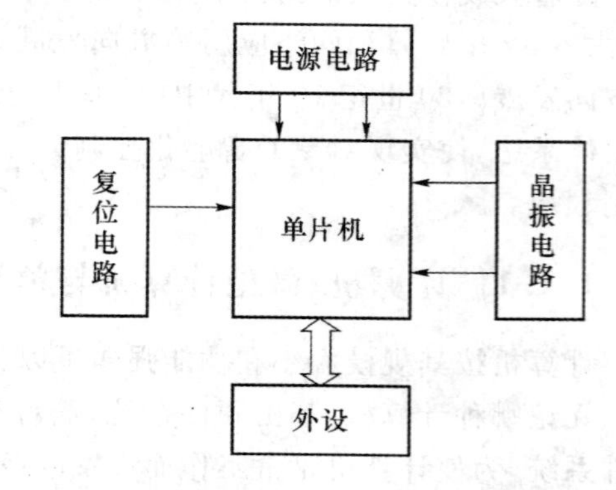

图 1.3 简单的单片机应用系统的结构示意图

1.1.2 单片机的发展

1975 年,美国德克萨斯公司推出世界上第一个 4 位 TMS-1000 型单片机,开创了单片机的历史。4 位单片机具有较高的性能价格比,主要用于家用电器和电子玩具,如电视机、空调机、洗衣机、微波炉等。1976 年美国英特尔(Intel)公司首次推出了 8 位单片机 MCS-48 系列,从而进入了8位单片机时代。如果以8位单片机的推出作为起点,单片机的发展历史大致可分为4个阶段。

1. 单片机的探索阶段

20世纪70年代,美国的仙童(Fairchil)公司首先推出了第一款单片机F-8,随后Intel公司推出了影响面更大、应用更广的MCS-48系列单片机。这一时期的单片机功能较差,一般都没有串行I/O接口,几乎不带A/D、D/A转换器,中断控制和管理能力也较弱,并且寻址空间的范围小(小于8 KB)。MCS-48系列单片机的推出,标志着工业控制领域进入了智能化嵌入式应用的芯片形态的计算机的探索阶段。参与这一探索的还有Motorola、Zilog等大公司,它们都取得了满意的探索效果。这就是单片微型计算机的诞生年代,单片机一词即由此而来。

2. SCM的完善阶段

1980年英特尔(Intel)公司推出了MCS-51系列单片机,该系列单片机在芯片内集成有8位CPU、4 KB的程序存储器、128 B的数据存储器、4个8位并行口、1个全双工串行口、2个16位计数/定时器,寻址范围为64 KB,并集成有控制功能较强的布尔处理器。此阶段单片机的主要特点是结构体系完善,性能已经大大提高,面向控制的特点和性能进一步突出。

随着MCS-51系列单片机在结构上的逐渐完善,它在这一阶段的领先地位被确定。MCS-51系列单片机曾经在世界单片机市场占有50%以上的份额,多年来,国内一直以MCS-51系列单片机作为教学的主要机型。在这一阶段摩托罗拉(Motorola)公司的M68系列和Zilog公司的Z8系列也占据了一定的市场份额。

3. 从SCM向MCU的过渡阶段

为了满足测控系统要求的各种外围电路与接口电路,突出其智能化控制能力,飞利浦(Philips)等一些著名半导体厂商以其在嵌入式应用方面的巨大优势,在8051基本结构的基础上,增加了外围电路的功能,突出了单片机的控制功能,将一些用于测量控制系统的模数转换器、程序运行监视器、脉宽调制器等纳入单片机芯片中,体现了单片机的微控制器(Micro Controller Unit,MCU)特征。在发展MCU方面,最著名的厂家当数飞利浦公司。

4. MCU的百花齐放阶段

在这一阶段,单片机已成为工业控制领域中普遍采用的智能化控制工具——小到玩具、家电行业,大到车载、舰船电子系统,遍及计量测试、工业过程控制、机械电子、金融电子、商用电子、办公自动化、工业机器人、军事和航空航天等领域。为满足不同的要求,出现了高速、大寻址范围、强运算能力和多机通信能力的8位、16位、32位通用型单片机,小型廉价型、外围系统集成的专用型单片机,还有功能全面的片上单片机系统(System on Chip,SoC),单片机技术进入了全面发展阶段。

纵观单片机的发展过程,可以预示单片机的发展趋势是将进一步向着CMOS化、低功耗、小体积、低价格、大容量、高性能、外围电路内装化(嵌入式)和串行扩展技术等方向发展。

(1) CMOS化:CHMOS技术的进步促进了单片机的CMOS化。CHMOS电路已经达到LSTTL的速度,传输延迟时间小于2 ns,其综合优势已大于TTL电路,在单片机领域CMOS电路已基本取代了TTL电路。

(2) 低功耗:自20世纪80年代中期以来,NMOS工艺单片机逐渐被CMOS工艺代替,功耗得以大幅度下降。随着超大规模集成电路技术由 3 μm 工艺发展到 1.5 μm、1.2 μm、0.8 μm、0.5 μm、0.35 μm 近而实现 0.2 μm 工艺，全静态设计使时钟频率从直流到数十兆任选，这些都使功耗不断下降。现在，几乎所有的单片机都有待机、掉电等省电运行方式。

(3) **小体积、低价格**：为满足单片机的嵌入式要求，可以通过减少它的内部资源和改变封装形式，如减少内存、减少外部引脚、采用贴片封装形式等，使它的体积更小，价格更低。为了减小体积，有些甚至把时钟、复位电路等外围器件也全部集成到芯片内，从而使其体积更小，性价比更高。现在的许多单片机都具有多种封装形式，其中 SMD(表面封装)越来越受欢迎，使得由单片机构成的系统朝着微型化方向发展。

(4) **大容量**：MCS-51 系列单片机中集成有 4 KB 的 ROM 存储器、128 B 的 RAM 存储器，在很多场合下，存储器的容量不够，必须外接芯片进行扩展。为了简化单片机应用系统的结构，应该加大片内存储器的容量。目前，单片机内部 ROM 的容量已可达 64 KB，RAM 最大为 2 KB。

(5) **高性能**：主要是指进一步改进 CPU 的性能，加快指令运算的速度和提高系统控制的可靠性。采用精简指令集(RISC)结构和流水线技术，可以大幅度提高运行速度。现在指令速度最高者已达 100 兆指令每秒(Million Instruction Per Seconds，MIPS)，并加强了位处理功能、中断和定时控制功能。

(6) **外围电路内装化**：随着集成度的不断提高，众多的各种外围功能器件都可以集成在片内。片内集成的部件有模/数转换器、DMA 控制器、声音发生器、监视定时器、液晶显示驱动器、彩色电视机和录像机用的锁相电路等。

(7) **串行扩展技术**：在很长一段时间里，通用型单片机通过三总线结构扩展外围器件，成为单片机应用的主流结构。随着低价位 OTP(One Time Programable)及各种类型片内程序存储器的发展，加之外围接口不断进入片内，推动了单片机"单片"应用结构的发展。特别是 I^2C、SPI 等串行总线的引入，可以使单片机的引脚设计得更少，单片机系统结构更加简化及规范化。

1.1.3 单片机的特点与应用

单片机的内部结构形式和其采用的半导体制造工艺，决定了它具有很多显著的特点。单片机的主要特点如下。

(1) 集成度高、体积小、可靠性高。单片机把各功能部件集成在一块芯片上，内部采用总线结构，减少了各芯片之间的连线，大大提高了单片机的可靠性与抗干扰能力。此外，由于其体积小，易于采取屏蔽措施，因此，特别适合于复杂、恶劣的工作环境。目前，单片机适用的环境温度划分为 3 个等级，即民用级 0～+70 ℃，工业级 −40～+85 ℃，军用级 −65～+125 ℃。相比较而言，通用型微型计算机一般要求在室温下能够工作，抗干扰能力也较低。

(2) 性能价格比高。单片机的设计和制作技术使其价格明显降低，而其功能却是全面和完善的。

(3) 控制功能强。为了满足工业控制的要求，一般单片机的指令系统中均有极丰富的转移指令、I/O 口的逻辑操作以及位处理功能。单片机的逻辑控制功能及运行速度均高于同一档次的微型计算机。

(4) 功耗低、工作电压低。这使得单片机适合于便携式产品。

(5) 外部总线增加了 I^2C(Inter-Integrated Circuit)及 SPI(Serial Peripheral Interface)等串行总线方式,进一步缩小了体积,简化了结构。

(6) 单片机的系统扩展和系统配置较典型、规范,容易构成各种规模的应用系统。

由于单片机具有显著的优点,它已成为科技领域的有力工具,人类生活的得力助手。它的应用遍及各个领域,主要表现在以下几个方面。

① 单片机在智能仪表中的应用。

单片机广泛地应用于各种仪器仪表中,使仪器仪表智能化,并可以提高测量的自动化程度和精度,简化仪器仪表的硬件结构,提高其性能价格比。

② 单片机在机电一体化技术中的应用。

机电一体化是机械工业发展的方向。机电一体化产品是指集成机械技术、微电子技术、计算机技术于一体,具有智能化特征的机电产品,如微型计算机控制的车床、钻床等。单片机作为产品中的控制器,能充分发挥它的体积小、可靠性高、功能强等优点,大大提高机器的自动化、智能化程度。

③ 单片机在实时控制中的应用。

单片机广泛地应用于各种实时控制系统中。例如,在工业测控、航空航天、尖端武器、机器人等各种实时控制系统中,都可以用单片机作为控制器。单片机的实时数据处理能力和控制功能,可使系统保持在最佳工作状态,提高系统的工作效率和产品质量。

④ 单片机在分布式多机系统中的应用。

在比较复杂的系统中,常采用分布式多机系统。多机系统一般由若干台功能各异的单片机组成,各自完成特定的任务,它们通过串行通信相互联系、协调工作。单片机在这种系统中往往作为一个终端机,安装在系统的某些节点上,对现场信息进行实时的测量和控制。单片机的高可靠性和强抗干扰能力,使它可以置于恶劣环境的前端工作。

⑤ 单片机在人类生活中的应用。

自从单片机诞生以后,它就步入了人类生活,如洗衣机、电冰箱、电子玩具、收录机等家用电器配上单片机后,提高了智能化程度,增加了功能,备受人们喜爱。单片机将使人类生活更加方便、舒适、丰富多彩。

1.2　单片机产品简介

近年来,单片机的发展突飞猛进,大批的半导体生产厂家纷纷推出各自的单片机产品,这些新的单片机产品的性能都有很大提高,有些单片机的速度极高,有些单片机的片内资源非常丰富。自单片机诞生至今,单片机已发展成为几百个系列的上万个机种,使用户有较大的选择余地。随着大规模集成电路的发展,单片机从4位发展到8位、16位、32位,根据近年来的使用情况看,8位单片机使用频率最高,其次是32位单片机。目前教学的首选机型仍然是8位单片机,所以本书重点介绍8位单片机产品。

1.2.1　MCS-51系列单片机

MCS-51系列单片机是Intel公司在1980年推出的高性能8位单片机,可分为两个子系列 4 种类型，如表 1.1 所示。

表 1.1 MCS-51 系列单片机分类

子系列 \ 资源配置	片内 ROM 的形式				片内 ROM 容量	片内 RAM 容量	定时器与计数器	中断源
	无	ROM	EPROM	E^2PROM				
8×51 系列	8031	8051	8751	8951	4 KB	128 B	2×16	5
8×C51 系列	80C31	80C51	87C51	89C51	4 KB	128 B	2×16	5
8×52 系列	8032	8052	8752	8952	8 KB	256 B	3×16	6
8×C252 系列	80C232	80C252	87C252	89C252	8 KB	256 B	3×16	7

按资源的配置数量，MCS-51 系列分为 51 和 52 两个子系列，其中 51 子系列是基本型，52 子系列属于增强型。52 子系列作为增强型产品，由于资源数量的增加，使芯片的功能有所增强。例如，片内 ROM 的容量从 4 KB 增加到 8 KB，片内 RAM 的单元数从 128 B 增加到 256 B，定时器/计数器的数目从 2 个增加到 3 个，中断源从 5 个增加到 6 个等。

单片机配置的片内程序存储器(ROM)可分为以下 4 种。

① 片内掩膜 ROM(如 8051)。它是利用掩膜工艺制造而成的，一旦生产出来，其内容便不能更改，因此只适合于存储成熟的固定信息，大批量生产时的成本很低。

② 片内 EPROM(如 8751)。这种存储器可由用户按规定的方法多次编程，若编程之后想修改，可用紫外线灯制作的擦抹器照射 20 min 左右，存储器复原，用户可再编程。这对于研制和开发系统特别有利。

③ 片内无 ROM(如 8031)。使用 8031 时必须外接 EPROM，单片机扩展灵活，适用于研制新产品。

④ E^2PROM(或 Flash ROM)(如 89C51)。其片内 ROM 电可擦除，使用更方便。

1.2.2 80C51 系列单片机

80C51 系列单片机是在 MCS-51 系列单片机的基础上发展起来的。20 世纪 80 年代中期以后，Intel 公司将 MCS-51 系列单片机中 8051 的内核使用权以专利互换或出售形式转让给许多著名 IC 制造厂商，如 Philips、Atmel、NEC、SST、华邦等，因此，这些厂家生产的芯片是 MCS-51 系列的兼容产品，准确地说是与 MCS-51 指令系统兼容的单片机。这些单片机与 8051 的系统结构(指令系统)相同，都采用 CMOS 工艺，因而常用 80C51 系列来称呼所有具有 8051 指令系统的单片机。80C51 系列单片机都是在 8051 的基础上作了一些扩充，其更有特点、功能更强、更具市场竞争力。由于 80C51 系列得到众多制造厂商的支持，所以发展成为上百个品种的大家族，成为当前 8 位单片机的典型代表。

1998 年以后 80C51 系列单片机又出现了一个新的分支，称为 AT89 系列单片机。AT89 系列单片机是由美国 Atmel 公司率先推出的，它最突出的优点是采用 Flash 存储器(其内容至少可以改写 1 000 次)，这使得单片机系统在开发过程中修改程序十分容易，大大缩短了系统的开发周期，使其在单片机市场脱颖而出。AT89 系列单片机的成功使得几个著名的半导体厂家也相继生产了类似的产品，如 Philips 的 P89 系列、美国 SST 公司的 SST89 系列、中国台湾 Winbond 公司的 W78 系列等。后来人们称这一类产品为 89 系列单片机，它实际上仍属于 80C51 系列单片机。如果不写前缀仅写 89C51，可能是 Atmel 公司的产品，也可能是 Philips 公司或 SST 公司的产品。

89C51 的性能相对于 8051 已经算是非常优越的了，不过在市场化方面，89C51 受到了 PIC 单片机阵营的挑战。89C51 最致命的缺陷在于不支持 ISP(在线更新程序)功能，必须加上 ISP 功能等新功能才能更好地适应市场需要。在这样的背景下，Atmel 推出了 89S51。现在，作为市场占有率第一的 Atmel 公司已经停产 AT89C51，并用 AT89S51 代替(Philips 等公司的 89C51/52 仍有产品)。由于 89S51 采用 0.35 新工艺，新增加很多功能，同时性能有了较大提升，但价格基本不变甚至比 89C51 更低，所以更具竞争力。

89S51 相对于 89C51 增加的新功能包括：ISP 在线编程功能，这个功能的优势在于改写单片机存储器内的程序不需要把芯片从工作环境中剥离，它是一个强大易用的功能；最高工作频率为 33 MHz，比 89C51 的极限工作频率 24 MHz 更高，从而具有更快的计算速度；具有双工 UART 串行通道；内部集成把关定时器(俗称看门狗定时器)，不再需要像 89C51 那样外接把关定时器单元电路；双数据指示器；电源关闭标识；全新的加密算法，这使得对于 89S51 的解密变为不可能，程序的保密性大大加强，可以有效地保护知识产权不被侵犯；向下完全兼容 MCS-51 系列单片机全部子系列产品，也就是说在 MCS-51 系列单片机上运行的程序，在 89S51 单片机上一样可以正常运行。

1.2.3　其他常用单片机系列综述

当今单片机厂商琳琅满目，单片机产品性能各异。在准备单片机开发时，首先要了解市场上常用的单片机系列概况。生产 80C51 系列单片机的厂家除了前面提到的公司外，还有美国的 Microchip 公司、TI 公司、意法 ST 公司，以及日本以及中国台湾地区的系列产品都有一定特色。这些厂家除了生产单片机外，一般都开发有其他系列的产品。

1. Atmel 公司的 AVR 系列

AVR 系列单片机是 1997 年 Atmel 公司为了充分发挥其 Flash 的技术优势而推出的全新配置的精简指令集(RISC)单片机，简称 AVR。该系列单片机一进入市场，就以其卓越的性能而大受欢迎。通过几年的发展，AVR 单片机已形成系列产品，其 Attiny 系列、AT90S 系列与 Atmega 系列分别对应为低、中、高档产品(高档产品含 JTAG ICE 仿真功能)。

AVR 系列单片机的主要优点如下。

(1) 程序存储器采用 Flash 结构，可擦写 1 000 次以上，新工艺的 AVR 器件，其程序存储器擦写可达 1 万次以上。

(2) 有多种编程方式。AVR 程序写入时，可以并行写入(用万用编程序器)，也可用串行 ISP(通过 PC 的 RS232 口或打印口)在线编程擦写。

(3) 多累加器型、数据处理速度快，超功能精简指令。它具有 32 个通用工作寄存器，相当于有 32 条立交桥，可以快速通行。AVR 系列单片机中有 128 B 到 4 KB 的 SRAM(静态随机数据存储器)，可灵活使用指令运算，存放数据。

(4) 功耗低，具有休眠省电功能(POWER DOWN)及闲置(IDLE)低功耗功能。一般耗电在 1～2.5 mA 之间，WDT 关闭时为 100 nA，更适用于电池供电的应用设备。

(5) I/O 口功能强、驱动能力大。AVR 系列单片机的 I/O 口是真正的 I/O 口，能正确反映 I/O 口输入、输出的真实情况。它既可以作三态高阻输入，又可设定内部拉高电阻作输入端，便于为各种应用特性所需。它具有大电流(灌电流)10～40 mA，可直接驱动晶闸管 SSR 或继电器，节省了外围驱动器件。

(6) 具有 A/D 转换电路,可作数据采集闭环控制。AVR 系列单片机内带模拟比较器,I/O 口可作 A/D 转换用,可以组成廉价的 A/D 转换器。

(7) 有功能强大的计数器/定时器。计数器/定时器有 8 位和 16 位,可作比较器、计数器、外部中断,也可作 PWM,用于控制输出。有的 AVR 单片机有 3～4 个 PWM,是作电机无级调速的理想器件。

2. Microchip 公司的 PIC 系列

Microchip 单片机是市场份额增长最快的单片机。它的主要产品是 PIC 系列 8 位单片机,它的 CPU 采用了精简指令集(RISC)结构的嵌入式微控制器,其高速度、低电压、低功耗、大电流 LCD 驱动能力和低价位 OTP 技术等都体现出单片机产业的新趋势。

PIC 8 位单片机产品共有 3 个系列,即基本级、中级和高级。用户可根据需要选择不同档次和不同功能的芯片。

基本级系列产品的特点是低价位,如 PIC16C5×,适用于各种对成本要求严格的家电产品。又如 PIC12C5××是世界上第一个 8 脚的低价位单片机,因其体积很小,完全可以应用在以前不能使用单片机的家电产品中。

中级系列产品是 PIC 最丰富的品种系列。它在基本级产品上进行了改进,并保持了很高的兼容性。外部结构也是多种的,有从 8 引脚到 68 引脚的各种封装,如 PIC12C6××。该级产品的性能很高,如内部带有 A/D 变换器、E^2PROM 数据存储器、比较器输出、PWM 输出、I^2C 和 SPI 等接口。PIC 中级系列产品适用于各种高、中和低档的电子产品的设计。

高级系列产品如 PIC17C××单片机的特点是速度快,所以适用于高速数字运算的应用场合,加之它具备一个指令周期内(160 ns)可以完成 8×8 位二进制乘法运算能力,所以可取代某些 DSP 产品。再有,PIC17C××单片机具有丰富的 I/O 控制功能,并可外接扩展 EPROM 和 RAM,使它成为目前 8 位单片机中性能最高的机种之一,所以很适合在高、中档的电子设备中使用。

3. Motorola 公司的单片机

Motorola 公司是世界上最大的单片机厂商,该公司的特点是品种全、选择余地大、新产品多,在 8 位机方面有 68HC05 和升级产品 68HC08,68HC05 有 30 多个系列,200 多个品种,产量已超过 20 亿片。8 位增强型单片机 68HC11 有 30 多个品种,年产量在 1 亿片以上。升级产品有 68HC12。16 位机 68HC16 有 10 多个品种。32 位单片机的 683××系列也有几十个品种。

Motorola 单片机的特点之一是在同样速度下所用的时钟频率较 Intel 类单片机低很多,因而使得高频噪声低,抗干扰能力强,更适合用于工控领域及恶劣的环境。Motorola 8 位单片机过去的策略是以掩膜为主,最近推出了 OTP 计划以适应单片机发展新趋势。在 32 位机上,M. CORE 在性能和功耗方面都胜过 ARM7。

由于 Motorola 单片机产品以前主要是以掩膜为主,不太适合于教学,所以始终没有被选做教学用机型。

1.3 单片机控制的灯闪烁系统的开发

发光二极管 LED 在许多场合用来做状态指示灯,如电源指示灯、设备工作指示灯或指示某一端口电平的高低等。本节用 AT89C51 单片机控制 1 个 LED,使之闪烁。

1.3.1 灯闪烁系统的设计

一个完整的单片机应用系统由硬件和软件共同构成。

1. 灯闪烁系统的硬件

在单片机控制系统中,单片机是核心部件,能够自动完成用户赋予它的任务。为了使单片机正常工作,单片机控制系统应该有电源电路、晶振电路、复位电路、外设及驱动电路和其他电路等。电源电路为单片机提供能量;晶振电路为单片机提供其工作所需的脉冲信号(单片机是一个时序电路,必须有脉冲信号才能正常工作);复位电路使单片机内部的部件都处于一个确定的初始状态,并从这个状态开始工作。

单片机控制的灯闪烁系统中,单片机选用 Atmel 公司的 AT89C51。AT89C51 的引脚为 40 个,其中第 40 脚为 V_{CC},第 20 脚为 V_{SS},它们应该分别接+5 V 电源和地;第 18、19 脚为时钟引脚 X1 和 X2,由于单片机内部已集成了振荡器,因此当引脚 X1 和 X2 接上晶体振荡器和瓷片电容(微调作用)的时候,内部振荡器起振,即可产生时钟脉冲;第 9 脚为复位引脚 RESET,它应该接复位电路;第 31 脚为$\overline{EA}$引脚,接到正电源端;第 1～8 脚为 P1.0～P1.7、第 10～17 脚为 P3.0～P3.7、第 21～28 脚为 P2.0～P2.7、第 32～39 脚为P0.7～P0.0,它们是单片机的 I/O 口线,外设通过 I/O 口线与单片机相连。本系统中的外设为一个 LED,它可以与 I/O 口线中的任何一条相连。灯闪烁系统的硬件电路图如图 1.4 所示。

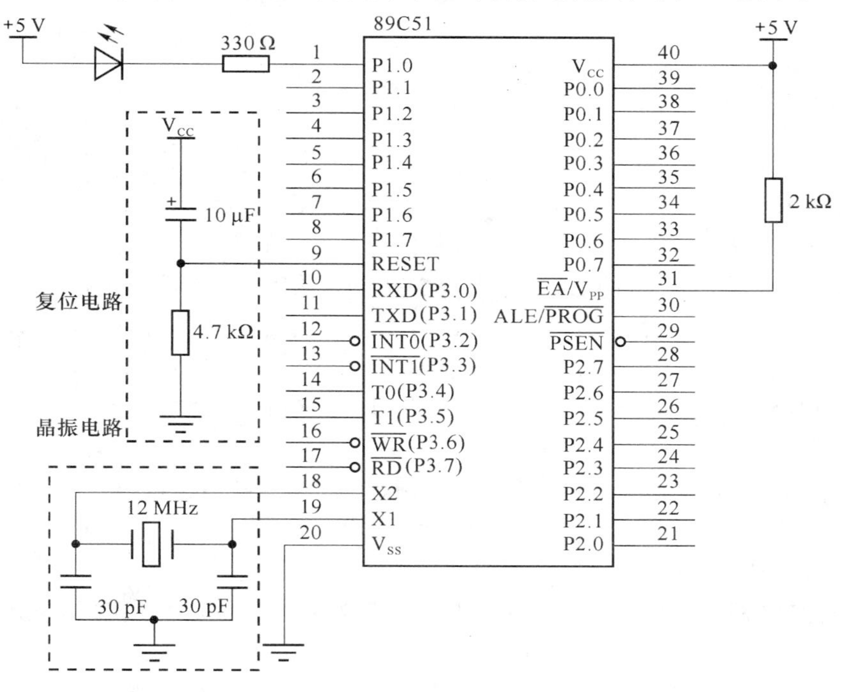

图 1.4　灯闪烁系统的硬件电路图

图 1.4 中的 330 Ω 电阻为限流电阻,其作用是防止流过 LED 的电流过大而将其烧坏。限流电阻阻值的计算方法为 $R=(5-1.75)/I_d$。式中,I_d是流过发光二极管的电流,一般从

2 mA到 20 mA,由设计者根据所希望的发光亮度选择电流的大小。其值越大,发光二极管越亮,但不能太大,当流过发光二极管的电流超过 20 mA 时,容易烧坏发光二极管。

2. 灯闪烁系统的软件

为了使单片机能自动完成某一特定任务,首先,必须把要解决的问题编成程序。程序是指令的有序集合。指令是设计者给单片机发的单片机所能识别和执行的各种命令,这些命令要求单片机执行各种操作,一条指令对应一种基本操作。

灯闪烁系统的程序如下:

```
UP: CLR    P1.0      ;使单片机的 P1.0 输出 0,LED 点亮
    LCALL  D1s       ;调用延时 1 s 的子程序,维持 LED 点亮一段时间
    SETB   P1.0      ;使单片机的 P1.0 输出 1,LED 熄灭
    LCALL  D1s       ;调用延时 1 s 的子程序,维持 LED 熄灭一段时间
    SJMP   UP        ;无条件跳转到 UP 处,执行指令 CLR P1.0
```

延时 1 s 的子程序如下:

```
D1S:  MOV R7,#5
D1S2: MOV R6,#200
D1S1: MOV R5,#250
      DJNZ R5,$
      DJNZ R6,D1S1
      DJNZ R7,D1S2
      RET
```

1.3.2 汇编软件简介

单片机应用系统的工作过程就是单片机执行程序的过程。当用户编写完程序后,必须要通过汇编软件检测程序功能的正确性,然后将人们认识的程序(汇编语言源程序)转换成单片机能够识别的程序(机器语言目标程序)。目前,汇编软件的种类很多,在此介绍一种比较常用的 80C51 系列单片机的汇编软件——Wave V 系列仿真软件。

Wave V 系列仿真软件是 Windows 版本,支持伟福公司多种仿真器,支持多种型号的 CPU 仿真。它将编辑、编译、下载、调试全部集中在一个环境下,在这个全集成环境中包含一个项目管理器,一个功能强大的编辑器,汇编 Make、Build 和调试工具,并提供一个与第三方编译器的接口。

程序安装完成后,桌面上会出现 Wave 图标,双击"Wave"图标,打开伟福仿真器软件,进入集成调试环境。

1. 建立源程序文件

选择菜单"文件"→"新建文件"功能,出现一个文件名为"NONAME1"的源程序窗口,在此窗口中输入上述灯闪烁系统的程序。

选择菜单"文件"→"保存文件或另存为"功能,打开保存文件窗口。在此窗口中输入文件名和路径名,如"C:\WV\SAMPLES"文件夹,再给出文件名"LED1. ASM",保存文件。文件保存后,程序窗口上文件名变成了"C:\WV\SAMPLES\LED1. ASM"。注意文件名与路径名应尽可能短,且扩展名必须为". ASM"。

2. 建立新的项目

选择菜单“文件”→“新建项目”功能，新建项目会自动分三步走。

(1) 加入模块文件。在加入模块文件的对话框中选择刚才保存的文件“LED1.ASM”，单击“打开”按钮。如果是多模块项目，则可以同时选择多个文件再打开。

(2) 加入包含文件。在加入包含文件对话框中，选择所要加入的包含文件(可多选)。如果没有包含文件，则单击“取消”按钮。

(3) 保存项目。在保存项目对话框中输入项目名称。此处为“LED1”，无须加扩展名。软件会自动将扩展名设成“.PRJ”。单击“保存”按钮，将项目保存在与源程序相同的文件夹下。

项目保存好后，如果项目是打开的，则可以看到项目中的“模块文件”已有一个模块“LED1.ASM”，如果项目窗口没有打开，则可以选择菜单“窗口”→“项目窗口”功能来打开。可以通过仿真器设置快捷键或双击项目窗口第一行选择仿真器和要仿真的单片机。

3. 设置项目

选择菜单“设置”→“仿真器设置”功能，或按“仿真器设置”快捷图标，或双击项目窗口的第一行来打开“仿真器设置”对话框，如图1.5所示。在“仿真器”栏中，选择仿真器类型和配置的仿真头型号以及所要仿真的单片机生产厂家和单片机型号。在“使用伟福软件模拟器”前打勾选中，选中它表示使用伟福软件模拟器，此时不需要硬件仿真器。根据本例的程序，在“语言”栏中“编译器选择”选择为“伟福汇编器”。如果程序是C语言或INTEL格式的汇编语言，可根据安装的Keil编译器版本选择是“Keil C (V4或更低)”还是“Keil C (V5或更高)”，单击“好”按钮确定。

当仿真器设置好后，可再次保存项目。

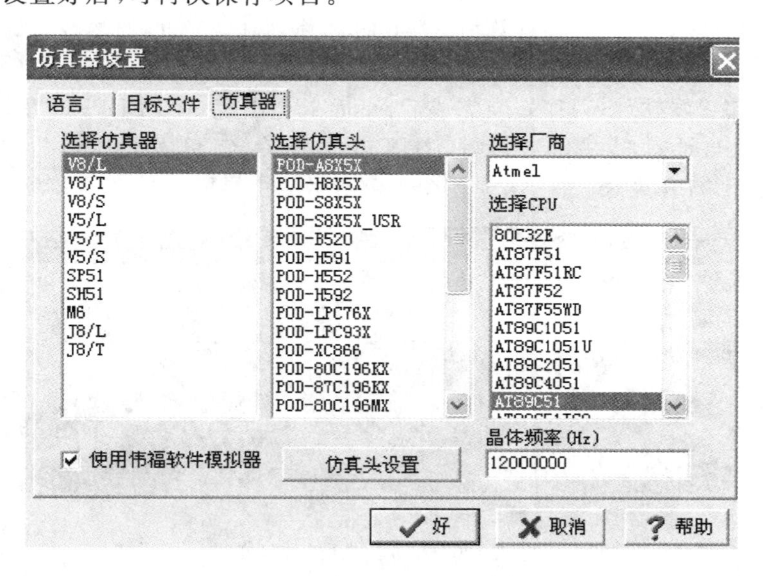

图1.5　“仿真器设置”对话框

4. 编译程序

选择菜单“项目”→“编译”功能，或按编译快捷图标或F9键，可以编译项目。

在编译过程中，如果有错可以在信息窗口中显示出来，双击错误信息，可以在源程序中定位所在行。纠正错误后，再次编译直到没有错误。出现如图 1.6 所示的信息窗口。

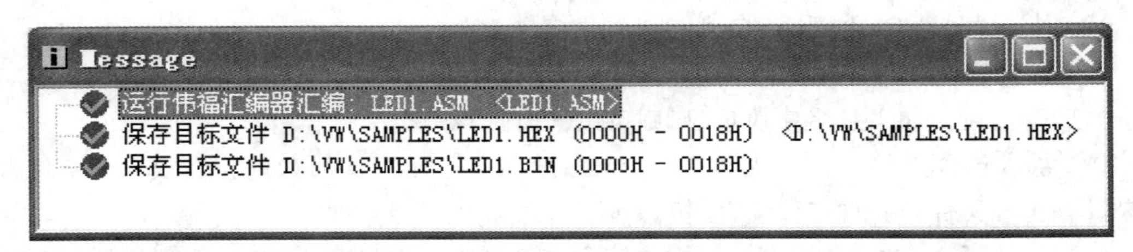

图 1.6 信息窗口

编译时，软件会自动将项目和程序存盘。同时，在源程序文件“LED1.ASM”所在的文件夹下，将出现“LED1.HEX”文件。“LED1.HEX”文件中的内容就是单片机所能识别的机器语言目标程序，该文件被称为下载文件。下载文件可以被编程器软件打开，通过编程器将机器语言目标程序写录到单片机内部的 ROM 中，供 CPU 执行。

在编译没有错误后，就可以调试程序了。

1.3.3 烧录软件简介

当用户程序通过调试没有错误后，就可以通过编程器将其写入单片机内部的程序存储器中了。编程器的种类和生产厂家很多，本节介绍南京西尔特公司的通用编程器 SUPERPRO 系列。

通用编程器是专为开发单片机和烧写各类存储器而设计的通用机型，它的编程可靠性高，支持的器件品种很多。SUPERPRO 通用编程器可以烧录 Intel、Atmel、Philips、Winbond 等 60 多个厂家的 PROM、E/EPROM、PLD、MCU 等产品，可以测试 TTL/CMOS 逻辑器件和存储器的好坏，适合读、写计算机的 BIOS 芯片，彩电、VCD 的参数存储器等。通用编程器的使用方法如下。

首先，安装编程器软件，程序安装完成后，桌面上会出现 SUPERPRO 图标。然后，用随机电缆将编程器与计算机并口连接好，打开电源开关，红色发光二极管亮。此时，双击 SUPERPRO图标，打开烧录软件，出现如图 1.7 所示的主界面。

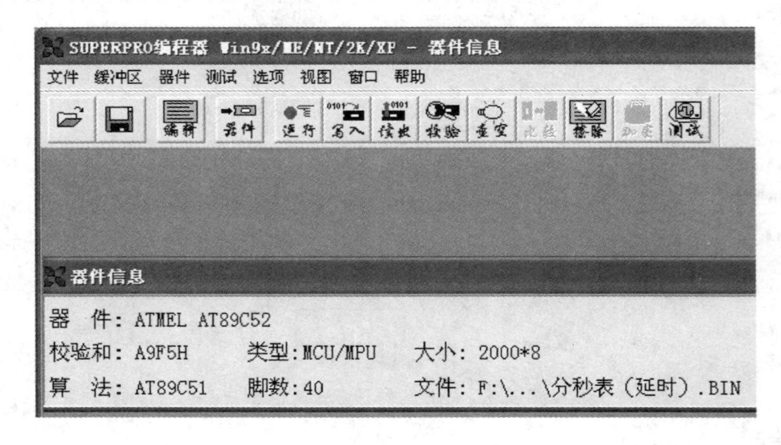

图 1.7 编程器软件主界面

如果一切安装正常，计算机屏幕上不会出现错误提示信息。这样，就可以开始进行选择器件、编程等操作了。如果计算机与编程器通信失败,弹出通信错误信息提示框。请重新检查安装,并检查是否有芯片放在插座上。

1. 选择器件

选择菜单"器件"→"选择器件"功能,或单击工具条上的"器件"图标,弹出"选择器件"对话框,如图 1.8 所示。首先应选择器件类型(E/EPROM、BPROM、SRAM、PLD 或 MCU),然后选择厂家和器件名,单击"确定"按钮或双击器件名均可。也可通过在"查询"编辑框中,输入器件名来选择。

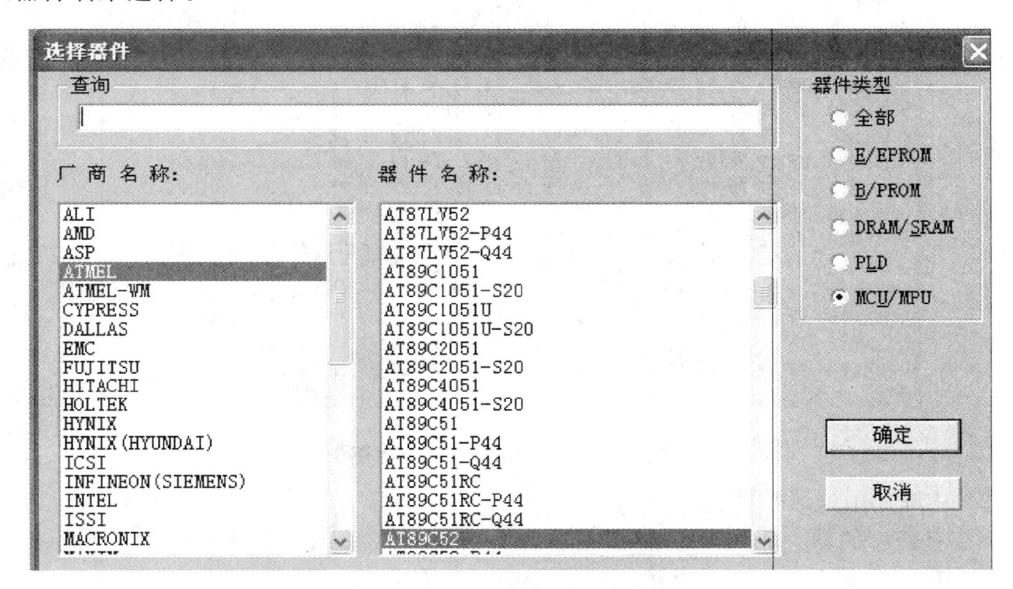

图 1.8　"选择器件"对话框

2. 装入文件

编程时要先装入数据到缓冲区。装入方法有两种:从文件读取和从母片中读取。

(1) 从文件读取

选择菜单"文件"→"装入文件"功能,可装入文件到缓冲区。在"装入文件"对话框中输入相应的文件夹和文件名,在随后出现的文件类型选择对话框中选取相应的文件格式,这样所选数据文件将自动装入。"文件类型"对话框如图 1.9 所示。

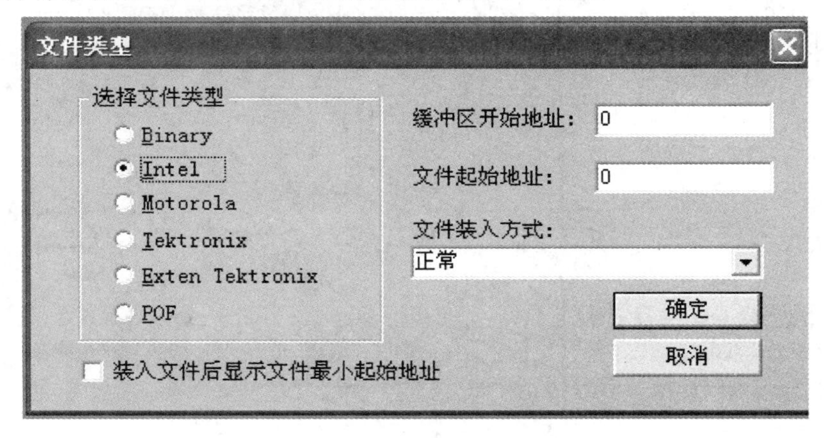

图 1.9　"文件类型"对话框

数据装入缓冲区后，自动打开“编辑缓冲区”对话框，如图 1.10 所示。请检查缓冲区编辑缓冲区窗口中的数据是否正确。

编辑缓冲区

定 位 | 复 制 | 填 充 | 基 数 | 交 换 | 查 找 | 下一个

地 址	HEX	ASCII
00000000	C2 90 12 00 0C D2 90 12-00 0C 80 F4 7F 05 7E C8	..□.□..□.□.. □~.
00000010	7D FA DD FE DE FA DF F6-22 FF FF FF FF FF FF FF	}.......".......
00000020	FF FF FF FF FF FF FF FF-FF FF FF FF FF FF FF FF	....
00000030	FF FF FF FF FF FF FF FF-FF FF FF FF FF FF FF FF	....
00000040	FF FF FF FF FF FF FF FF-FF FF FF FF FF FF FF FF	....
00000050	FF FF FF FF FF FF FF FF-FF FF FF FF FF FF FF FF	....
00000060	FF FF FF FF FF FF FF FF-FF FF FF FF FF FF FF FF	....
00000070	FF FF FF FF FF FF FF FF-FF FF FF FF FF FF FF FF	....
00000080	FF FF FF FF FF FF FF FF-FF FF FF FF FF FF FF FF	....
00000090	FF FF FF FF FF FF FF FF-FF FF FF FF FF FF FF FF	....
000000A0	FF FF FF FF FF FF FF FF-FF FF FF FF FF FF FF FF	....
000000B0	FF FF FF FF FF FF FF FF-FF FF FF FF FF FF FF FF	....
000000C0	FF FF FF FF FF FF FF FF-FF FF FF FF FF FF FF FF	....
000000D0	FF FF FF FF FF FF FF FF-FF FF FF FF FF FF FF FF	....
000000E0	FF FF FF FF FF FF FF FF-FF FF FF FF FF FF FF FF	....
000000F0	FF FF FF FF FF FF FF FF-FF FF FF FF FF FF FF FF	....

00000000H　D468H　00000000H - 00001FFFH

图 1.10 “编辑缓冲区”对话框

(2) 从母片中读取数据

将装有程序的器件(母片)放到编程器的插槽内。在主界面中单击“运行”图标即弹出“器件操作”对话框，如图 1.11 所示。单击“Read”功能项，它将芯片中的数据复制到缓冲区。此时可进入缓冲区编辑窗口，检验数据是否正确。这些数据可存盘，以备后需。

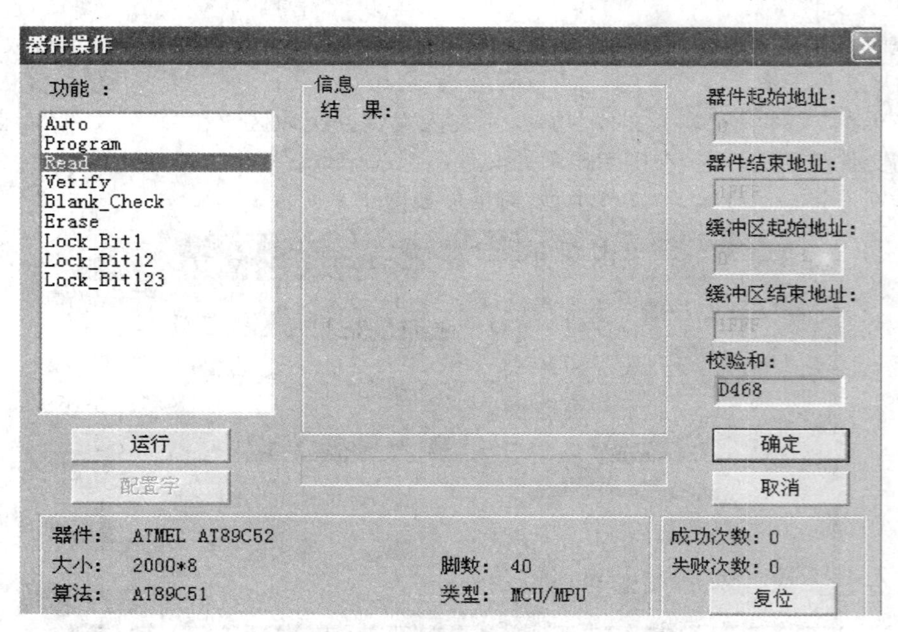

图 1.11 “器件操作”对话框

3. 编程

将欲写入程序的器件放置到编程器的插槽内，在器件操作窗口中单击“Program”，即开始编程，然后进行校验。

注意：如果器件不是新的，则编程前需进行空检查，方法是在“器件操作”对话框中单击“Blank_check”，再单击“运行”即可。如果器件中已经存储了程序，则在写入新的程序前，必须先擦除芯片中的原有程序，方法是在器件操作窗口中单击“Erase”即可。对于非空器件，用户也可在器件操作窗口中选择“Auto”功能一次完成所有操作。

程序写入单片机后，将单片机从编程器中取出，插入灯闪烁电路中。然后加电，就可以看到灯闪烁的现象了。至此，灯闪烁系统设计基本完成。

1.3.4 单片机控制系统的开发流程

一个单片机应用系统从任务的提出到系统正式投入运行，称为单片机应用系统的开发。开发过程所用的设备称为单片机开发工具。

单片机应用系统的开发步骤如图1.12所示。首先对应用系统进行全面分析，根据系统应具有的功能、设计的对象、工作环境等确定各项技术指标的要求，拟定设计任务书，然后由任务书出发，选择单片机及关键芯片的型号，确立系统的基本结构，划分软、硬件功能，在此基础上进行硬件电路的设计、制作、调试和程序的设计、调试、固化等工作。

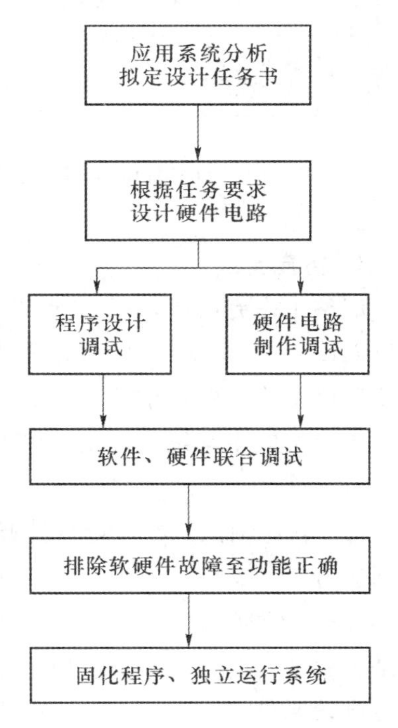

图1.12 单片机应用系统的开发步骤

1. 硬件设计

根据设计任务书，首先确定应用系统的总体设计方案，然后按照总体设计方案的要求，选定单片机的型号，确定系统中所要使用的元器件，画出硬件电路的原理图；根据电路原理图设计出电路印制板图（原理图和印制板图可以用专用绘图软件绘制，如Protel等软件绘制）；之后将印制板图送到印制板厂加工出印制板。与此同时，到电子元件市场按所设计的原理图购买元器件。在加工出印制板后，按原理图将系统所要使用的元器件焊接在印制电路板上。硬件电路的设计初步完成。

硬件系统完成后，尚需要与软件系统配和调试，如果发现了问题，还需要修改电路，有时甚至还要重新制作印制电路板，直至满足设计要求。

2. 程序设计

在确定了单片机机型以及电路原理图后，就可以进行软件设计了。软件是单片机应用系统中的一个重要组成部分，在单片机应用系统研制过程中，程序设计部分是工作量最大、最困难的任务。程序设计的一般步骤如图 1.13 所示。

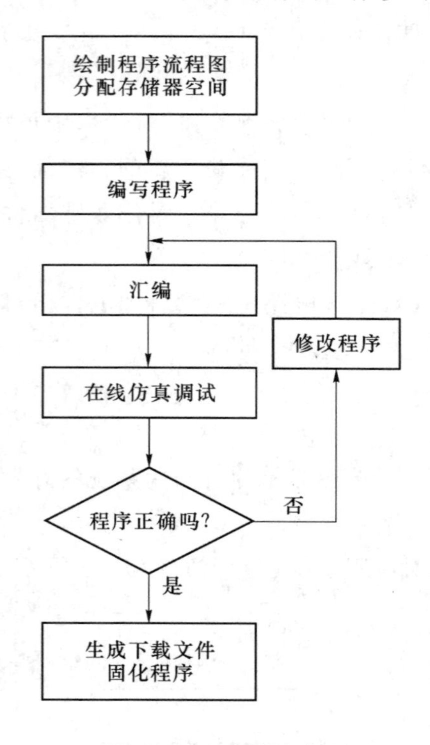

图 1.13 程序设计步骤

首先根据总体设计方案要求设计程序操作基本步骤，即确定算法，然后将程序操作的基本步骤用流程图表示出来。绘制流程图时，一般先画出简单的功能流程图（粗框图），然后再对功能流程图进行扩充和具体化，即对存储器、标志位等工作单元作具体的分配和说明，把功能图上每一个粗框图转变为具体存储器或 I/O 口操作，从而绘制出详细的程序流程图，即细框图。经过上述各步骤后，解决问题的思路已经非常清楚，所以接下来就可以按流程图的顺序对每一个功能框选用合适的指令，以实现功能框所述的功能，从而编写出源程序。

在应用程序的设计中，几乎没有一个程序只经过一次编写就完全成功的，必须经过汇编和调试。汇编是将汇编语言源程序转换成机器语言目标程序。汇编语言源程序文件是文本文件，可以同编程软件或计算机的文本编辑器编辑，以“.ASM”扩展名保存。汇编工作往往不是一蹴而就的，通常要经过“汇编→修改→再汇编→再修改”这样一个反复的过程直到程序没有语法错误，通过汇编。

3. 仿真调试

汇编工作完成后，只能说明源程序无语法错误，但不能保证程序的功能正确，所以还要通过调试。调试是一个以仿真为核心的综合过程，其中穿插了编辑、汇编和仿真等工作，是检验程序正确性的一个重要环节。

单片机应用系统的调试按以下三步进行。

(1) 硬件调试。

(2) 软件调试。在进行软件调试时采用先独立后联机、先分块后组合、先单步后连续的原则进行。

(3) 系统联调。系统联调的目的是要检查软、硬件能否按预定要求配合工作；系统运行中是否有潜在的、设计时难以预料的错误；系统的动态性能指标（包括精度、速度参数）是否满足设计要求。

一般情况下，通过系统联调后，用户系统就可以按照设计目标正常工作了。

4. 程序固化

经过在线仿真调试，最终证明程序功能正确无误后，就可以把调试好的目标程序写入到单片机芯片中的程序存储器，这个过程称做程序的固化。写入程序时需要用到编程器。

把固化好程序的单片机插入硬件电路，单片机系统就可以独立运行了。但在系统正式投入使用前还应进行一段时间的试运行，通过试运行可以进一步发现程序和硬件电路的问题和不足，进一步观察和检测软硬件系统能否经受实际环境考验，是否真正满足实际要求。不满足实际要求的硬件和软件要更换和修改，直到满足实际要求。

1.4　单片机中数据信息的表示

在单片机中，指令或数据都是以二进制代码的形式传送或存储的。单片机中的数据信息分为两种类型：一种是用于数值运算的数值型数据；另一种是用于逻辑运算、逻辑控制的非数值型数据。

1.4.1　数值型数据的表示方法

数值型数据有两种表示方法：数制表示法和码制表示法。

1. 数制表示法

数制是进位计数制的简称，是按进位原则进行计数的方法。日常生活中人们最熟悉、使用最多的是十进制，单片机能够识别的是二进制，由于二进制数不够直观，位数较长，书写、阅读和记忆不方便，所以在编程时，人们通常用十六进制来表示二进制数。十进制、二进制和十六进制的特点如表 1.2 所示。

表 1.2　十进制、二进制和十六进制的特点比较

名 称	数 码	计数规则	适用场合	后 缀
十进制	0～9	逢十进一	日常生活	D
二进制	0、1	逢二进一	计算机系统	B
十六进制	0～9、A～F	逢十六进一	为了书写方便，将二进制数表示得更简略	H

任何一个数可以用不同的计数制来表示和书写。例如，127 用十进制表示为 127D，用二进制表示为 01111111B，用十六进制表示为 7FH。这就要求对不同进制间的数进行相互转换。

(1) 二进制数、十六进制数转换为十进制数

这种转换比较简单。根据按位权展开的一般形式可以知道，只要将二进制数、十六进制数各位的数码与该位对应的权相乘，然后将这些乘积加起来，和就是该二进制数、十六进制数相对应的十进制数值。

例 1.1　将二进制数 1001.011B 转换成十进制数。

解：$1001.011B=1\times2^3+0\times2^2+0\times2^1+1\times2^0+0\times2^{-1}+0\times2^{-2}+1\times2^{-3}=9.375$

例 1.2　将十六进制数 A4F.1AH 转换成十进制数。

解：$A4F.1BH=10\times16^2+4\times16^1+15\times16^0+1\times16^{-1}+10\times16^{-2}=2\,639.101\,562\,5$

(2) 十进制数转换为二进制数

十进制数转换成二进制数时，需要将整数部分和小数部分分开，采用不同的方法分别进行转换，然后用小数点将这两部分连接起来。

十进制数整数部分转换的基本方法是除 2 取余法，即用 2 除要转换的十进制数，得商和余数，得出的余数就是相应二进制数的最低位。再用 2 除该商数，又可得商和余数，此余数就是相应二进制数的次低位，用同样的方法继续下去，直到商为 0。最后，从下开始向上读取余数，即得转换结果。

十进制小数转换为等值二进制小数，采用乘二取整法，即将要转换的十进制小数乘以 2，得到一个乘积，该乘积的整数部分就是相应二进制数的最高位。再将乘积的小数部分乘以 2，又得乘积，该乘积的整数部分就是相应二进制数的次高位。如此继续下去，直到小数部分为 0 或满足所要求的精度为止。最后，从上开始向下读取整数，即得转换结果。

例 1.3 将十进制整数 165.375 转换成二进制数。

解：若将十进制整数 165 转换成二进制数，可写成如下形式：

```
2 | 165   …… 余 1
 2 | 82   …… 余 0
  2 | 41  …… 余 1
   2 | 20 …… 余 0
    2 | 10 …… 余 0
     2 | 5 …… 余 1
      2 | 2 …… 余 0
          1 …… 余 1
```

165＝1010010B

若将十进制小数 0.375 转换成二进制，可写成如下形式：

0.375×2＝0.75　　积的整数部分＝0

0.75×2＝1.5　　积的整数部分＝1

0.5×2＝1.0　　积的整数部分＝1

此时，小数部分已经为 0，可得转换结果：0.375＝0.011B

所以 165.375＝10100101.011B。

(3) 二进制数与十六进制数之间的转换

二进制整数转换为十六进制数的方法是从右向左将二进制数分为每 4 位一组，高位不足在左边补零，以凑成 4 位一组，然后，每一组用 1 位十六进制数表示。二进制小数转换为十六进制数的方法是从左向右将二进制数分为每 4 位一组，低位不足在右边补零，以凑成 4 位一组，然后每一组用 1 位十六进制数表示。

例 1.4 将二进制数 1111011010.001B 转换为十六进制数。

解：1111011010.001B＝0011 1101 1010 . 0010 ＝ 3DA.2H

十六进制数转换为二进制数，只需将每一位十六进制数用与其对应的 4 位二进制数表示。

例 1.5 将二进制数 FC7.0EH 转换为二进制数。

解：FC7.0EH＝1111 1100 0111.0000 1110B

由上面的例子可以看出，十六进制与二进制的转换十分简单，所以在单片机应用中，广泛采用十六进制数书写。十进制数、二进制数和十六进制数的对照表如表 1.3 所示。

表1.3 十进制数、二进制数和十六进制数的对照表

十进制数	二进制数	十六进制数	十进制数	二进制数	十六进制数
0	0000	0	8	1000	8
1	0001	1	9	1001	9
2	0010	2	10	1010	A
3	0011	3	11	1011	B
4	0100	4	12	1100	C
5	0101	5	13	1101	D
6	0110	6	14	1110	E
7	0111	7	15	1111	F

2. 码制表示法

需要计算机处理的数有无符号数和带符号数之分。无符号数在单片机中一般用其所对应的二进制数表示。带符号数就是带有正、负号的数，如＋17、－4等。在单片机中，带符号数用码制（编码）表示。编码的方法有3种，分别是原码、反码和补码 。

(1) 原码

用原码表示一个带符号的二进制数，其最高位为符号位，用0表示正数，用1表示负数，其余各位为实际数值的大小。如：

X1＝ ＋45＝ ＋101101B　　　　$[X1]_{原}$＝00101101B

X2＝ －45＝ －101101B　　　　$[X2]_{原}$＝10101101B

在原码表示法中0有两种表示形式，即$[+0]_{原}$＝00000000B，$[-0]_{原}$＝10000000B。

(2) 反码

用反码表示一个带符号的二进制数，其最高位为符号位，对于正数，符号位为“0”，其余各位为实际数值的大小；对于负数来说，符号位为“1”，其余各位为实际数值的相反数，即“0”变“1”、“1”变“0”。如：

X1＝ ＋45＝ ＋101101B　　　　$[X1]_{反}$＝00101101B

X2＝ －45＝ －101101B　　　　$[X2]_{反}$＝11010010B

在反码表示法中0有两种表示形式，即$[+0]_{反}$＝00000000B，$[-0]_{反}$＝11111111B。

(3) 补码

用补码表示一个带符号的二进制数，其最高位为符号位，对于正数，符号位为“0”，其余各位为实际数值的二进制形式；对于负数来说，符号位为“1”，其余各位为实际数值的二进制数按位取反后，在最低位加“1”得到的数。如：

X1＝ ＋45＝ ＋101101B　　　　$[X1]_{补}$＝00101101B

X2＝ －45＝ －101101B　　　　$[X2]_{补}$＝11010011B

在补码表示法中0有唯一的表示形式，即$[+0]_{补}$＝$[-0]_{补}$＝000000000B。

例1.6 试用8位二进制的编码形式，写出＋109和－89的原码、反码和补码。

解： $[+109]_{原}$＝$[+109]_{反}$＝$[+109]_{补}$＝01101101B

正数的原码、反码和补码相同。

$[-89]_{原}$＝ 11011001B

$[-89]_{反} = 10100110B$

$[-89]_{补} = 10100111B$

求一个数的原码、反码和补码时，先确定它是正数还是负数，再根据正数和负数求原码、反码和补码的方法计算。

补码的运算方便，而且二进制的减法可以用补码的加法实现，所以，目前微型计算机中所有带符号数都是以补码形式表示的。对于 8 位二进制数来说，补码所能表示的范围是 $-128\sim+127$；对于 16 位二进制数来说，补码所能表示的范围是 $-32\ 768\sim+32\ 767$ 。

表 1.4 列出了 8 位带符号二进制数的原码、反码和补码。

表 1.4　8 位带符号二进制数的原码、反码和补码对照表

十进制数	二进制数	原码	反码	补码
+0	+0000000	00000000	00000000	00000000
+1	+0000001	00000001	00000001	00000001
+2	+0000010	00000010	00000010	00000010
⋮	⋮	⋮	⋮	⋮
+126	+1111110	01111110	01111110	01111110
+127	+1111111	01111111	01111111	01111111
−0	−0000000	10000000	11111111	00000000
−1	−0000001	10000001	11111110	11111111
−2	−0000010	10000010	11111101	11111110
⋮	⋮	⋮	⋮	⋮
−126	−1111110	11111110	10000001	10000010
−127	−1111111	11111111	10000000	10000001
−128	−10000000	无法表示	无法表示	10000000

1.4.2　非数值型数据的表示方法

非数值型数据包括逻辑数据和字符数据。

1. 逻辑数据

逻辑数据只能参加逻辑运算。基本的逻辑运算有 3 种：逻辑或(OR)、逻辑与(AND)、逻辑非(NOT)。任何二进制数通过这 3 种运算及其组合都可以得到一个复杂的逻辑运算结果。参加逻辑运算的数据是按位进行的。在单片机中逻辑数据也是用二进制数码 0、1 表示，但这里的 0、1 不代表数量的大小，而是表示两种状态，如电平的高与低，事件的真与假，结论成立与不成立等。

例 1.7　已知有两个 8 位数 x、y，$x=10101101B$，$y=11001011B$，求 $x\cdot y$，$x+y$。

解：

$$\begin{array}{r} 10101101 \\ \wedge\ \ 11001011 \\ \hline 10001001 \end{array} \qquad \begin{array}{r} 10101101 \\ \vee\ \ 11001011 \\ \hline 11101111 \end{array}$$

2. 字符数据

字符数据主要用于单片机与外部设备的信息交换。单片机除了处理数值信息外，还需要处理大量的字符数据，如字母、符号、汉字、图像、语音等，这些信息在单片机中都是以二进制编码的形式出现的。对字符的编码是一种约定，目前常用的编码有 ASCII 码和 BCD 码。

(1) ASCII 码

计算机中使用的字符编码普遍采用美国标准信息交换码(American Standard Code for Information Interchange，ASCII)。ASCII 码有 7 位和 8 位两种字符编码形式，常用的是 7 位 ASCII 码。7 位二进制数有 $2^7=128$ 种不同的组合，可以对 128 个不同的字符进行编码。这 128 个字符包括 52 个大、小写英文字母，0～9 这 10 个数字符号，33 个控制符号，33 个常用符号。各字符的 ASCII 码如表 1.5 所示。

表 1.5　ASCII 码对照表

低 4 位 D3 D2 D1 D0	高 3 位 D6 D5 D4							
	000	001	010	011	100	101	110	111
0000	NUL	DEL	SP	0	@	P	′	p
0001	SOH	DC1	!	1	A	Q	a	q
0010	STX	DC2	″	2	B	R	b	r
0011	EXT	DC3	#	3	C	S	c	s
0100	EOT	DC4	$	4	D	T	d	t
0101	ENQ	NAK	%	5	E	U	e	u
0110	ACK	SYN	&	6	F	V	f	v
0111	BEL	ETB	?	7	G	W	g	w
1000	BS	CAN	(	8	H	X	h	x
1001	HT	EM	)	9	I	Y	i	y
1010	LF	SUB	*	:	J	Z	j	z
1011	VT	ESC	+	;	K	[	k	{
1100	FF	FS	,	<	L	\	l	|
1101	CR	GS	_	=	M	]	m	}
1110	SO	RS	.	>	N	^	n	～
1111	SI	HS	/	?	O	—	o	DEL

要确定某个字符的 ASCII 码，在表中可先找到它的位置，然后确定它所在位置的行和列，最后根据列确定高位码(D6 D5 D4)，根据行确定低位码(D3 D2 D1 D0)，把高位码和低位码组合在一起就是该字符的 ASCII 码。例如，字符 B、7 的 ASCII 码分别为 1000010B、0110111B，用十六进制可表示为 41H、39H。

ASCII 码主要用于单片机与外设的通信，单片机接收的键盘信息、单片机输出到打印机和显示器的信息都是以 ASCII 码形式进行数据传输的。

在 8 位微型计算机中，一个字符编码的最高位可供在奇偶校验时作为奇偶校验位使用，后 7 位为 ASCII 码。偶校验的含义是：包括校验位在内的 8 位二进制码中 1 的个数为偶数。

例如，字母 A 的编码(1000001B)加偶校验时为 01000001B。而奇校验的含义是：包括校验位在内，所有 1 的个数为奇数。因此，具有奇数校验位 A 的 ASCII 码则是 11000001B。

奇偶校验码是最简单的一种校验码，它只能发现奇数个错误，不能发现偶数个错误，也不能纠正错误。但在实际应用中，一位出错的概率比多位出错的概率高，因此，奇偶校验码还是很实用的。另外，计算机中还有一种信息编码，用于发现和纠正错误，称为纠错码。有关校验码的问题就不再继续讨论了。

(2) BCD 码

单片机处理的数据是二进制数，而人们习惯使用十进制数。为了实现人机交互，产生了用 4 位二进制数码表示 1 位十进制的方法，称为二进制编码的十进制数，简称 BCD 码。BCD 码的种类很多，最常用的是 8421 BCD 码，它是一种最简单的二进制自然编码。4 位 8421 BCD 码与 10 个十进制数码的对应关系如表 1.6 所示。

表 1.6　十进制数码与 8421 BCD 码的对应关系

十进制数	BCD 码	十进制数	BCD 码
0	0000	5	0101
1	0001	6	0110
2	0010	7	0111
3	0011	8	1000
4	0100	9	1001

由表 1.6 可知，十进制数 0～9 所对应的 BCD 码的有效范围是 0000～1001，1010～1111 为无效编码。

8421 BCD 码是很直观的。只要熟悉了它的 10 个数码的编码，很容易实现十进制数与 8421 BCD 码之间的转换。例如，$(0110\ 0111\ 0101.01000001)_{BCD}=675.41$。但是，8421 BCD 码与二进制数的转换不是直接的。要将 8421 BCD 码转换成二进制数，必须先将 8421 BCD 码转换成十进制数，然后再转换成二进制数。反之，亦然。

习　　题

一、选择题

1. CPU 主要的组成部分为(　　)。

A. 运算器、控制器　　B. 加法器、寄存器

C. 运算器、寄存器　　D. 运算器、指令译码器

2. 10101.101B 转换成十进制数是(　　)。

A. 46.625　　B. 23.625　　C. 23.62　　D. 21.625

3. 73.5 转换成十六进制数是(　　)。

A. 94.8H　　B. 49.8H　　C. 111H　　D. 49H

4. 3D.0AH 转换成二进制数是(　　)。

A. 111101.0000101B　　B. 111100.0000101B

C. 111101.101B　　D. 111100.101B

5. 十进制数 89.75 对应的二进制可表示为(　　)。

A. 10001001.01110101　　B. 1001001.10

C. 1011001.11　　D. 10011000.11

6. 十进制数 126 对应的十六进制可表示为(　　)H。

A. 8 F　　B. 8 E　　C. F E　　D. 7 E

7. 16 位二进制无符号整数表示成十六进制数的范围是(　　)。

A. 1～FFFFH　　B. 0～65536H

C. 0～FFFFH　　D. 0～111H

8. －3 的补码是(　　)。

A. 10000011　　B. 11111100

C. 11111110　　D. 11111101

9. 如某数 X 用二进制补码表示为$[X]_{补}$＝10000101B,则 X 的十进制数为(　　)。

A. 133　　B. －123　　C. －133　　D. ＋122

10. 已知某数的 BCD 码为 0111 0101 0100 0010,则其表示的十进制数值为(　　)。

A. 7542H　　B. 7542　　C. 75.42H　　D. 75.42

11. 在计算机中“A”是用(　　)来表示的 。

A. BCD 码　　B. 二-十进制编码

C. 余三码　　D. ASCII 码

12. 数制及编码的转换中,10100101B＝ (　　)H;(01010111)BCD ＝ (　　)D。

A. 204D　　B. A5H　　C. 57D

D. 01011000B　　E. 41H

二、填空题

1. 微处理器就是集成在一片大规模集成电路上的____________和____________。

2. 单片微型计算机由 CPU、存储器和____________三部分组成。

3. 十进制数 29 的二进制表示为______。

4. 将无符号二进制数 11011.01B 转换为十进制数,其值为______。

5. 完成不同数制间的转换:00100110B＝_________D;10011010B＝_________H;(01110111)BCD＝_________D;28＝______BCD;符号 D 的 ASCII 码是______。

6. 213.5＝___________B＝___________H。

7. 十进制数 5923 的 BCD 码为______________________。

8. 十进制数－93 的 8 位补码表示为______________________。

9. 求某数的补码为 84H,该数的十进制数为______________________。

10. 计算机中最常用的字符信息编码是______________________。

11. 计算机中常用的码制有原码、反码和______________________。

三、简答题

1. 简述计算机、微型计算机和单片机的区别。

2. 什么是单片机？单片机由哪些基本部件组成？单片机主要应用于哪些领域？

3. 8位微机所表示的无符号数、带符号数、BCD码的范围分别是多少？

4. 01001001 B分别被看做补码、无符号数、ASCII码、BCD码时，它所表示的十进制数或字符是什么？

5. 举例说明单片机的用途。

6. 当采用奇校验时，ASCII码1000100和1000110的校验位D7应为何值？这两个代码所代表的字符是什么？

第2章 单片机的结构及原理

单片机是一个大规模集成电路芯片，其本身不能完成特定的任务，只有当它与某些器件和设备有机地组合在一起并配以特定的程序时，才能构成一个真正的单片机应用系统，完成特定任务。在单片机应用系统中单片机是核心器件。本章以80C51系列单片机中的89C51单片机为典型例子，详细介绍单片机的硬件基础知识，包括单片机的结构、工作原理、引脚功能、工作方式等内容。通过对典型单片机的学习，使读者达到举一反三、触类旁通的目的。

2.1 单片机的结构

任何一种型号的单片机内部都集成有CPU、存储器、I/O口、其他辅助电路(如中断系统、定时/计数器)、振荡电路等。

单片机内的存储器分成只读存储器(Read Only Memory，ROM)和随机存储器(Ramdom Access Memory，RAM)两种。ROM中存放的信息掉电后不丢失，因此常用来存放固定不变的程序和常数，所以也称为程序存储器；RAM中存放的信息掉电后丢失，因此常用来存放一些需要临时保存的数据或运算的中间结果，所以也称为数据存储器。

单片机内的I/O接口分成两类：并行口和串行口。它们作为单片机与外设交换信息的桥梁，可以将单片机的处理结果送给输出外设，也可以将输入外设的信息送给单片机以便进行处理。当单片机与外设通过并行口交换信息时，可以同时传送多位二进制信息，故传送效率高，但需要多条传输线，随着传送距离的加长，传输线造价不断提高。当单片机与外设通过串行口交换信息时，每次只能传送1位二进制信息，故传送效率低，但需要的传输线少，适用于远距离的信息传输。

2.1.1 89C51单片机的逻辑结构

89C51单片机的基本组成功能框图如图2.1所示。

由图2.1中可以看出，89C51单片机内部主要包含下列部件。

- 一个8位的CPU(中央处理器)。它是整个单片机的核心，主要完成指令的运行控制、8位数据运算和位处理等操作。
- 128 B的RAM。用以存放可以读写的数据，如运算的中间结果和最终结果等。
- 21个特殊功能寄存器SFR。用以存放一些特殊的数据，也可以存放一般数据。
- 4 KB的Flash ROM。用于存放程序，也可以存放一些原始数据和表格等。
- 4个8位的并行输入/输出端口(I/O口)。分别是P0口、P1口、P2口、P3口，主要用于完成外部设备数据的并行输入和输出。有些I/O口还有其他多种功能。
- 两个16位的定时器/计数器。可以用来对外部事物进行计数，也可以设置成定时器,并根据计数和定时的结果对计算机进行控制。

- 一个可编程的全双工异步串行口。串行口用以实现单片机与其他具有相应接口的设备之间的异步串行数据传送。
- 中断系统。中断系统的主要作用是对外部或内部的中断请求进行管理与处理。89C51 的中断系统有 5 个中断源,两个中断优先级,可实现两级中断嵌套。
- 振荡器及定时控制电路。振荡器用于产生单片机工作时所需的时钟脉冲;定时控制电路用于产生单片机工作时所需的内部和外部控制信号。

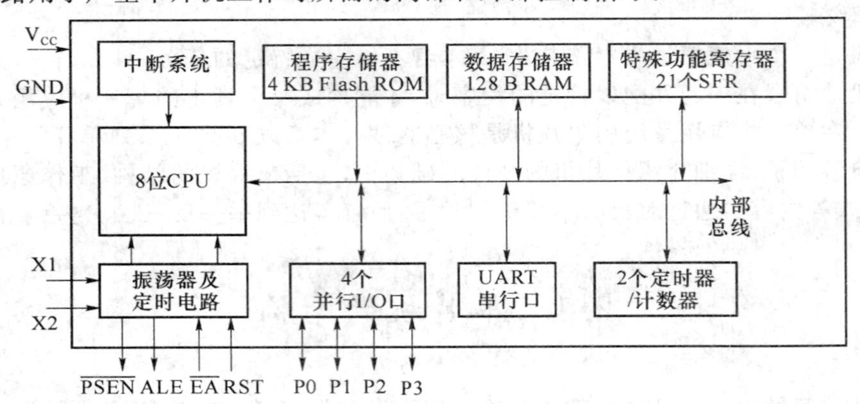

图 2.1 89C51 的基本组成功能框图

2.1.2 89C51 单片机的编程结构及工作原理

1. 89C51 单片机的编程结构

89C51 单片机的编程结构如图 2.2 所示。

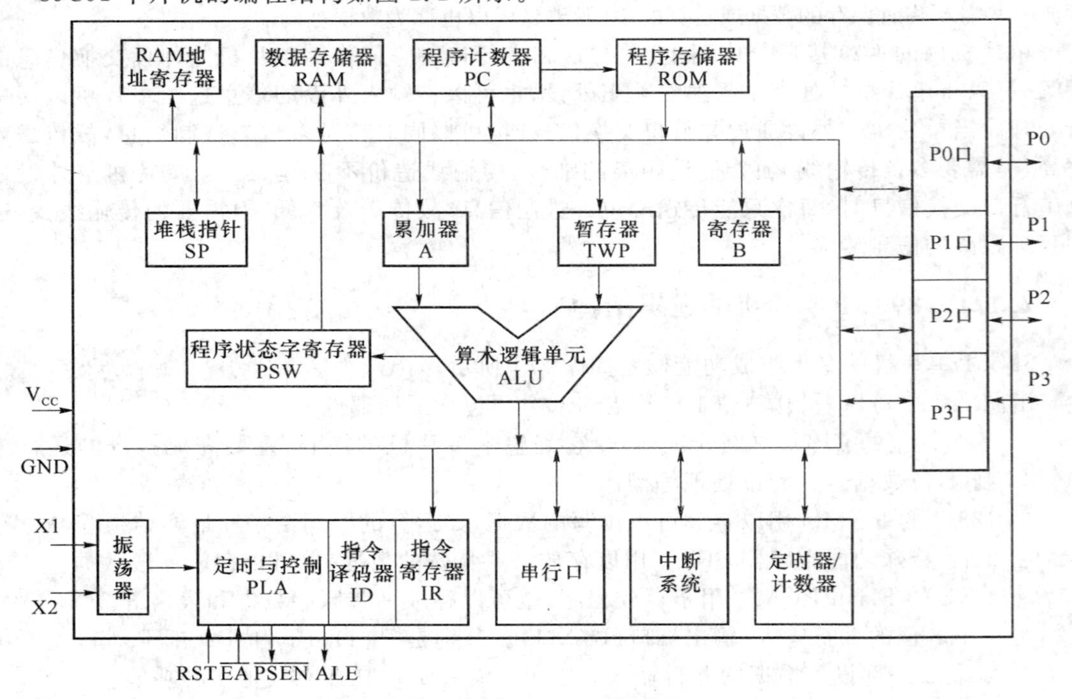

图 2.2 89C51 单片机的编程结构图

对于大多数单片机用户来说，并不需要十分详细地了解单片机编程结构中的具体线路，但是应该比较清楚地了解单片机的工作原理。

2. 单片机的工作原理

单片机的工作就是执行程序。单片机执行不同的程序就能完成不同的任务。

程序是指单片机所能识别和执行的指令的有序集合。指令是指人向单片机发出的让单片机完成某种操作的命令。一条指令对应一种基本操作。程序存放在程序存储器中(单片机内部有程序存储器)。

存储器由许多存储单元组成，每个存储单元可以存放 8 位二进制信息(8 个二进制位，通常称做 1 字节)，指令就在存储单元中存放，一条指令可能占用一个单元，也可能占用 2 个或 3 个单元。为了区分不同的存储单元，需要对存储单元进行编号，称这种编号为存储单元的地址。只要知道了存储单元的地址，就可以找到存储单元，在其中存储的指令就可以被取出，然后再被单片机执行。程序通常是顺序执行的，所以程序中的指令也是一条条顺序存放的。

在执行程序的过程中起关键作用的是 CPU。CPU 由运算器和控制器两部分组成，主要完成各种运算和控制。

(1) 运算器

运算器的核心部分是算术逻辑运算单元 ALU，可以完成加、减、乘、除、加 1、减 1、BCD 码调整等算术运算，以及与、或、异或、求补、循环等逻辑操作。由图 2.2 可见，ALU 有 2 个输入端和 2 个输出端，其中一个输入端接至累加器，接收由累加器送来的一个操作数；另一输入端通过暂存器接到内部数据总线，以接收来自其他寄存器的第二个操作数。参加运算的操作数在 ALU 中进行规定的操作运算后，一方面将运算结果送至累加器，另一方面将运算结果的特征或状态送程序状态字寄存器保存。由于所有运算的数据都要通过累加器，故累加器在微处理器中占有很重要的位置。

(2) 控制器

控制器包括程序计数器、指令寄存器，指令译码器、定时与控制电路等。控制电路完成指挥控制工作，协调单片机各部分的工作。

程序计数器(Program Counter，PC)是一个 16 位的加 1 计数器，其中存放的是 ROM 中存储单元的地址。在开始执行程序时，给 PC 赋以程序中第一条指令所在的存储单元的地址，然后每从存储单元取一次数据，PC 中的内容就会自动加 1，以指向下一个存储单元，保证指令顺序执行。由此可见，PC 中存放的是下一条将要执行的指令所在的 ROM 存储单元的地址。CPU 通过 PC 的内容就可以取得指令的存放地址，进而取得要执行的指令。一般程序中的指令是按顺序执行的。若要改变执行次序，则必须将新的指令地址送至 PC 中。

指令寄存器(Instruction Register，IR)用来存放当前正在执行的指令代码。指令译码器(Instruction Delocler，ID)用来对指令代码进行分析、译码，根据指令译码的结果，输出相应的控制信号。CPU 执行指令时，由程序存储器中读取指令代码，将其送入指令寄存器，经译码器译码后由定时与控制电路发出相应的控制信号，完成指令功能。

定时与控制电路(PLA)用于产生各种操作时序。在运行时，单片机从 ROM 中取出指令，放至指令寄存器中，此后的操作就在这条指令的控制下进行。指令寄存器中的操作码被 ID 分析译码为一种或几种电平信号，这些信号与时钟信号在定时与控制电路 PLA 中组合形成各种按一定节拍变化的电平或脉冲(即控制信息)。这些控制信息在 CPU 内部协调各寄存器之间的数据传送,指挥运算器完成各种算术或逻辑运算操作;对 CPU 外部发出地址锁存信号 ALE、外部程序存储器选通信号 $\overline{\text{PSEN}}$,以及读、写等控制信号。

由于程序是由指令组成的,所以单片机执行程序的过程就是逐条执行指令的过程。单片机执行一条指令可分为取指阶段和执行阶段。取指阶段是从 ROM 存储器中取出指令的操作码送到 CPU 中的控制器;执行指令阶段是控制器对操作码译码后产生各种控制信号,在这些控制信号的作用下,单片机内部的各个部件动作,从而完成指令所规定的操作。下面通过指令的执行,简要说明单片机的工作过程。

例如,欲使单片机计算 6+2=?,则操作步骤如下。

第一步,编程。

用汇编语言编程如下:

```
MOV   A,#6;    74H   06H       ;把6送给A
ADD   A,#2;    24H   02H       ;把A中的内容与2相加,并送回到A中
```

第二步,把程序送到存储器中。程序中的指令是一条条顺序存放的。上述程序存储情况如下:

存储单元地址	存储单元内容
0000H	74H
0001H	06H
0002H	24H
0003H	02H

第三步,给单片机通电,单片机就自动执行该段程序。

因为 80C51 系列单片机开机或复位后,程序计数器 PC 的内容为 0000H,任何程序的第一条指令也都是从 ROM 的地址为 0000H 的单元开始存放,所以 CPU 先从 ROM 的 0000H 单元开始执行指令,过程如下。

① 取第一条指令。

CPU 将 PC 中存放的存储单元的地址码 0000H 通过内部地址总线 AB 发送至 ROM,选中 ROM 的 0000H 单元;CPU 发送读控制信号,在读控制信号的作用下,被选中的 0000H 单元的内容送到内部数据总线 DB 上,经数据总线传送到指令寄存器寄存。至此,第一条指令的取指阶段结束。

② 执行第一条指令。

指令译码器接收来自指令寄存器的指令代码,对其进行分析、译码后输出相应的控制信号,这些信号与时钟信号在定时与控制电路中组合形成各种按一定节拍变化的电平或脉冲(即控制信息)。根据控制器发出的控制信号可以知道,这条指令的功能是把 6 送到 A 中,而 6 在 0001H 单元存放,故需要到 0001H 单元中取出 6,送到 A 中。为此 CPU 将 PC 中的内容(PC=0001H,因为 PC 的初值是 0000H,当 PC 中的 0000H 被送出后,PC 中的值自动加 1 变为 0001H)发送至 AB,经过 AB 传送到 ROM,选中 ROM 的 0001H 单元;CPU 发送读控制信号至存储器;在读控制信号的作用下,存储器送出选中的 0001H 单元的内容(03H),经 DB 传送到 A 中。

③ 取第二条指令。

CPU 将 PC(PC 中存放的是 0002H)中的内容发送至 AB,经过 AB 传送到 ROM,选中 ROM 的 0002H 单元;CPU 发送读控制信号,经内部控制总线 CB 传送到存储器;存储器送出选中的 0002H 单元的内容,经 DB 传送到 CPU 内部的指令寄存器。

④ 执行第二条指令。

指令译码器接收来自指令寄存器的指令代码,对其进行分析、译码后输出相应的控制信号,这些信号与时钟信号在定时与控制电路中组合形成各种按一定节拍变化的电平或脉冲(即控制信息)。根据控制器发出的控制信号可以知道,这条指令要把 2 与 A 中的数相加,而 2 在 0003H 存放(0003H 在 PC 中存放),故需要到 0003H 单元中取出 2,送到运算器的输入端。为此 CPU 将 PC 中的内容发送至 AB,经过 AB 传送到存储器,选中存储器的 0003H 单元; CPU 发送读控制信号,经 CB 传送到存储器;存储器送出选中的 0003H 单元的内容,经 DB 传送到运算器的输入端,经过运算后将运算结果送回 A 中存放。此时 A 中存放的是运算结果(08H)。

注意:当 CPU 执行完这段程序时,PC=0004H。请读者自行思考原因。

由上述过程可见,当 CPU 将程序中的指令一条条取出并执行完时,也就完成了用户赋予它的任务。

2.2　80C51 系列单片机的存储器结构

存储器是单片机的主要组成部分,用于存储数据和程序。89C51 单片机内部有 4 KB 的 Flash ROM 和 128 B 的 RAM 以及 21 个特殊功能寄存器。当片内 ROM 不够用时,可以向片外扩展 ROM;当片内 RAM 不够用时,可以向片外扩展 RAM。本节介绍 89C51 单片机内部的存储器。有关单片机外部扩展的存储器将在第 9 章介绍。

2.2.1　程序存储器

程序存储器(ROM)用来存放编制好的程序及表格常数。89C51 单片机内部 ROM 的地址空间为 0000H～0FFFH。89C51 单片机 ROM 空间配置如图 2.3 所示。

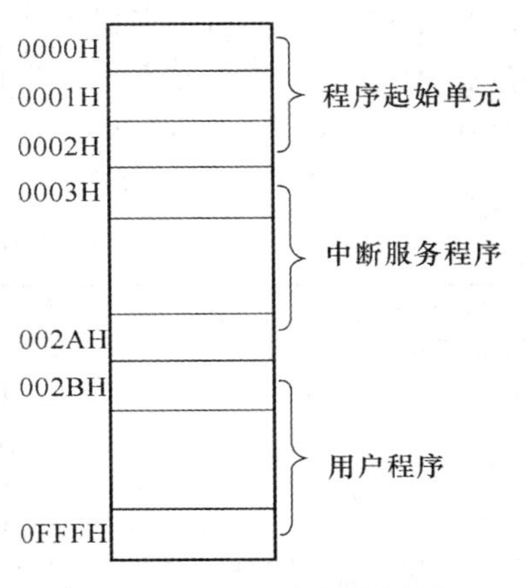

图 2.3　ROM 空间配置图

对于 80C51 系列单片机来说,其程序存储器中 0000H～002AH 单元是保留给系统使用的,一般用户程序不占用这些单元。这些程序存储器单元有两类特殊的功能。一类是 0000H～0002H 单元。由于单片机加电或复位后程序计数器 PC 的值为 0000H,故 CPU 总是从 0000H 单元取指令,并执行程序。因此,如果用户程序不是从 0000H 单元开始存放,则应在 0000H 开始的单元中存放一条无条件转移指令(该指令需要占用 3 个单元)以改变 PC 值,使其转移到用户程序所在的地方去执行。正因如此,当系统不使用片内 ROM,而使用片外 ROM 时,片外 ROM 必须从 0000H 地址开始扩展,否则系统复位后将找不到要执行的程序。另一类是 0003H～002AH 共 40 个单元。该组单元平均分为 5 组,每组 8 个单元,被保留用于存放中断服务程序。因此,对于 89C51 单片机来说,用户程序最好放在 002BH 单元之后。

2.2.2 数据存储器

数据存储器(RAM)用于存放经常要改变的中间结果和标志位,实现数据的暂存。89C51 单片机内部共有 128 个 RAM 单元,地址空间为 00H～7FH。89C51 单片机 RAM 空间配置如图 2.4 所示。

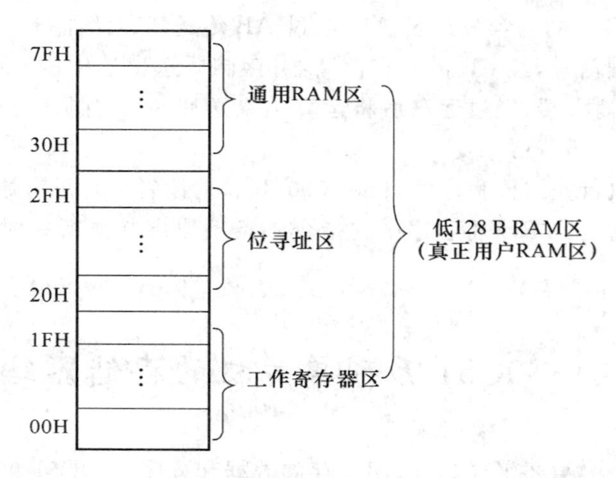

图 2.4 RAM 空间配置图

89C51 片内的 128 B RAM 单元分成 3 个区:工作寄存器区(00H～1FH)、位寻址区(20H～2FH)和通用 RAM 区(30H～7FH)。

1. 工作寄存器区(00H～1FH)

工作寄存器区共 32 个单元。这 32 个单元分为 4 组,每组有 8 个 RAM 单元,分别对应于 8 个工作寄存器 R0～R7,组号依次为 0、1、2 和 3。在任一时刻,CPU 只能使用一组工作寄存器,被使用的那组寄存器称为当前工作寄存器组。若在应用程序中并不需要 4 组工作寄存器,那么其余的工作寄存器空间可作为一般的 RAM 单元使用。通过对特殊功能寄存器 PSW 中的 RS1、RS0 位的设置,可以选择哪一组为当前工作寄存器组,选择方法如表 2.1 所示。

表 2.1 工作寄存器组选择

工作寄存器组	RS1	RS0	R7	R6	R5	R4	R3	R2	R1	R0
0	0	0	07H	06H	05H	04H	03H	02H	01H	00H
1	0	1	0FH	0EH	0DH	0CH	0BH	0AH	09H	08H
2	1	0	17H	16H	15H	14H	13H	12H	11H	10H
3	1	1	1FH	1EH	1DH	1CH	1BH	1AH	19H	18H

使用当前工作寄存器为 CPU 提供了便利的数据存储,提高了单片机的运行速度和编程

的灵活性。

2. 位寻址区(20H～2FH)

位寻址区可以作为一般的 RAM 单元,既可以按字节操作,又可以按位操作。这 16 个单元共有 16×8＝128 个位,每一个位都有一个位地址,位地址范围从 20H 单元的 D0 位(位地址为 00H)开始,到 2FH 单元的 D7 位(位地址为 7FH)结束。其位地址空间分布如图 2.5 所示。

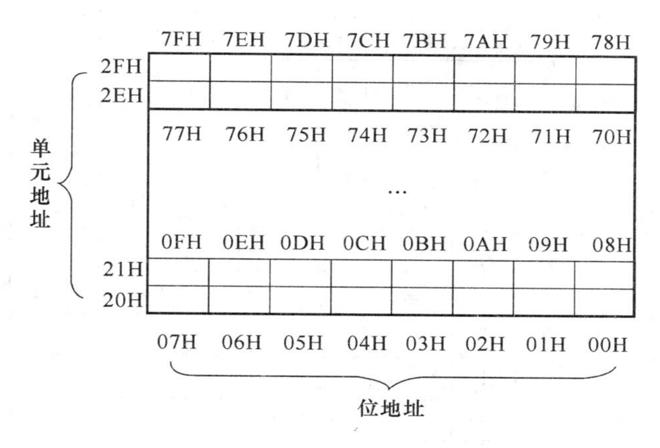

图 2.5　位寻址位地址空间分布

3. 通用 RAM 区(30H～7FH)

通用 RAM 区共有 80 个 RAM 单元,单片机对这一区域没有作特殊的定义,可用于存放用户数据或作为堆栈区使用。用户对这个区域的单元只能进行字节操作。

2.2.3　特殊功能寄存器

特殊功能寄存器(SFR)区共有 128 个单元,但是只有 21 个单元可用,它们主要用于存放控制命令、状态或数据。该区中每个单元都是一个特殊功能寄存器,它们分散在 80H～FFH 的地址空间内。表 2.2 列出了特殊功能寄存器的名称及占用单元地址的情况。

表 2.2　89C51 特殊功能寄存器一览表

名　称	符　号	字节地址	位地址/位定义							
			D7	D6	D5	D4	D3	D2	D1	D0
B 寄存器	B	* F0H	F7	F6	F5	F4	F3	F2	F1	F0
累加器 A	ACC	* E0H	E7	E6	E5	E4	E3	E2	E1	E0
程序状态字	PSW	* D0H	D7	D6	D5	D4	D3	D2	D1	D0
			CY	AC	F0	RS1	RS0	OV		P
中断优先级控制寄存器	IP	* B8H	BF	BE	BD	BC	BB	BA	B9	B8
						PS	PT1	PX1	PT0	PX0
I/O 端口 3	P3	* B0H	B7	B6	B5	B4	B3	B2	B1	B0
			P3.7	P3.6	P3.5	P3.4	P3.3	P3.2	P3.1	P3.0

续 表

名 称	符 号	字节地址	位地址/位定义							
			D7	D6	D5	D4	D3	D2	D1	D0
中断允许控制寄存器	IE	* A8H	AF	AE	AD	AC	AB	AA	A9	A8
			EA			ES	ET1	EX1	ET0	EX0
I/O 端口 2	P2	* A0H	A7	A6	A5	A4	A3	A2	A1	A0
			P2.7	P2.6	P2.5	P2.4	P2.3	P2.2	P2.1	P2.0
串行数据缓冲寄存器	SBUF	99H								
串行控制寄存器	SCON	* 98H	9F	9E	9D	9C	9B	9A	99	98
			SM0	SM1	SM2	REN	TB8	RB8	TI	RI
I/O 端口 1	P1	* 90H	97	96	95	94	93	92	91	90
			P1.7	P1.6	P1.5	P1.4	P1.3	P1.2	P1.1	P1.0
定时/计数 1 高字节	TH1	8DH								
定时/计数 0 高字节	TH0	8CH								
定时/计数 1 低字节	TL1	8BH								
定时/计数 0 低字节	TL0	8AH								
定时/计数方式选择寄存器	TMOD	89H	GATE	C/$\overline{T}$	M1	M0	GATE	C/$\overline{T}$	M1	M0
定时/计数器控制寄存器	TCON	* 88H	8F	8E	8D	8C	8B	8A	89	88
			TF1	TR1	TF0	TR0	IE1	IT1	IE0	IT0
电源控制寄存器	PCON	87H	SMOD				GF1	GF0	PD	IDL
数据指针高字节	DPH	83H								
数据指针低字节	DPL	82H								
堆栈指针	SP	81H								
I/O 端口 0	P0	* 80H	87	86	85	84	83	82	81	80
			P0.7	P0.6	P0.5	P0.4	P0.3	P0.2	P0.1	P0.0

在这个区域中，凡字节地址能被 8 整除的 SFR 还可进行位寻址(即字节地址的低 4 位是 0H 或 8H 的 SFR)。具体情况见表 2.2 中字节地址带 * 的 11 个寄存器。例如，中断优先级控制寄存器 IP，其字节地址为 B8H，就可以进行位寻址。

下面对部分特殊功能寄存器(SFR)作简要介绍，其余 SFR 的内容将在相关章节中讲述。

1. 累加器

累加器(ACC)为 8 位寄存器，可以按位操作。ACC 是最常用、最繁忙的 SFR，许多操作都与其有关，它主要用于完成数据的算术和逻辑运算，也可以存放数据或中间结果。

2. 寄存器

寄存器(B)是一个为完成乘法和除法运算而设置的 8 位寄存器，与累加器 ACC 配对使用。在进行乘法前，B 用来存放乘数，A 用来存放被乘数；在乘法完成后，乘积的高 8 位存于 B 中，低 8 位存于 A 中。在进行除法前，B 用来存放除数，A 用来存放被除数；在除法完成后，B 用来存放余数，商存于 A 中。此外，B 寄存器也可作为一般数据寄存器使用。

3. 程序状态字寄存器

程序状态字寄存器(PSW)是一个 8 位寄存器，它包含程序的状态信息。在 PSW 中，有些位的状态是根据指令执行结果，由硬件自动修改的，而有些位的状态则必须通过指令修改。PSW 中的每个位的状态都可以由软件读出。例如，PSW 中 CY、AC、OV、P 的状态就是根据指令的执行结果由硬件自动改变的，而 F0、F1、RS1、RS0 的状态由用户根据需要用软件设定。PSW 中各位的定义如表 2.3 所示。

表 2.3　PSW 中各位的定义

PSW.7	PSW.6	PSW.5	PSW.4	PSW.3	PSW.2	PSW.1	PSW.0
CY	AC	F0	RS1	RS0	OV	F1	P

CY(PSW.7)：进位/借位标志位。在执行某些算术和逻辑运算时，可以被硬件或软件置位或清 0。在进行加(减)运算时，如果操作结果使累加器 A 中的最高位 D7 向前有进位(借位)，则 CY 自动置 1，否则 CY 自动清 0。在位运算中，它是位累加器，指令的助记符为 C。

AC(PSW.6)：辅助进位标志位。在进行加(减)运算时，当累加器 A 中的 D3 位向 D4 位(低 4 位向高 4 位)有进(借)位时，则 AC 自动置 1，否则 AC 自动清 0。AC 标志通常用在 BCD 码的运算调整中。

F0、F1(PSW.5、PSW.1)：用户自定义标志位。这两个是供用户定义的标志位，用户可根据需要对 F0、F1 赋予一定的含义，由用户通过软件对其置位、复位或测试，用以控制用户程序的转向。

RS1、RS0(PSW.4、PSW.3)：工作寄存器组选择控制位。该两位通过软件置“0”或“1”，用于设定哪一组工作寄存器为当前工作寄存器组。RS1、RS0 的取值与选用工作寄存器的关系如表 2.1 所示。因为单片机上电或复位后，RS1、RS0 为 0、0，所以 CPU 选中 0 组为当前工作寄存器组。用户根据需要通过传送指令或位操作指令改变 RS1 和 RS0 的值，来选择不同的工作寄存器组，这种设置为程序中保护现场提供了方便。

OV(PSW.2)：溢出标志位。当两个带符号数进行加减运算时，若运算结果超出 8 位补码的表示范围(－128～＋127)时，则产生溢出，OV 自动置 1，否则 OV 清 0。当两个无符号数进行乘法运算时，若两个数的乘积超过了 255，则 OV＝1，反之 OV＝0 。由于乘积的高 8 位存于 B 中，低 8 位存于 A 中，故 OV＝0 意味着只要从 A 中取得乘积即可，OV＝1则要从 B 和 A 中取得乘积结果。当两个无符号数进行除法运算时，若除数为 0，则 OV＝1，否则 OV＝0。

P(PSW.0)：奇偶标志位。用于表示累加器 A 中 1 的个数的奇偶性。若 A 中 1 的个数为奇数，则 P＝1；若 A 中 1 的个数为偶数，则 P＝0。此标志位对串行通信中的数据传输有重要意义。在串行通信中常用奇偶校验的办法来检验数据传输的可靠性。

4. 堆栈指针寄存器

堆栈指针寄存器(SP)是一个8位寄存器,存放堆栈栈顶的地址,用于指示堆栈顶部在片内RAM中的位置。

堆栈是在片内RAM中开辟出来的一个专门的存储区域。其存取数据的原则是“先进后出”或“后进先出”。堆栈有栈顶和栈底之分。在使用堆栈之前,要先给堆栈指针赋值,以规定堆栈栈顶的位置。

堆栈有两种操作:入栈(数据存入堆栈)和出栈(数据从栈中取出)。数据入栈时,SP先自动加1,再将数据存入SP指示的RAM单元中。数据出栈时,先将SP所指示的地址单元的内容读出,再将SP减1。堆栈数据压入与弹出过程如图2.6所示。

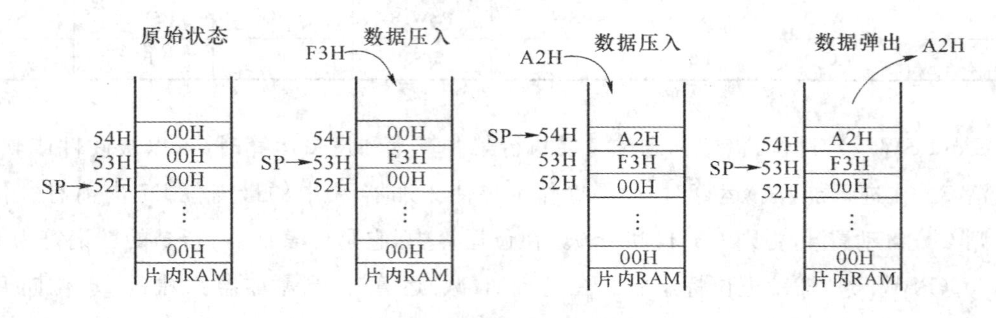

图2.6 堆栈数据压入与弹出

堆栈为程序中断、子程序调用等临时保存一些特殊信息提供了方便。89C51单片机的堆栈设在片内RAM区,SP的内容可以是00H~7FH中的任何一个。由于单片机上电或复位后,SP=07H,因此,第一个数进栈时一定存放在08H单元。为了合理使用片内RAM这个宝贵资源,堆栈一般不设立在工作寄存器区和位寻址区,通常设在用户RAM区的地址空间内。

5. 数据指针

数据指针(DPTR)是一个16位的寄存器,由两个8位特殊功能寄存器DPH和DPL拼装而成。DPH作DPTR的高8位,DPL作DPTR的低8位。因此,DPTR既可作为一个16位寄存器使用,又可作为两个独立的8位寄存器DPH和DPL使用。当CPU与片外RAM单元交换数据时,DPTR作为数据存储器的地址指针,用来指示要访问的片外RAM的单元地址。

2.3 89C51单片机的引脚及功能

学习单片机的内部结构有助于了解信息流动,掌握编程技巧;学习单片机的外部引脚有助于掌握它与其他元器件的连接。单片机与外界的信息交换就是通过它的引脚实现的。

在80C51系列单片机中,各类型号单片机的引脚是相互兼容的。下面以89C51单片机为例进行说明。89C51 单片机实际有效的引脚为 40 个，其引脚图如图 2.7 所示。

引脚名	引脚号	89C51	引脚号	引脚名
P1.0	1		40	V_{CC}
P1.1	2		39	P0.0
P1.2	3		38	P0.1
P1.3	4		37	P0.2
P1.4	5		36	P0.3
P1.5	6		35	P0.4
P1.6	7		34	P0.5
P1.7	8		33	P0.6
RST	9		32	P0.7
(RXD) P3.0	10		31	$\overline{EA}/V_{PP}$
(TXD) P3.1	11		30	ALE/$\overline{PROG}$
($\overline{INT0}$) P3.2	12		29	$\overline{PSEN}$
($\overline{INT1}$) P3.3	13		28	P2.7
(T0) P3.4	14		27	P2.6
(T1) P3.5	15		26	P2.5
($\overline{WR}$) P3.6	16		25	P2.4
($\overline{RD}$) P3.7	17		24	P2.3
XTAL2	18		23	P2.2
XTAL1	19		22	P2.1
V_{SS}	20		21	P2.0

图 2.7　89C51 单片机的引脚图

2.3.1　电源引脚

1. 电源端 V_{CC}

引入单片机的工作电源。单片机正常运行时为＋4.0～＋5.5 V 电源。

2. 接地端 V_{SS}

接地。通常在 V_{CC}和 V_{SS}引脚之间接 0.1 μF 高频率滤波电容。

2.3.2　控制引脚

1. 时钟引脚 XTAL1 和 XTAL2

当使用内部时钟振荡电路时，这两个引脚端外接石英晶体和微调电容。XTAL1 是片内振荡电路反相放大器的输入端，XTAL2 是片内振荡电路反相放大器的输出端，振荡电路的频率就是晶体的固有频率。

当使用外部时钟时，XTAL2 悬空，XTAL1 接外部时钟信号源。

2. 地址锁存允许/片内 EPROM 编程脉冲输入信号 ALE/$\overline{PROG}$

在系统扩展时，ALE 用于控制地址锁存器锁存 P0 口输出的低 8 位地址，从而实现数据与低 8 位地址的复用。当 89C51 单片机由 P0 口送出低 8 位地址码时，也由 ALE 送出一高电平信号，作为外部锁存器的触发信号。因为在单片机与外扩芯片交换信息的过程中，地址信息必须维持不变，而 P0 口不能维持低 8 位的地址不变，所以应该外接锁存器，将低 8 位地址锁住。当 89C51 送出低 8 位地址信息时，锁存器应该处于送数状态；在低 8 位地址信息消失之前，锁存器应该处于锁存状态。

当片外存储器存取数据时，ALE 为低 8 位地址输出锁存信号；当片外存储器不存取数据时，ALE 端就输出固定频率的正脉冲信号，脉冲信号频率为 1/6 的 f_{osc}。此脉冲可用作外部的时钟或定时脉冲使用（这里应当注意，在访问外部存储器时，ALE 会缺少一个脉冲）。ALE 的负载能力为 8 个 LSTTL 器件。

当对单片机内部的程序存储器编程时，此引脚为编程脉冲的输入端。

3. 片外 ROM 的读选通信号$\overline{\text{PSEN}}$

当单片机从片外 ROM 中读取指令时，$\overline{\text{PSEN}}$送出片外 ROM 的读信号（低电平）。该引脚一般接到片外 ROM 的读控制端。

在单片机访问内部 ROM 或外部 RAM 时，$\overline{\text{PSEN}}$信号无效（高电平）。

4. 片外 ROM 访问允许/固化编程电压输入信号$\overline{\text{EA}}$/V_{PP}

当引脚$\overline{\text{EA}}$接高电平时，89C51 单片机先执行片内 ROM 中的程序，当 PC 的内容大于 0FFFH 时，CPU 自动转到片外 ROM 中去取指令，外扩的 ROM 的首地址应该为 1000H。当$\overline{\text{EA}}$为低电平（如接地）时，CPU 只能从片外 ROM 中取指令，片外 ROM 应该从 0000H 开始编址。对于内部没有 ROM 的单片机，必须外接 ROM 才能工作，因此其$\overline{\text{EA}}$必须接地，且首地址为 0000H，以保证 CPU 能从片外 ROM 中取指令。对于片内有 ROM ，但不用片内 ROM、只用片外 ROM 的单片机，其$\overline{\text{EA}}$也要接地。

当对 89C51 单片机内部的 Flash ROM 进行编程时，此引脚为编程电源输入端。80C51 系列不同型号单片机的编程电压不同，有＋12 V 和＋5 V 两种。

5. 复位信号输入端 RST

当振荡器工作时，若在此引脚上加两个机器周期的高电平，就能使单片机复位。单片机复位后，特殊功能寄存器的取值如下：PC＝0000H，PSW＝00H，SP＝07H，P0＝FFH，P1＝FFH，P2＝FFH，P3＝FFH，其余都为 0。

2.3.3 输入/输出引脚

1. P0.0～P0.7

在系统扩展时，P0.0～P0.7 分时提供低 8 位地址信息和 8 位双向数据信息。当单片机与外扩芯片交换信息时，P0.0～P0.7 先送出外扩芯片的低 8 位地址，在 ALE 信号的作用下将地址信息锁存在外部锁存器中，然后再传送数据信息。外扩 ROM 时，PC 中的低 8 位地址由 P0.0～P0.7 送出；外扩 RAM 或 I/O 接口时，DPL 中的地址信息由 P0.0～P0.7 送出。

在没有外扩芯片时，P0.0～P0.7 作为一般的 IN/OUT 线使用，可以直接与外设通信。此时，由于 P0.0～P0.7 的输出驱动电路是开漏的，所以用 P0.0～P0.7 驱动集电极开路电路或漏极开路电路时需外接上拉电阻。注意，当 P0.0～P0.7 作为地址/数据复用总线使用时，它们不是开漏的，无须外接上拉电阻。

在对单片机内部的 Flash ROM 编程时，从 P0 输入指令字节，在验证程序时，则输出指令字节。

2. P1.0～P1.7

P1.0～P1.7 一般作为通用 I/O 口线使用，用于完成 8 位数据的并行输入/输出。

3. P2.0～P2.7

在系统扩展时，P2.0～P2.7 输出高 8 位地址信息。外扩 ROM 时，PC 中的高 8 位地址由 P2.0～P2.7 送出；外扩 RAM 或 I/O 接口时，DPH 中的地址信息由 P2.0～P2.7 送出。

没有外扩芯片时，P2.0～P2.7 作为一般的 IN/OUT 线使用，可以直接与外设通信。

4. P3.0～P3.7

P3.0～P3.7 除可作为通用 I/O 口线使用外，还具有第二功能。引脚 P3.0～P3.7 的第二功能如表 2.4 所示。

表 2.4 引脚 P3.0～P3.7 的第二功能

P3 口	第二功能	注　　释
P3.0	RXD	串行口输入端
P3.1	TXD	串行口输出端
P3.2	$\overline{\text{INT0}}$	外部中断 0 请求输入端
P3.3	$\overline{\text{INT1}}$	外部中断 1 请求输入端
P3.4	T0	定时/计数器 0 外部计数信号输入端
P3.5	T1	定时/计数器 1 外部计数信号输入端
P3.6	$\overline{\text{WR}}$	外部数据存储器写选通输出信号
P3.7	$\overline{\text{RD}}$	外部数据存储器读选通输出信号

上述各引脚的功能只有作用在后面章节的学习中才能逐渐加深理解并学会应用。

2.4 80C51 系列单片机的工作方式

80C51 系列单片机的工作方式包括：复位方式、程序执行方式、低功耗方式等。单片机不同的工作方式，代表单片机处于不同的工作状态。单片机工作方式的多少，是衡量单片机性能的一项重要指标。

2.4.1 复位方式

单片机在启动运行时，都需要先复位。复位是指通过某种方式，使单片机内各寄存器的值变为初始状态的一种操作。当程序运行错误或由于错误操作而使单片机进入死锁状态时，也可以通过复位进行重新启动。

89C51 单片机在时钟电路工作以后，如果其 RST 端持续得到 2 个机器周期（24 个振荡周期）以上的高电平信号，就可以完成复位操作。

80C51 系列单片机的复位电路分为上电复位和手动复位两种方式。复位电路如图 2.8 所示。

如图 2.8(a)所示，上电自动复位是通过电容充电来实现的。在上电瞬间，由于 R、C 的充电过程，在 RST 端出现一定宽度的正脉冲，通过选择适当的 R 和 C 值，就能够使 RST 引脚上的高电平保持两个机器周期以上，从而实现在上电的同时，完成单片机的复位操作。

图 2.8(b)所示是通过复位开关 RST 经电阻与电源相连接产生的正脉冲来实现按键复

位的。这个电路同时也具备上电自动复位的功能。在时钟频率为 6 MHz 时，通常取 $C=22\ \mu F$，$R_1=200\ \Omega$，$R_2=1\ k\Omega$。

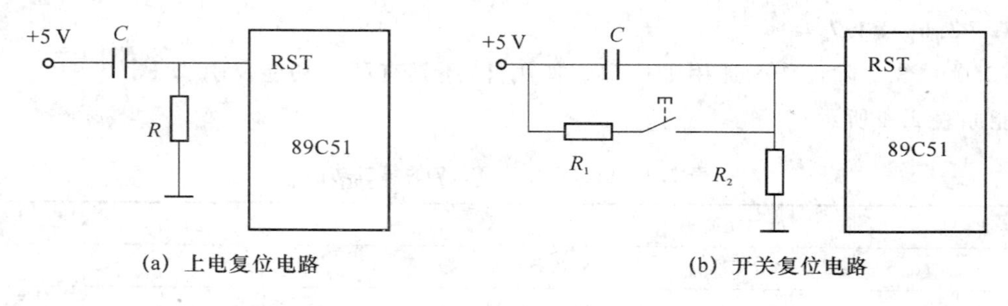

(a) 上电复位电路　　(b) 开关复位电路

图 2.8　复位电路

复位后，单片机内部寄存器的值被初始化，其值如表 2.5 所示。

表 2.5　单片机复位后内部各寄存器状态

寄存器名	内　容	寄存器名	内　容
PC	0000H	TH0	00H
ACC	00H	TL0	00H
B	00H	TH1	00H
PSW	00H	TL1	00H
SP	07H	SBUF	不定
DPTR	0000H	TMOD	00H
P0～P3	FFH	SCON	00H
IP	×××00000B	PCON(HMOS)	0×××××××B
IE	0××00000B	PCON(CHMOS)	0×××0000B
TCON	00H		

复位操作还会把 ALE 和 $\overline{PSEN}$ 变为无效状态，即 ALE＝0，$\overline{PSEN}=1$。但复位操作不影响片内 RAM 单元的内容。当上电复位时，RAM 单元的内容是随机的。

2.4.2　程序执行方式

程序执行方式是单片机的基本工作方式。在程序运行状态下，CPU 不断从 ROM 中取出指令并执行。由于单片机复位后 PC 的值为 0000H，所以单片机在脱离复位状态，进入程序运行状态后，CPU 总是从 0000H 地址开始取指令，执行程序。

注意：89C51 单片机在时钟电路工作以后，RST 端持续得到 2 个机器周期的高电平进入复位工作方式，并一直维持复位方式，直到 RST 脚收到低电平信号，89C51 单片机才脱离复位状态，进入程序运行状态。

2.4.3　低功耗方式

为了降低单片机的功耗，减少外界干扰，单片机通常都有可程序控制的低功耗工作方式，也称为省电方式。80C51 系列单片机有两种低功耗方式：待机（空闲节电）方式和停机

(掉电)方式。单片机的低功耗方式的选择由其内部的电源控制寄存器(PCON)中的相关位来控制。PCON 的控制格式如表 2.6 所示。

表 2.6　PCON 的控制格式

PCON.7	PCON.6	PCON.5	PCON.4	PCON.3	PCON.2	PCON.1	PCON.0
SMOD	—	—	—	GF1	GF0	PD	IDL

SMOD:串行口波特率倍率控制位(详见串行口波特率一节)。

GF1、GF0:通用标志位。

PD:掉电工作方式控制位。当 PD=1 时,单片机进入掉电工作方式。

IDL:待机工作方式控制位。当 IDL=1 时,单片机进入待机工作方式。

若同时将 PD 和 IDL 置 1,则单片机进入掉电工作方式。

PCON 寄存器的复位值为 0×××0000,PCON.4～PCON.6 为保留位,用户不能对它们进行写操作。

1. 待机工作方式

当用户通过软件将 PCON 的 IDL 位置 1 后,系统就进入了待机工作方式。

待机工作方式是在程序运行过程中,用户在 CPU 无事可做或不希望它执行程序时,进入的一种降低功耗的工作方式。在此工作方式下,单片机的工作电流可降到正常工作方式时电流的 15%左右。

在待机工作方式下,单片机的晶体振荡器继续工作,单片机内部只是把供给 CPU 的时钟信号切断,但时钟信号仍然继续提供给中断系统、串行口以及定时器模块。与 CPU 有关的 SP、PC、PSW、ACC 等的状态以及全部工作寄存器的内容在待机期间被保留起来,I/O 引脚状态也保持不变,ALE 和$\overline{\text{PSEN}}$保持逻辑高电平。也就是说,空闲时,CPU 处于待机状态,工作暂停。

退出待机工作方式的方法有两种:一种是中断退出,一种是硬件复位退出。

在待机期间,一旦有中断发生,PCON.0(IDL)将被硬件清 0,单片机退出待机工作方式,CPU 进入中断服务程序。当执行完中断服务程序返回时,系统将从设置待机工作方式指令的下一条指令开始继续执行程序。另外,PCON 寄存器中的 GF0 和 GF1 通用标志可用来指示中断是在正常情况下或是在待机工作方式下发生的。例如,在执行设置待机方式的指令前,先置标志位 GF0(或 GF1);当待机工作方式被中断、中止时,在中断服务程序中可检测标志位 GF0(或 GF1),以判断系统是在什么情况下发生的中断,如 GF0(或 GF1)为 1,则是在待机工作方式下进入的中断。

另一种退出待机方式的方法是硬件复位,由于在待机工作方式下晶体振荡器仍然工作,因此复位仅需两个机器周期便可完成。而 RST 端的复位信号直接将 PCON.0(IDL)清 0,从而使单片机退出待机状态。在内部系统复位开始,还可以有 2～3 个指令周期,在这一段时间里,系统硬件禁止访问片内 RAM 区,但允许访问 I/O 端口。一般地,为了防止对端口的操作出现错误,在设置待机工作方式指令的下一条指令中,不应该是对端口写或对外部 RAM 写指令。

2. 掉电工作方式

当 CPU 执行一条置位 PCON.1 (PD)的指令后,系统即进入掉电工作方式。

在掉电工作方式下,单片机内部振荡器停止工作。由于没有振荡时钟,单片机所有的功能部件都停止工作。但片内 RAM 区和特殊功能寄存器(SFR)的内容被保留,I/O 端口的输出状态值被保存在对应的 SFR 中,ALE 和$\overline{\text{PSEN}}$都为低电平。此时耗电电流可降到 15 μA 以下,最小可降到 0.6 μA,以最小耗电保存片内 RAM 的信息。

在掉电工作方式下,V_{CC}可以降到 2 V,使片内 RAM 处于 50 μA 左右的供电状态。注意在进入掉电方式之前,V_{CC}不能降低。而在准备退出掉电方式之前,V_{CC}必须恢复到正常的工作电压值,并维持一段时间(约 10 ms),使晶体振荡器重新启动并稳定后方可退出掉电方式。

退出掉电工作方式的方法是硬件复位或由出于使能状态的外中断 INT0 和 INT1 激活。复位后将重新定义全部特殊功能寄存器,但不改变片内 RAM 中的内容。

2.5 80C51 系列单片机的时序

单片机的时序是指 CPU 在执行指令时所需要的各种控制信号之间的时间顺序关系。为了保证单片机内部各部件间协调一致地同步工作,单片机中的所有工作都是在时钟信号的控制下进行的。CPU 发出的控制信号有两大类:一类用于单片机内部,控制片内各功能部件,这类信号非常多,但对用户来讲,并不直接接触这些信号,故可以不作了解;而另一类信号是通过控制总线送到片外的,这类控制信号的时序在系统扩展中比较重要,也是单片机使用者应该关心的问题。

2.5.1 时钟电路

单片机的时钟信号用来提供单片机内部各种操作的时间基准,时钟电路用来产生单片机工作所需要的时钟信号。

80C51 系列单片机的时钟信号通常用两种方式得到:内部振荡方式和外部振荡方式。

1. 内部振荡方式

单片机内部有一个高增益的反相放大器,引脚 XTAL1 和 XTAL2 分别是该放大器输入端和输出端。这个放大器与作为反馈元件的片外石英晶体或陶瓷振荡器一起构成自激振荡器,89C51 内部时钟电路如图 2.9(a)所示。

外接石英晶体(陶瓷振荡器)和电容 C_1、C_2 接在放大器的反馈回路中构成并联振荡电路,对外接电容 C_1 和 C_2 虽然没有十分严格的要求,但是电容容量的大小会轻微影响振荡频率的高低、振荡器工作的稳定性、起振的难易程度和温度稳定性。如果使用石英晶体,电容的典型值为 $C_1=C_2=30$ pF±10 pF。如果使用陶瓷振荡器,电容的典型值为 $C_1=C_2=40$ pF±10 pF。

振荡频率主要由石英晶振的频率确定。目前,80C51 系列单片机的晶振频率 f_{osc}的范围为 2～24/33 MHz,其典型值为 6 MHz、12 MHz、24 MHz 等。

2. 外部振荡方式

89C51单片机的时钟也可以由外部时钟信号提供，如图2.9(b)所示，外部的时钟信号由XTAL2引脚引入。由于XTAL2端逻辑电平不是TTL的，故需外接一上拉电阻，外接的时钟频率应低于24/33 MHz。

对于CHMOS型的89C51单片机，其外部时钟信号由XTAL1脚引入，而XTAL2脚悬空，如图2.9(c)所示 。

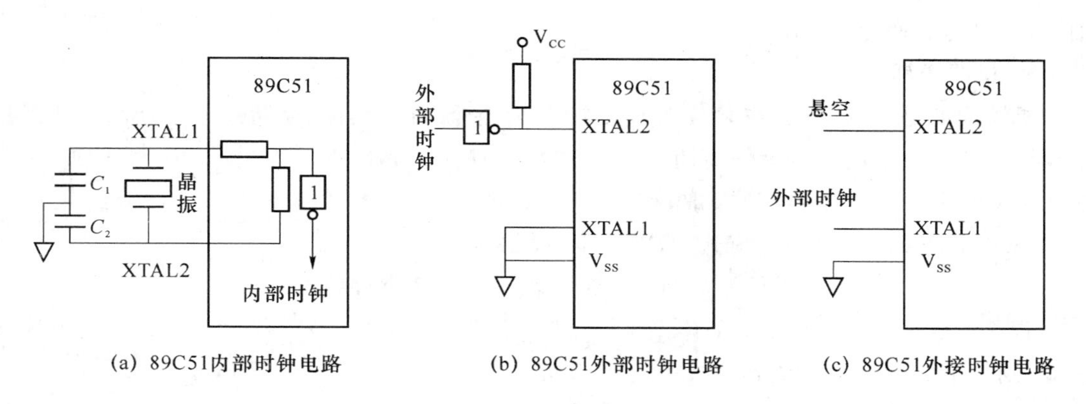

图2.9 80C51系列单片机的时钟电路

在由多片单片机组成的系统中，为了各单片机之间的时钟信号的同步，应当引入唯一的公用外部时钟信号作为各单片机的振荡脉冲。

2.5.2 时序的基本单位

80C51系列单片机以晶体振荡器的振荡周期(或外部引入的时钟信号的周期)作为最小的时序单位，所以片内的各种微操作都是以晶振周期为时序基准。图2.10所示为89C51单片机的时钟信号图。

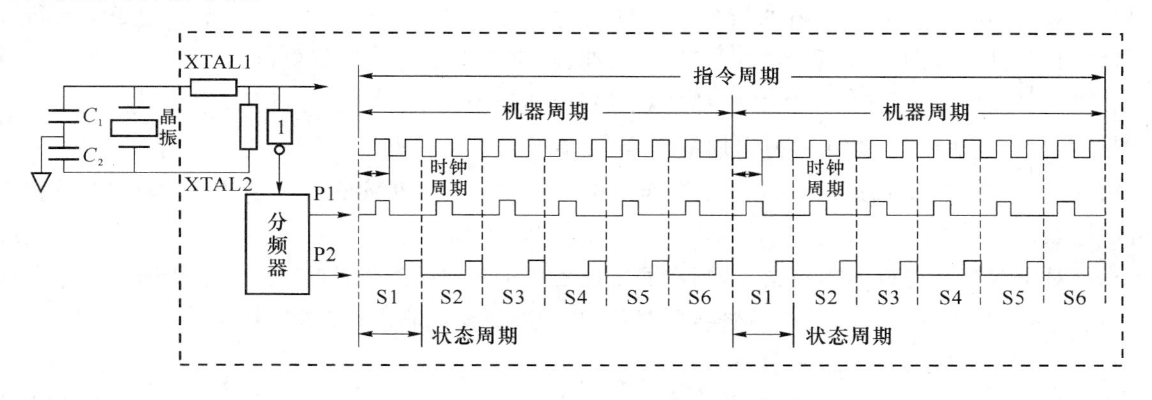

图2.10 89C51单片机时钟信号

由图2.10可以看出，89C51单片机的基本定时单位共有4个，分别是时钟周期、状态周期、机器周期和指令周期。

1. 时钟周期

时钟周期也称振荡周期，它是指晶体振荡电路产生的振荡脉冲的周期，又称节拍（如P1、P2）。在一个时钟周期内，CPU 仅完成一个最基本的动作。

2. 状态周期

状态周期是指振荡脉冲信号经过内部时钟电路二分频之后产生的信号周期（用 S 表示）。它是时钟周期的两倍，也即一个状态周期 S 包含两个时钟周期，前一时钟周期为 P1 拍，后一时钟周期为 P2 拍。

3. 机器周期

机器周期是指 CPU 完成某一规定操作（如取指令、存储器读、存储器写等）所需的时间。机器周期为单片机的基本操作周期。一个机器周期有 6 个状态，依次表示为 S1～S6，每个状态由两个脉冲（时钟周期）组成，因此一个机器周期包含 12 个时钟周期，依次表示为 S1P1，S1P2，S2P1，S2P2，…，S6P1，S6P2，即

1 个机器周期＝6 个状态周期＝12 个时钟周期

若单片机采用 12 MHz 的晶体振荡器，则一个机器周期为 1 μs，若采用 6 MHz 的晶体振荡器，则一个机器周期为 2 μs。

4. 指令周期

指令周期是执行一条指令所需要的时间。不同的指令，其执行时间各不相同。80C51 系列单片机的指令周期根据指令的不同可以包含 1～4 个机器周期。

2.5.3 80C51 系列单片机的典型时序分析

80C51 系列单片机指令的执行过程分为取指令、译码、执行 3 个过程。取指令的过程实质上是访问程序存储器的过程，其时间长短取决于指令的字节数；译码与执行时间的长短取决于指令的类型。

对于 80C51 系列单片机的指令系统，其指令长度为 1～3 字节。其中单字节指令的运行时间有单机器周期、双机器周期和四机器周期；双字节指令有双字节单机器周期指令和双字节双机器周期指令；三字节指令则都为双机器周期指令。下面简单分析几个指令的时序。

如图 2.11 所示，对于单机器周期指令，是在 S1P2 时刻把指令读入指令寄存器，并开始执行指令，在 S6P2 结束时完成指令操作。中间在 S4P2 时刻读的下一条指令要丢弃，且程序计数器 PC 也不加 1。

对于双字节单机器周期指令，则在同一机器周期的 S4P2 时刻将第二个字节读入指令寄存器，并开始执行指令。无论是单字节还是双字节指令，均在 S6P2 时刻结束该指令的操作。如图 2.11(a)、图 2.11(b)所示。

对于单字节双周期指令，在 2 个机器周期内要发生 4 次读操作码的操作，由于是单字节指令，后 3 次读操作均无效，如图 2.11(c)所示。但访问外部数据存储器指令 MOVX 的时序有所不同。它也是单字节双周期指令，在第一机器周期有 2 次读操作，后一次无效，从 S5 时刻开始送出外部数据存储器的地址，随后读或写数据，读写期间，在 ALE 端不产生有效信号。在第二个机器周期，不发生读操作，如图 2.11(d)所示。通常算术和逻辑操作是在节拍

P1 期间进行，内部寄存器的传送操作是在节拍 P2 期间进行。

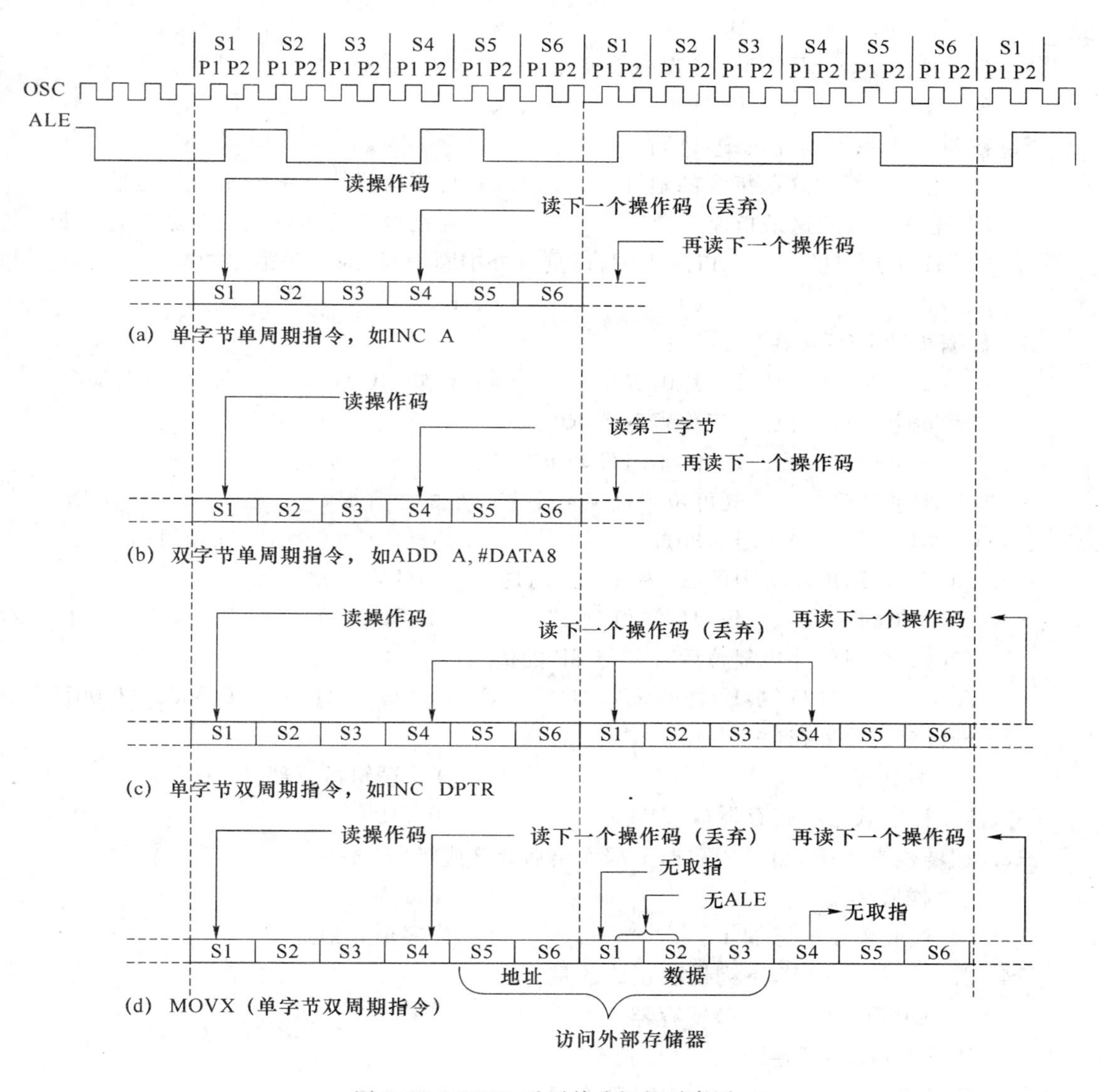

图 2.11　80C51 系列单片机的时序图

习　　题

一、选择题

1. 单片机应用程序一般存放在(　　)。

   A. RAM　　B. ROM　　C. 寄存器　　D. CPU

2. 89C51 单片机有片内 ROM，其容量为(　　)。

   A. 4 KB　　B. 8 KB　　C. 128 B　　D. 256 B

3. 89C51 单片机片内 RAM 为(　　)字节。

A. 256　　B. 128　　C. 0　　D. 8

4. 为了使 10H～17H 作工作寄存器使用，RS1，RS0 的取值为(　　)。

A. 0,0　　B. 0,1　　C. 1,0　　D. 1,1

5. 在 80C51 系列单片机中，PC 存放的是(　　)。

A. 正在执行的这条指令的地址　　B. 将要执行的下一条指令的地址

C. 正在执行的这条指令的操作码　　D. 对已经执行过的指令条数进行计数

6. 89C51 单片机的(　　)口的引脚，还具有外中断、串行通信等第二功能。

A. P0　　B. P1　　C. P2　　D. P3

7. 数据指针 DPTR 在(　　)中。

A. CPU 控制器　　B. 片内 RAM　　C. 片外 ROM　　D. 片外 RAM

8. 单片机上电或复位后，工作寄存器 R0 是在(　　)。

A. 0 组 00H 单元　　B. 0 组 01H 单元　　C. 0 组 09H 单元　　D. SFR

9. 80C51 系列单片机中既可位寻址又可字节寻址的单元是(　　)。

A. 20H　　B. 30H　　C. 00H　　D. 70H

10. 80C51 系列单片机中的 SP 和 PC 分别是(　　)的寄存器。

A. 8 位和 8 位　　B. 16 位和 16 位　　C. 8 位和 16 位　　D. 16 位和 8 位

11. 80C51 系列单片机复位后，PC 与 SP 的值为(　　)。

A. 0000H，00H　　B. 0000H，07H　　C. 0003H，07H　　D. 0800H，00H

12. 进位标志 CY 在(　　)中。

A. 累加器　　B. 算数逻辑运算部件(ALU)

C. 程序状态字寄存器(PSW)　　D. DPTR

13. 在堆栈操作中，当进栈数据全部弹出后，SP 应指向(　　)。

A. 栈底单元　　B. 7FH 单元

C. 栈底单元地址加 1　　D. 栈底单元地址减 1

14. 关于指针 DPTR，下列说法正确的是(　　)。

A. DPTR 是一个 8 位寄存器

B. DPTR 不可寻址

C. DPTR 是由 DPH 和 DPL 两个 8 位寄存器组成的

D. DPTR 的地址是 83H

15. 89C51 单片机全部使用外接 ROM 时，其(　　)引脚必须接地。

A. $\overline{PSEN}$　　B. ALE　　C. $\overline{RD}$　　D. $\overline{EA}$

16. 80C51 系列单片机的堆栈区应建立在(　　)。

A. 片内数据存储区的低 128 B 单元

B. 片内数据存储区

C. 片内数据存储区的高 128 B 单元

D. 程序存储区

17. 80C51 系列单片机的位寻址区位于片内 RAM 的(　　)单元。

A. 00H～7FH　　B. 20H～7FH　　C. 00H～1FH　　D. 20H～2FH

18. 堆栈数据的进出原则是（　　）。

A. 先进先出　　B. 先进后出　　C. 后进后出　　D. 进入不出

19. 开机复位后，CPU 使用的是寄存器 0 组，地址范围是（　　）。

A. 00H～10H　　B. 00H～07H　　C. 10H～1FH　　D. 08H～0FH

20. 判断是否溢出时用 PSW 的（　　）标志位，判断是否有进位时用 PSW 的（　　）标志位。

A. CY　　B. OV　　C. P

D. RS0　　E. RS1

21. 堆栈指针 SP 的作用是（　　）。

A. 指示堆栈的栈底　　B. 指示堆栈的栈顶

C. 指示下一条将要执行指令的地址　　D. 指示中断返回的地址

22. 判断是否有进位时用 PSW 的（　　）标志位。

A. CY　　B. OV　　C. P　　D. RS0

23. 在 CPU 内部，反映程序运行状态或反映运算结果一些特征的寄存器是（　　）。

A. PC　　B. PSW　　C. A　　D. SP

24. 80C51 系列单片机中，唯一一个用户可使用的 16 位寄存器是（　　）。

A. PSW　　B. DPTR　　C. ACC　　D. PC

25. 提高单片机的晶振频率，则机器周期（　　）。

A. 不变　　B. 变长　　C. 变短　　D. 不定

26. 80C51 系列单片机复位后，从下列（　　）单元开始取指令。

A. 0003H　　B. 000BH　　C. 0000H　　D. 000AH

27. 当晶振频率是 12 MHz 时，80C51 系列单片机的机器周期是（　　）。

A. 1 μs　　B. 1 ms　　C. 2 μs　　D. 2 ms

28. 以下有关 PC 与 DPTR 的结论中，错误的是（　　）。

A. DPTR 是可以进行访问的，而 PC 不能访问

B. 它们都是 16 位的寄存器

C. 它们都具有加 1 功能

D. DPTR 可以分为两个 8 位寄存器使用，但 PC 不能

29. 80C51 系列单片机中可使用的最大堆栈深度为（　　）。

A. 80 个单元　　B. 32 个单元　　C. 128 个单元　　D. 8 个单元

二、填空题

1. 单片机位寻址区的单元地址是从______单元到______单元，若某位地址是 09H，它所在单元的地址应该是______。

2. 寄存器 PSW 中的 RS1 和 RS0 的作用是______。

3. 在只使用外部程序存储器时，单片机的______引脚必须接地。

4. 数据指针(DPTR)有______位，程序计数器(PC)有______位。

5. 晶振的频率为 6 MHz 时，一个机器周期为______ μs。

6. 单片机是把中央处理器、______、______、______以及 I/O 接口电路等主要计算机部件集成在一块集成电路芯片上的微型计算机。

7. 当 PSW4＝0，PSW3＝1 时，工作寄存器 R*n* 工作在______组。

8. 特殊功能寄存器中，单元地址______（具备何种特性）的特殊功能寄存器可以位寻址。

9. 80C51 系列单片机的堆栈只可设置在______________，其最大容量为__________，堆栈寄存器(SP)是______位寄存器。

10. 89C51 的引脚 RST 是______（IN 脚还是 OUT 脚），当其端出现______电平时，89C51 进入复位状态，复位后 PC＝______。89C51 一直维持这个值，直到 RST 脚收到______电平，89C51 才脱离复位状态，进入程序运行状态。

11. 若不使用 80C51 片内的存储器，引脚$\overline{EA}$必须接______。

12. 80C51 系列中有 4 组工作寄存器，它们的地址范围是__________。

13. PSW 中的 RS0 RS1＝11B 时，R2 的地址为__________。

14. 80C51 系列单片机复位后，A 的内容为______，SP 的内容为__________，P0～P3 的内容为______________。

15. 当 89C51 引脚 ALE 信号有效时，表示从 P0 口稳定地送出了________地址信号。

16. 89C51 中 21 个特殊功能寄存器，其地址凡是能被 8 整除的都有______寻址功能。

17. 当使用 89C51 单片机，且$\overline{EA}$＝1 时，访问的是片________ ROM。

18. 80C51 系列单片机片内 20H～2FH 范围内的数据存储器，既可以______寻址，又可以______寻址。

19. 单片机的工作过程就是不断地______________和______________的过程，一般把执行指令所需的时间称为指令周期。

20. 堆栈的地址由__________的内容确定，其操作规律是“______进______出”。

21. 堆栈指针 SP 始终指示堆栈的______地址，当有压入或弹出堆栈操作时，SP 的内容将随之改变。程序计数器(PC)的内容，将始终指示__________地址，所以只要改变 PC 的内容，将改变程序的运行路径。

22. 程序状态寄存器(PSW)的作用是用来保存程序运行过程中的各种状态信息。其中 CY 为______________标志，用于无符号数加__________运算，当进行__________操作时作为位累加器。OV 为__________标志，用于有符号数的加________运算。

三、简答题

1. 80C51 系列单片机的片内 RAM 可以分为几个不同的区域？各区的地址范围及其特点是什么？

2. 决定程序执行顺序的寄存器是哪个？它是几位的？它是不是特殊功能寄存器？

3. DPTR 是什么寄存器？它的作用是什么？它由哪几个特殊功能寄存器组成？

4. 80C51 系列单片机的主程序应该从哪个单元开始存放？为什么？

5. 89C51 片内 RAM 有几组工作寄存器？每组工作寄存器有几个工作寄存器？寄存器组的选择由什么决定？

6. 数据指针(DPTR)和程序计数器(PC)都是 16 位寄存器，它们有什么不同之处？

7. 程序状态字寄存器(PSW)的作用是什么？常用状态有哪些位？作用是什么？

8. 什么是堆栈？堆栈指示器(SP)的作用是什么？在堆栈中存取数据时的原则是什么？在程序设计中，为什么有时要对 SP 重新赋值？

9. 何谓时钟周期、机器周期、指令周期？针对 89C51 单片机，如采用 12 MHz 晶振，它们的频率和周期各是多少？

10. 复位的作用是什么？有几种复位方法？复位后，单片机的状态如何？

11. 简述程序状态寄存器(PSW)各位的含义。单片机如何确定和改变当前的工作寄存器区？

12. 80C51 系列单片机芯片包含哪些主要逻辑功能部件？各有什么主要功能？

13. 程序计数器(PC)作为不可寻址寄存器，它有哪些特点？

14. 80C51 系列单片机运行出错或程序进入死循环，如何摆脱困境？

15. 什么是指令周期、机器周期和时钟周期？如何计算机器周期的确切时间？

16. 80C51 系列单片机有多少个特殊功能寄存器？它们可以分为几组，各完成什么主要功能？

第3章 指令系统

如前所述，任何一个完整的单片机控制系统都是由硬件和软件两大部分组成的。硬件使单片机具备了数据处理、实时控制的可能，而欲让单片机脱离人的干预自动进行工作，还需要有各种各样的软件的配合。软件中最基础的部分就是指令系统。不同种类单片机的指令系统一般是不同的，本章详细介绍 80C51 系列单片机的指令系统。

3.1 指令系统概述

指令是人们向单片机发出的要求单片机完成某种操作的命令。一条指令只能完成有限的功能，为了使单片机能够完成复杂的功能，就需要有一系列的指令。单片机能够执行的全部指令的集合称为单片机的指令系统。单片机能够执行多少条指令、完成多少种操作是由单片机的内部结构决定的。不同的单片机，其指令系统也不同。一般来说，单片机的指令系统越丰富，指令的执行速度越快，它的总体功能就越强。

3.1.1 指令的组成

指令由操作码和操作数组成。操作码决定单片机执行何种操作，如是做加法操作还是做减法操作，是数据传送还是数据移位等。操作数是操作的对象，可以是参与操作的一个数，也可以是操作数所在的地方(如低 128 B 的片内 RAM 单元、SFR、片外 RAM 单元和工作寄存器等)，此时，并不直接在指令中给出所操作的数据，而是指出数据所存放的地方，单片机执行指令时根据指令中所给的存储单元地址，从指定的存储单元中取出参与操作的数。

3.1.2 指令的书写方式

指令在单片机中必须以机器码(二进制码)的形式存储在 ROM 中，但人们在书写指令时，常常用一些助记符号来代替二进制码。一般来说，操作码用助记符(指令功能的英文缩写)书写，操作数用规定的符号书写。例如，指令 MOV A，#03H，其中 MOV 为指令的操作码，它是英文 move 的缩写，表示传送的意思。A 和 #03H 为操作数，A 称为目的操作数，#03H称为源操作数，# 是一个特定的书写符号，它表示其后的数 03H 为参与操作的数本身，称 # 后的数为立即数。该指令的功能是将数 00000011B 传送到 A 中存放，它在 ROM 中的存放情况如图 3.1 所示。

	ROM
0000H	74H
0001H	03H
	⋮

图 3.1　数 00000011B 在 ROM 中的存放情况

在 80C51 系列单片机的指令系统中，操作码是指令的核心，不可缺少。操作数可以是 1 个、2 个或 3 个，也可以没有。如：

```
操作码    操作数              注释
CJNE      R5,#30H,NEXT        ;该指令有 3 个操作数,分别是 R5、#30H,NEXT
ADD       A,40H               ;该指令有 2 个操作数,分别是 A、40H
DEC       R0                  ;该指令有 1 个操作数,是 R0
RET                           ;该指令无操作数
```

在书写指令时，操作码与操作数之间必须用空格分隔，操作数与操作数之间必须用逗号“,”分开。操作数的表达方式较多，可以是常数（如 #30H）、寄存器名（如 R0）、标号名（如 NEXT）、直接单元地址（40H）等。

3.1.3　指令的字节数

程序是指令的有序集合。程序中的指令是以机器码（二进制码）的形式存放在程序存储器中的。由于不同指令的二进制代码串的长度不同，故指令所占存储单元的个数也不同。80C51 系列单片机的指令按字节数的不同分为单字节指令、双字节指令和三字节指令，如图 3.2 所示。

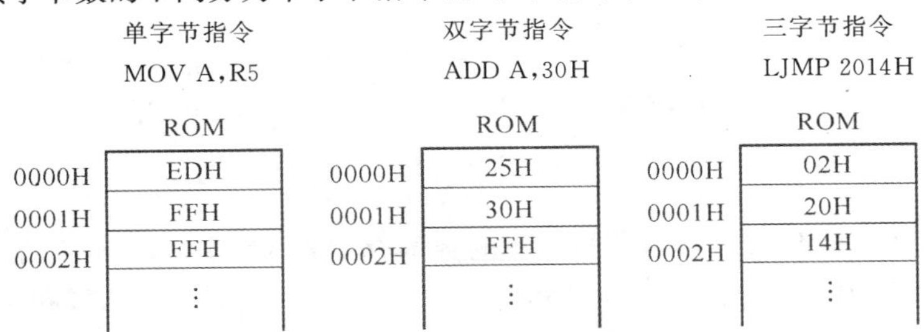

图 3.2　80C51 系列单片机的指令

3.2　寻址方式

寻址方式是指指令中给出操作数的方法。在指令中可以直接给出参与操作的数本身，也可以给出参与操作的数所在的地方（如低 128 B 的片内 RAM 单元、SFR、片外 RAM 单元和工作寄存器等）。寻址方式和存储空间是紧密相关的，每一种寻址方式所涉及的可寻址空间和每种存储空间所涉及的寻址方式都不尽相同。寻址方式越丰富的指令系统，其汇编语言表达能力越强，编制的程序就越精练、越高效。

80C51 系列单片机的寻址方式主要有 7 种：立即寻址、寄存器寻址、直接寻址、寄存器间接寻址、变址寻址、相对寻址和位寻址。

3.2.1 立即寻址

在立即寻址中，指令中直接给出参与操作的数，操作数紧跟在操作码之后，存放在 ROM 中。指令中的操作数也称为立即数，书写时前面要加“#”。立即数有 8 位和 16 位两种。

例如，指令 MOV A，#12H，其功能是将 8 位立即数 12H 送入累加器中；指令 MOV DPTR，#2000H，其功能是将 16 位立即数 2000H 送入 16 位数据指针寄存器(DPTR)中，其中高 8 位送 DPH 寄存器中，低 8 位送 DPL 寄存器中。

指令 MOV A，#12H 的存放与执行过程如图 3.3 所示。

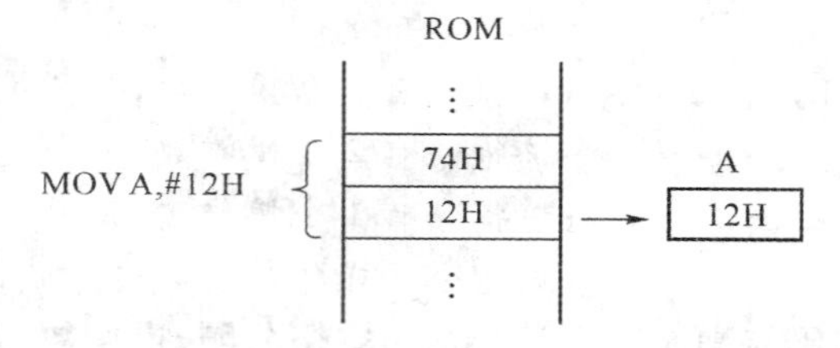

图 3.3 指令 MOV A，#12H 的存放与执行过程示意图

指令 MOV DPTR，#2000H 的存放与执行过程如图 3.4 所示。

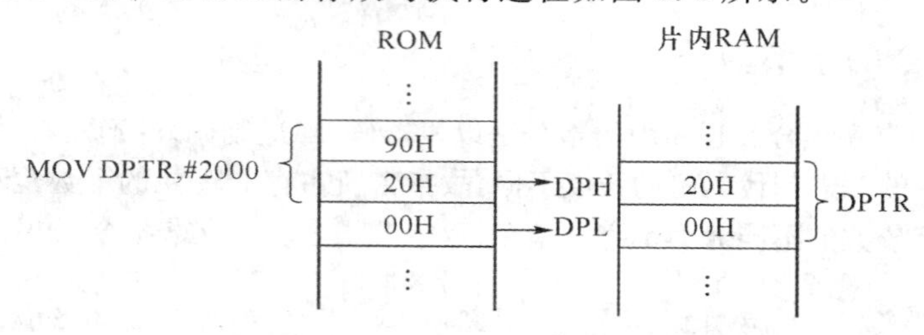

图 3.4 指令 MOV DPTR，#2000H 的存放与执行过程示意图

3.2.2 直接寻址

在直接寻址中，指令给出的是参与操作的数的存放地址(direct)，而不是数本身。此时，参与操作的数在片内 RAM 低 128 B 单元中或 SFR 中存放。片内 RAM 单元的地址在指令中以 8 位二进制数的形式给出。例如，指令 MOV A，20H，其功能是将存放在 20H 单元中的数送入累加器 A 中。MOV A，20H 指令的存放与执行过程如图 3.5 所示。

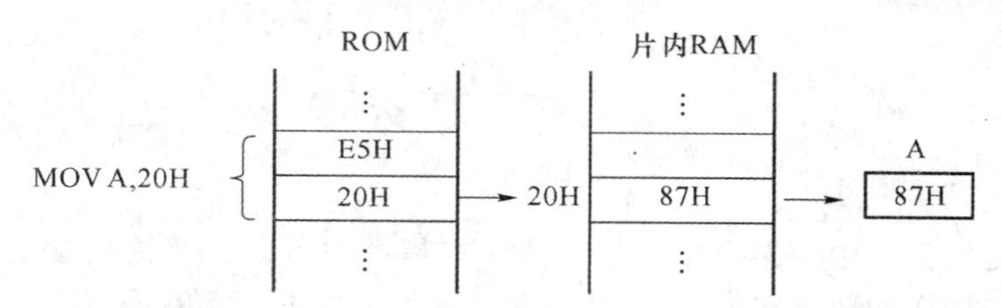

图 3.5 MOV A，20H 指令的存放与执行过程示意图

在书写时，直接寻址和立即寻址的区别仅在于有没有“#”，这一点初学者要特别注意。另外，对于 SFR，人们习惯用其名称来代替地址值，这样更加直观。例如，MOV A，90H 与 MOV A，P1 是等价的，它们的机器码都是 E5H 90H，但后者更直观。

3.2.3 寄存器间接寻址

在寄存器间接寻址中，由指令中给出某一个工作寄存器的内容作为参与操作的数所在的存储单元的地址。这里要注意，存放在工作寄存器中的内容不是参与操作的数，而是参与操作的数所在的存储单元的地址。在寄存器间接寻址方式下，参与操作的数在片内 RAM 单元或片外 RAM 单元中存放。指令中的寄存器只能是 R0、R1 或 DPTR。书写时，寄存器名称前要加间接寻址前缀“@”。

若操作数在片内 RAM 单元中存放，则片内 RAM 单元的地址由@R0、@R1 给出。例如，指令 MOV A,@R0，其功能是把某一片内 RAM 单元中的数送入累加器 A 中，该片内 RAM 单元的地址在 R0 中存放。若 R0=30H，则该指令就是把 30H 单元的数送入累加器。MOV A,@R0 指令的存放与执行过程如图 3.6 所示。

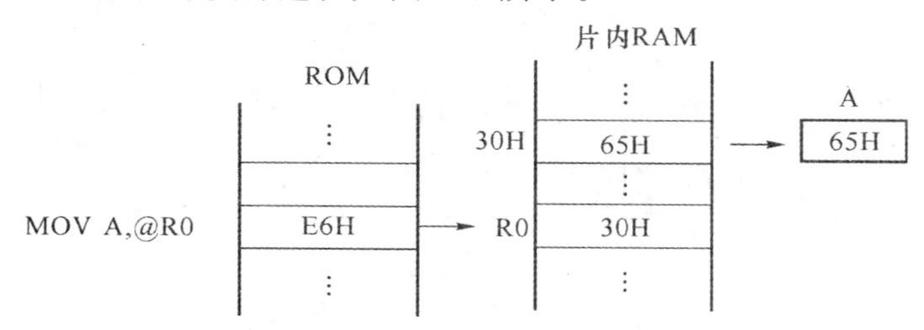

图 3.6 MOV A,@R0 指令的存放与执行过程示意图

若操作数在片外 RAM 单元中存放，则片外 RAM 单元的地址由@R0、@R1 或@DPTR 给出。例如，指令 MOVX A,@DPTR，其功能是把以 DPTR 中的内容为地址的片外 RAM 单元中的数送入累加器 A 中。若 DPTR=0100H，则该指令就是把片外 RAM 0100H 单元的数送入累加器。MOVX A,@DPTR 指令的存放与执行过程如图 3.7 所示。

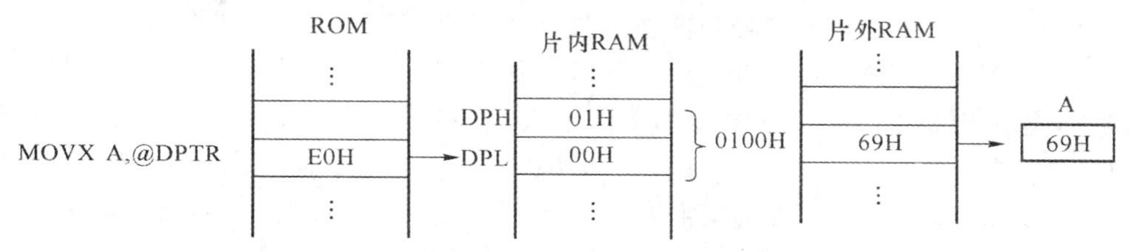

图 3.7 MOVX A,@DPTR 指令的存放与执行过程示意图

3.2.4 寄存器寻址

在寄存器寻址方式中，指令给出的是寄存器的名称，参与操作的数在工作寄存器(R0～R7)、A 或 DPTR 中存放。例如，指令 MOV A,R3，其功能是将寄存器 R3 中的数送入累加器 A 中。指令 MOV A,R3 的存放与执行过程如图 3.8 所示。

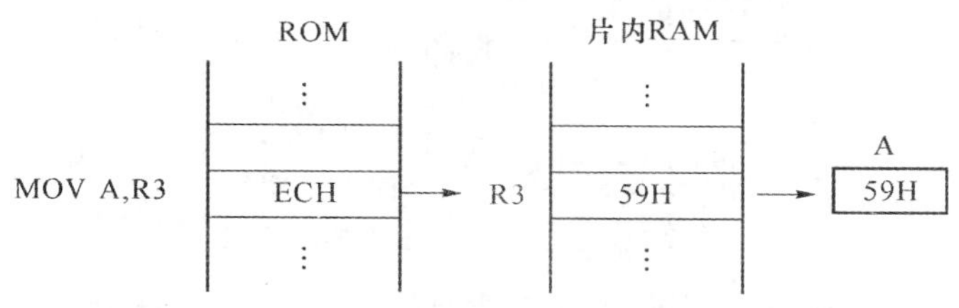

图 3.8 MOV A,R3 指令的存放与执行过程示意图

3.2.5 变址寻址

在变址寻址中,参与操作的数在 ROM 单元中存放。ROM 单元的地址由累加器(A)与数据指针(DPTR)或程序计数器(PC)的值的和决定。在这里 A 作为变址寄存器,存放 8 位无符号数,DPTR 或 PC 作为基址寄存器,存放 16 位二进制数,这种寻址方式适用于访问存放在 ROM 单元中的数据表格,实现查表操作。

例如,指令 MOVC A,@A+DPTR,是把累加器 A 和 DPTR 的内容相加作为参与操作的数所在的 ROM 单元的地址,将该 ROM 单元的内容送累加器 A。指令 MOVC A,@A+DPTR 的存放与执行过程如图 3.9 所示。

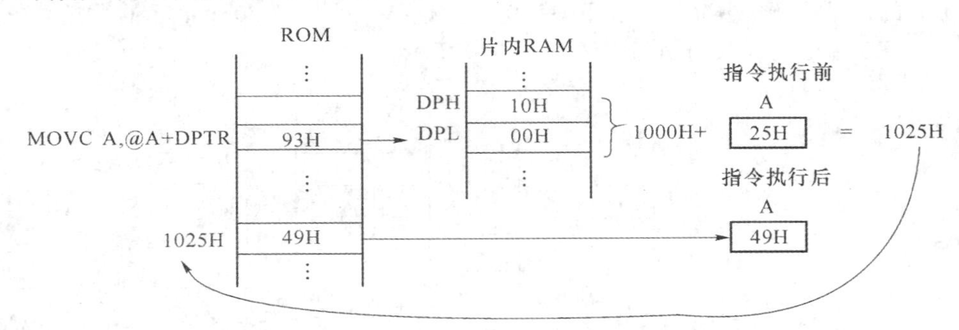

图 3.9 MOVC A,@A+DPTR 指令的存放与执行过程示意图

3.2.6 相对寻址

相对寻址只用于相对转移指令中,它是以 PC 的当前值(该当前值是指执行完该条相对转移指令时 PC 中的值)作为基地址,加上指令中给定的偏移量 rel,所得结果作为转移的目标地址。相对偏移量 rel 是一个带符号的 8 位二进制数,用补码表示,表示范围为－128～＋127。这种寻址方式多用于 SJMP 指令和条件转移指令中。

例如,指令 SJMP FAH。该指令的功能是将 PC 的当前值和指令中给定的偏移量相加所得到的数(目标地址)送给 PC,实现程序的转移。假设该指令存放在 ROM 的 1000H 起始的单元,因为该指令为双字节指令,所以 PC 的当前值为执行完这条指令时的值,即 1000H＋2H＝1002H,而偏移量 FAH 为－6 的补码,所以程序转移的目标地址为 1002H－6＝0FFCH,所以该指令执行后,PC＝0FFCH,程序跳转至 0FFCH 去执行指令了。指令 SJMP FAH 的存放与执行过程如图 3.10 所示。

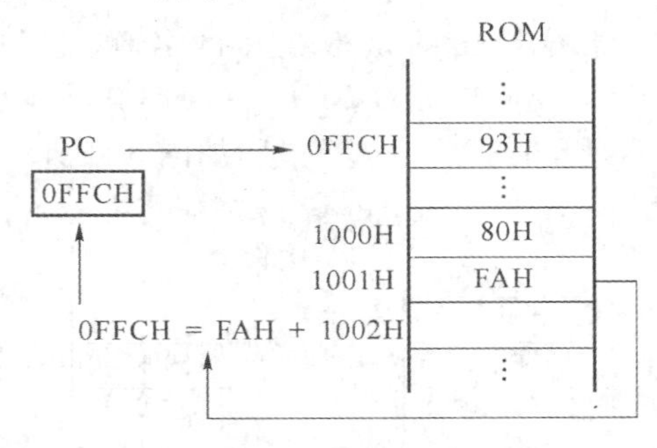

图 3.10 SJMP FAH 指令的存放与执行过程示意图

3.2.7 位寻址

位寻址是指对片内 RAM 的位寻址区和某些可位寻址的特殊功能寄存器进行位操作时的寻址方式。位寻址与直接寻址的形式和执行过程基本相同，但参加操作的数是 1 位而不是 8 位，使用时应注意。例如，指令 MOV A,40H 和 MOV C,40H。指令 MOV A,40H 中的 40H 是字节地址，其功能是把片内 RAM 40H 单元中的 8 位数送到 A 中。指令 MOV C,40H 中的 40H 是位地址，其功能是把片内 RAM 中 28H 单元中的最低位的 1 位数送到 C(PSW 寄存器中的 CY 位)中。指令 MOV C,40H 的存放与执行过程如图 3.11 所示。

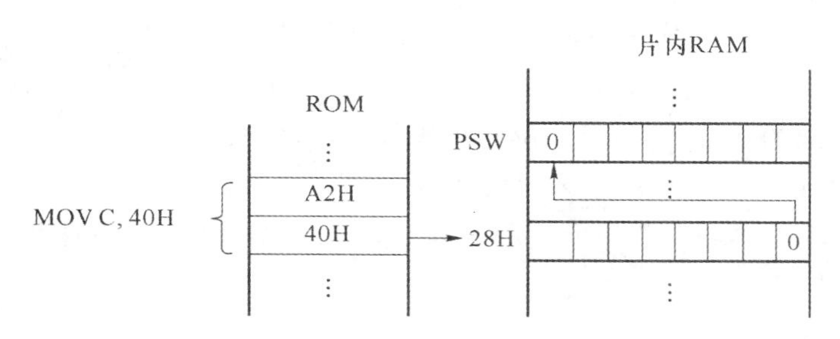

图 3.11　MOV C,40H 指令的存放与执行过程示意图

在进行位操作时，进位位 CY 作为位操作的累加器，操作数必须是位地址。

以上介绍了 80C51 系列单片机指令系统中的 7 种寻址方式，表 3.1 概括了每种寻址方式所涉及的存储空间。

表 3.1　操作数寻址方式和有关寻址空间

寻址方式	寻址空间
立即寻址	程序存储器
直接寻址	片内 RAM 低 128 B 和特殊功能寄存器(SFR)
寄存器寻址	工作寄存器 R0～R7、A、DPTR
寄存器间接寻址	片内 RAM 低 128 B、片外 RAM
变址寻址	ROM(@A+DPTR,@A+PC)
相对寻址	ROM 256 B 范围内
位寻址	片内 RAM 20H～2FH 单元和部分特殊功能寄存器(SFR)

3.3 80C51 系列单片机的指令系统

80C51 系列单片机的指令系统共有 111 条指令。按指令功能分类，可分为数据传送类指令(29 条)，算术运算类指令(24 条)，逻辑操作类指令(24 条)，位操作类指令(12 条)，控制转移类指令(22 条)。

在分类介绍指令前,先对80C51系列单片机的指令系统的常用符号进行说明。

- R*n*:当前选定的工作寄存器R0～R7。
- R*i*:当前选定的工作寄存器中能用做间址寄存器的两个,即R0、R1。
- direct:片内RAM单元或特殊功能寄存器的地址,用8位二进制数或SFR名表示。
- #data:8位立即数。
- #data16:16位立即数。
- addr16:16位目的地址。
- addr11:11位目的地址。
- rel:带符号的8位偏移量。rel的范围为－128～＋127。
- bit:位地址。片内RAM中的可寻址位及SFR中的可寻址位。
- @:间接寄存器或基址寄存器的前缀,如@Ri,@DPTR,@A＋PC,@A＋DPTR。
- /:位操作数的前缀,表示对该位操作数取反,如/bit。
- (x):在直接寻址方式中,表示地址为x的单元的内容。
- ((x)):以寄存器或存储单元x的内容作为地址的存储单元的内容。
- A:累加器ACC。
- B:B寄存器。
- C:进位标志位或布尔处理器中的位累加器。

3.3.1 数据传送类指令

数据传送类指令的功能是将数从源处传送到目的处。指令执行完后,源处的数不变,目的处的数被源处的数所替换。数据传送指令是单片机中最基本、最主要、使用最频繁的一类指令。它可以实现片内RAM之间,A与片外RAM及ROM之间的数据传送。这类指令不影响标志位,但当A的值变化时,会影响奇偶标志位P。

1. 片内RAM之间的数据传送

(1) 以累加器A为目的地的传送指令

```
MOV    A,Rn        ;A←Rn,n = 0～7
MOV    A,direct    ;A←(direct)
MOV    A,@Ri       ;A←((Ri)),i = 0、1
MOV    A,#data     ;A← #data
```

此类指令是将工作寄存器中的内容、存储单元中的内容或立即数送给累加器A。指令中的R*n*是当前工作寄存器组中的寄存器。CPU复位时,默认的当前寄存器组是0组。若要选择其他组中的寄存器,则要先确定当前工作寄存器组。存储单元的地址可以采用直接寻址方式给出,也可以采用寄存器间接寻址方式给出。

例3.1 已知R0＝32H,R4＝28H,片内RAM(50H)＝99H,片内RAM(32H)＝CDH。下述指令执行后,A的内容分别是什么?

```
MOV A,R4          ;A←R4 ,指令执行后,A = 28H
MOV A,50H         ;A←(50H),指令执行后,A = 99H
```

```
MOV A,@R0        ;A←((R0)),指令执行后,A = CDH
MOV A,#0B7H      ;A←#36H,指令执行后,A = 31H
```

解:MOV A,R4 的功能是将 R4 中的内容 28H 送入 A 中,指令执行后,A=28H。

MOV A,50H 的功能是将片内 RAM 50H 单元中的内容 99H 送入 A 中,指令执行后,A=99H。

MOV A,@R0 的功能是先找到 R0,将 R0 中的值 32H 作为地址,到片内 RAM 32H 单元去,将其中的内容 CDH 送入 A 中,指令执行后,A=CDH。

MOV A,#0B7H 的功能是将立即数 B7H 送入 A 中,指令执行后,A=B7H。

注意:指令中的立即数和直接地址可以用十六进制书写,如果第一个数字为字母,则在字母前要加"0",这个"0"不表示大小,只是一种标识。例如,指令 MOV A,#0B7H 中的 0B7H 中的 0,只是一种标识,不代表大小,此指令中的立即数是 B7H。

(2) 以工作寄存器 R*n* 为目的地的传送指令

```
MOV    Rn,A          ;Rn←(A)
MOV    Rn,direct     ;Rn←(direct)
MOV    Rn,#data      ;Rn←#data
```

此类指令是将累加器中的内容、存储单元中的内容或立即数传送到工作寄存器中。指令中的 R*n* 在片内 RAM 中的地址由 RS1、RS0 确定,可以是 00H～07H、08H～0FH、10H～17H、18H～1FH。例如,MOV R0,A,若 RS1、RS0 均为 0,则执行该指令时,将 A 中的内容传送至 R0 中,也就是传送到片内 RAM 的 00H 单元。若 RS1、RS0 均为 1,则执行该指令时,将 A 中的内容传送至 R0 中,也就是传送到片内 RAM 的 18H 单元。

(3) 以直接地址为目的地的传送指令

```
MOV    direct,A            ;(direct)←(A)
MOV    direct,Rn           ;(direct)←(Rn)
MOV    direct1,direct2     ;(direct1)←(direct2)
MOV    direct,@Ri          ;(direct)←((Ri))
MOV    driect,#data        ;(direct)← #data
```

此类指令是把累加器、工作寄存器、存储单元中的数或立即数传送到片内 RAM 单元中,片内 RAM 单元用直接寻址表示。

(4) 以间接地址为目的地的传送指令

```
MOV    @Ri,A          ;((Ri))←(A)
MOV    @Ri,direct     ;((Ri))←(direct)
MOV    @Ri,#data      ;((Ri))← #data
```

此类指令是把累加器、存储单元中的数或立即数传送到间址寄存器所指定的片内 RAM 单元中。片内 RAM 单元的地址用寄存器间接寻址方式表示。

例 3.2 下述指令执行后,相关单元的内容是多少?

```
MOV A,#20H
MOV R0,#40H
MOV @R0,A
```

解:执行完后,A=20H,R0=40H,片内 RAM 45H 单元中的内容为 20H。

(5) 以 DPTR 为目的地的传送指令

```
MOV     DPTR,#data16    ;DPTR← #data16
```

此条指令是将一个 16 位的立即数送给数据指针寄存器(DPTR)。其中高 8 位送 DPH,低 8 位送 DPL。例如,MOV DPTR,#1234H 是将立即数 34H 送 DPH,12H 送 DPL。

2. A 与外 RAM 之间的数据传送

```
MOVX    A,@Ri       ;A←((Ri))
MOVX    A,@DPTR     ;A←((DPTR))
MOVX    @Ri,A       ;((Ri))←A
MOVX    @DPTR,A     ;((DPTR))←A
```

这组指令的功能是累加器 A 和外部扩展的 RAM 或 I/O 口间的数据传送指令。对片外 RAM 或 I/O 口的访问只能使用寄存器间接寻址方式,其地址只能放在 R0、R1 和 DPTR 中。若用 DPTR 间接寻址,则 DPH 中的内容通过 P2 口送到高 8 位地址线上,DPL 中的内容通过 P0 口送到低 8 位地址线上,从而形成 16 位地址。若用 R0 或 R1 间接寻址,则必须先将高 8 位地址送入 P2 口锁存器中,再由锁存器将其锁存的内容送到高 8 位地址线上,R0 或 R1 中的内容通过 P0 口送到低 8 位地址线上,从而形成 16 位地址。R0、R1 为 8 位寄存器,寻址范围为 00H～FFH,DPTR 为 16 位寄存器,寻址范围 0000H～FFFFH。由于片外 RAM 和 I/O 口是统一编址的,共占 64 KB 的地址空间,所以单从指令本身看不出是对 RAM 还是对 I/O 口的操作,而是由硬件的地址分配来决定的。

例 3.3 欲将 89C51 单片机中片内 RAM 30H 单元的内容送片外 RAM 1000H 单元,试写出完成上述功能的指令序列。

解:

```
MOV     A,30H
MOV     DPTR,#1000H
MOVX    @DPTR,A
```

3. A 与片外 ROM 之间的数据传送

80C51 系列单片机的程序存储器中除了存放程序外,还可以存放一些常数,称为表格。在程序运行过程中可将 ROM 中存放的数据送到累加器中,这个过程称为查表。查表指令有两条:

```
MOVC    A,@A+PC      ;A←((A+PC))
MOVC    A,@A+DPTR    ;A←((A+DPTR))
```

第一条指令是以 PC 作为基址寄存器,累加器 A 的内容为偏移量,在执行时先将 PC 的当前值(下一条指令的起始地址)与 A 的内容相加,得到一个 16 位的地址,并将该地址指出的ROM单元中的内容取出送给累加器A。这条指令的优点是不改变PC的状态，只要根据A的内容就可以取出表格中的常数。缺点是表格只能放在这条指令后面的256个单元之内，表格的大小受到限制，而且表格只能被一段程序所利用。

第二条指令是以DPTR作为基址寄存器，累加器A的内容为偏移量，在执行时先将DPTR的值与A的内容相加，得到一个16位的地址，并将该地址的ROM单元中的内容取出送给累加器A。这条指令的执行结果只与DPTR和A的内容有关，与该指令存放的地址无关，表格的大小和位置可以在64 KB的ROM范围内任意安排，并且表格可以被多个程序段所公用。

例3.4 下列程序执行完后，A中的内容是多少？

```
MOV     DPTR,#2000H
MOV     A,#03H
MOVC    A,@A+DPTR
```

解：第1条指令执行完后DPTR＝2000H，第2条指令执行完后A＝03H，执行第3条指令时，A＋DPTR＝2003H，因此，将地址为2003H的ROM单元中的数送到A中。

例3.5 下列程序执行完后，A中的内容是多少？

```
1000H：MOV    A,#03H
       MOVC   A,@A+PC
```

解：第1条指令执行完后A＝03H，PC＝1002H，执行第2条指令时，PC的当前值为1003H，A＋PC＝ 03H＋1003H＝1006H，因此该指令将地址为1006H的ROM单元中的数送到A中。

4. 堆栈操作指令

在80C51系列单片机中，堆栈是片内RAM中的一个区域，用于临时存放数据。在程序中通过修改SP的值，可以将堆栈设置在片内RAM 00H～7FH中的任何地方。

堆栈操作指令有两条：

```
PUSH direct
POP direct
```

PUSH direct为入栈指令，其功能是堆栈指针SP的内容先加1，再把直接寻址的片内RAM单元的内容传送到SP所指的单元中。

POP direct为出栈指令，其功能是先把SP所指的单元的内容传送到直接寻址的片内RAM单元中，然后，堆栈指针SP的内容再减1。

例3.6 设A＝02H，B＝35H，执行如下指令后，堆栈内容和SP如何变化？

```
MOV     SP,#60H
PUSH    ACC
PUSH    B
POP     10H
```

解:指令 MOV SP,#60H 将堆栈设置在 60H 处,执行 PUSH ACC 指令后,CPU 作如下操作:SP 先加 1,即 SP=SP+1=61H,栈顶变为 61H 单元,再将 A 中的内容 02H 压入堆栈,即将 A 中的内容 02H 压入 61H 单元。执行 PUSH B 指令后,SP=SP+1=62H,栈顶变为 62H 单元,然后将 B 的内容 35H 压栈,即将 B 的内容 35H 压入 62H 单元。执行 POP 10H 后,先将栈顶内容 35H 弹出到 10H 单元,再使 SP=SP−1=61H,栈顶又变为 61H 单元。堆栈工作过程示意图如图 3.12 所示。

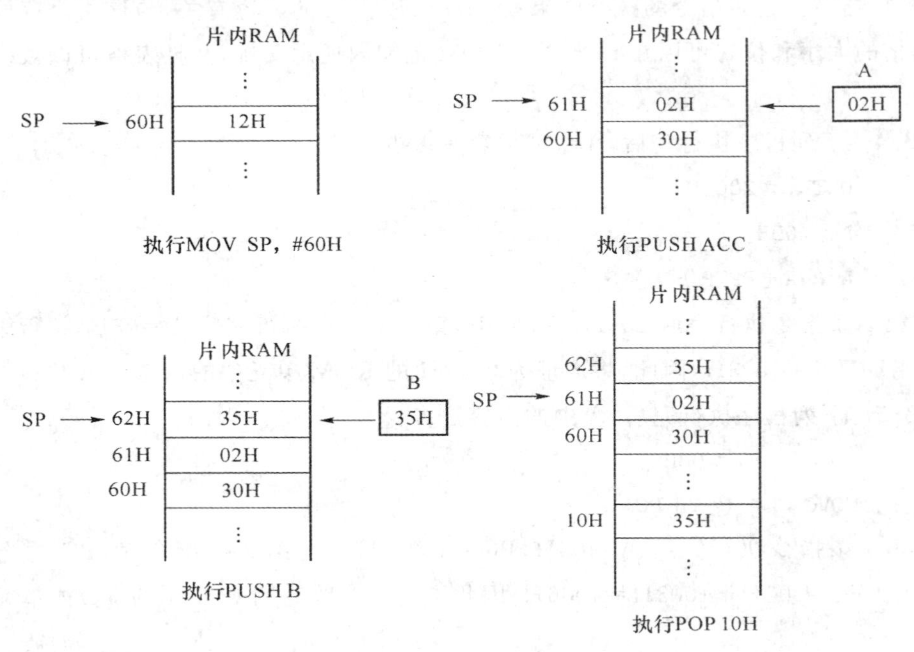

图 3.12 堆栈工作过程示意图

5. 交换指令

数据交换只能在片内 RAM 单元和 A 之间进行。此类指令中,交换的双方互为源地和目的地,指令执行后,每方的操作数都修改为对方的操作数。有整字节和半字节两种交换指令。

(1) 整字节交换指令

```
XCH    A,Rn       ;(A)⇆(Rn)
XCH    A,@Ri      ;(A)⇆((Ri))
XCH    A,direct   ;(A)⇆(direct)
```

XCH 指令的功能是把 A 中的内容与源操作数所指出的数据相互交换,源操作数使用直接寻址、寄存器寻址和寄存器间接寻址 3 种方式。

例 3.7 下列程序执行后,相关寄存器的内容是多少?

```
MOV    A,#40H
MOV    R7,#56H
XCH    A,R7
```

解:第 1 条指令执行完后 A=40H,第 2 条指令执行完后 R7=56H,执行第 3 条指令后,

A 的内容为 56H,R7 的内容为 40H。

例 3.8 将片内 RAM 30H 单元的内容与片内 RAM 31H 单元的内容互换。

解:可以用以下 3 种方法实现。

第 1 种	第 2 种	第 3 种
MOV A,30H	MOV A,30H	PUSH 30H
MOV 30H,31H	XCH A,31H	PUSH 31H
MOV 31H,A	MOV 30H,A	POP 30H
		POP 31H

(2) 半字节交换指令

```
XCHD    A,@Ri        ;A3~0⇆((Ri))3~0
```

XCHD 指令的功能是把 Ri 内容作为片内 RAM 的地址,取该地址单元的低 4 位数据与 A 中的低 4 位数据相交换,两者的高 4 位不变。源操作数仅有寄存器间接寻址方式。

例 3.9 下列程序执行后,相关寄存器的内容是多少?

```
MOV     A,#27H
MOV     40H,#68H
MOV     R0,#40H
XCHD    A,@R0
```

解:第 1 条指令执行完后 A=27H,第 2 条指令执行完后(40H)=68H,第 3 条指令执行完后,R0=40H,A 的内容为 56H,R7 的内容为 40H,第 4 条指令执行完后,40H 单元的内容为 67H,A 的内容为 28H,R0 的内容不变,仍是 40H。

(3) 累加器 A 高、低 4 位交换指令

```
SWAP    A            ;A7~4⇆A3~0
```

SWAP 指令的功能是将累加器 A 中高 4 位数据与低 4 位数据相互交换。若 A=34H,则执行指令 SWAP A 后,A 的内容变为 43H。

3.3.2 算术运算类指令

算术运算类指令的功能是对操作数进行+、-、×、÷ 运算以及 BCD 码调整运算。算术运算类指令共有 24 条,绝大多数指令影响标志位。通常参与运算的一个数一定在 A 中,运算结果也存于 A 中。

1. 加法指令

加法指令分为不带进位加法指令、带进位加法指令和加 1 指令。

(1) 不带进位加法指令

```
ADD     A,Rn         ;A←(A) + (Rn)
ADD     A,direct     ;A←(A) + (direct)
ADD     A,@Ri        ;A←(A) + ((Ri))
ADD     A,#data      ;A←(A) + #data
```

这组指令的功能是将累加器 A 中的内容加上指定的源操作数,结果保存于累加器 A 中。指令执行后会影响标志寄存器(PSW)中的各个标志位。加法指令对 PSW 产生的影响如下。

CY:若运算中最高位 D7 向更高位有进位,则 CY=1,否则清 0。

AC:若运算中低 4 位向高 4 位有进位,则 AC=1,否则清 0。

OV:若最高位和次高位不同时进位,则 OV=1,否则清 0。

P:若累加器中 1 的个数为奇数,则 P=1,否则清 0。

例 3.10 下列程序执行后,相关单元内容是多少?

```
MOV     A,#84H
MOV     40H,#8DH
ADD     A,40H
```

解:第 1 条指令执行完后 A=84H,第 2 条指令执行完后(40H)=8DH,第 3 条指令的执行过程如下:

```
   10000100      (84H)
+  10001101      (8DH)
-----------
1  00010001
```

A=11H,CY=1,AC=1,OV=1,P=0。

说明:若将 84H 和 8DH 看做无符号数,则它们分别表示 132 和 141。从相加的结果来看,如果用 8 位二进制数解释,则结果为 17,将出现错误。但如果将进位考虑进去,用 9 位二进制数来解释,则结果为 273,结果正确。

若将 84H 和 8DH 看做带符号数,则它们为补码形式,分别表示−124 和−115。两者相加后得到一个带符号二进制数的补码形式 00010001,该数用补码解释为+17,其运算结果显然是错误的,因为 2 个负数相加不可能得到正数。出现这种现象的原因如下。

8 位二进制补码所能表示的数的范围是−128~+127,若两个补码的运算结果超出了这个范围,则运算结果会出错,这种现象称为溢出。溢出表示其数值超出单片机字长所能表示的范围,运算结果必然是错误的,因而运算结果也是不能要的。

单片机内部有专门的电路判别溢出。如果没有溢出,则令 OV=0;一旦发现溢出,单片机会输出一个溢出标志信号,即令 OV=1,OV 的值告诉人们这次运算的结果是否正确。判别原则如下:若两个正数相加得到负数,则发生溢出;若两个负数相加得到正数,则发生溢出。

(2) 带进位加法指令

```
ADDC   A,Rn           ;A←(A) + (Rn) + CY
ADDC   A,direct       ;A←(A) + (direct) + CY
ADDC   A,@Ri          ;A←(A) + ((Ri)) + CY
ADDC   A,#data        ;A←(A) + #data + CY
```

这组指令的功能与不带进位的加法指令类似,唯一不同之处是在执行加法运算时,还要将上一次进位标志位 CY 的内容也一起加进去,对于标志位的影响也与不带进位的加法指令相同。

例 3.11 下列程序执行后,相关单元内容是多少?

```
MOV    A,#0ACH
MOV    B,#96H
ADD    A,B
```

```
MOV    A,#3DH
ADDC   A,B
```

解:第1条指令执行完后A＝ACH,第2条指令执行完后B＝96H,第3条指令的执行过程如下:

```
   10101100
 + 10010110
 ----------
1  01000010
```

执行结果为A＝42H,CY＝1,AC＝1,OV＝1,P＝0,第4条指令执行完后A＝3DH,第5条指令的执行过程如下:

```
   00111101
   10010110
 +        1
 ----------
0  11010100
```

执行结果为A＝D4H,CY＝0,AC＝1,OV＝0,P＝0。

PSW的值随着指令的执行而不断改变,它始终反映了最近一次执行结果的特征。其中,CY位用得较普遍,AC位用于BCD码运算,OV位用于有符号数的运算,P位用于串行数据传输。

(3) 加1指令

```
INC  A              ;A←(A)+1
INC  Rn             ;Rn←(Rn)+1
INC  direct         ;direct←(direct)+1
INC  @Ri            ;(Ri)←((Ri))+1
INC  DPTR           ;DPTR←(DPTR)+1
```

加1指令的功能是把所指出的操作数的内容加1,再送回到原操作数中。加1指令不影响标志位。若原来为0FFH,加1后使操作数的内容变为00H,但不影响任何标志。例如,设CY＝0,执行下列程序后A＝00H,CY＝0,P＝0。

```
MOV  A,#0FFH
INC  A
```

2. 减法指令

减法指令分为带进位减法指令和减1指令。

(1) 带进位减法指令

```
SUBB    A,Rn          ;A←(A)-(Rn)-CY
SUBB    A,direct      ;A←(A)-(direct)-CY
SUBB    A,@Ri         ;A←(A)-((Ri))-CY
SUBB    A,#data       ;A←(A)-#data-CY
```

这是一组带进位减法指令,是从累加器A中减去指定的源操作数和进位标志,结果保存于累加器A中。减法指令也会对标志寄存器(PSW)产生影响。

CY:若运算中最高位 D7 向更高位有借位,则 CY=1,否则清 0。

AC:若运算中低 4 位向高 4 位有借位,则 AC=1,否则清 0。

OV:若最高位和次高位不同时产生借位,则 OV=1,否则清 0。

P:若累加器中 1 的个数为奇数,则 P=1,否则清 0。

例 3.12 设 CY=1,执行下列程序后,相关寄存器的内容是多少?

```
MOV  A,#0C9H
MOV  R3,#54H
SUBB A,R2
```

解:第 1 条指令执行完后 A=C9H,第 2 条指令执行完后 R3=54H,第 3 条指令的执行过程如下:

```
     11001001
     01010100
-           1
---------------
0    01110100
```

执行结果为 A=74H,CY=0,AC=0,OV=1,P=0。

注意:若参与运算的两个数需要作不带借位的减法运算,则应该先将 CY 清 0(用 CLR C 指令可以使 CY 清 0),然后再执行 SUBB 指令。

(2) 减 1 指令

```
DEC   A          ;A←(A) - 1
DEC   Rn         ;Rn←(Rn) - 1
DEC   direct     ;direct←(direct) - 1
DEC   @Ri        ;(Ri)←((Ri)) - 1
```

这组指令的功能是将指定的操作数的内容减 1,结果再送回操作数中。若操作数原来为 00H,减 1 后为 0FFH,但不影响 CY 标志(A 减 1 影响 P 标志)。例如,设 CY=0,执行下列程序后 A=0FFH,P=0,CY=0。

```
MOV   A,#00H
DEC   A
```

3. 乘法指令

```
MUL   AB
```

这条指令的功能是把累加器 A 和寄存器 B 中的无符号 8 位整数相乘,所得 16 位积的低位字节在累加器 A 中,高位字节在 B 中。如果积大于 0FFH,则 OV=1;如果积小于 0FFH,则 OV=0。进位标志 CY 总是清 0。因此,可以在乘法指令运算之后,通过对 OV 标志的检测来决定是否有必要保存寄存器 B 的内容。

例 3.13 执行下列程序后,A、B 的内容是多少?

```
MOV   A,#50H
MOV   B,#0A0H
MUL   AB
```

解:第 1 条指令执行完后 A=50H,第 2 条指令执行完后 B=A0H,第 3 条指令的执行过程如下:

```
      50H
  ×   A0H
  ─────────
    3200H
```

执行后结果为 A=00H,B=32H,OV=1。

4. 除法指令

```
DIV      AB
```

这条指令的功能是把累加器A中的8位无符号整数除以寄存器B中的8位无符号整数,所得商的整数部分存放在累加器A中,余数存放在寄存器B中,并将CY和OV清0。只有当除数B=0时,OV才置1,表示除法的结果无意义,且A和B中内容不定。

例3.14 执行下列程序后,A、B的内容是多少?

```
MOV   A,#0FBH
MOV   B,#12H
DIV   AB
```

解:第1条指令执行完后A=FBH,第2条指令执行完后B=12H,第3条指令的执行过程如下:

```
         DH
      ┌─────
  12H │ FBH
        EAH
      ─────
        11H
```

执行后结果为 A=0DH,B=11H,CY=0,OV=0。

5. BCD码调整指令

```
DA      A
```

这条指令对BCD码加法运算所获得的8位结果进行十进制调整,BCD码按二进制相加以后,必须经过此指令调整才能得到正确的结果。

单片机对所有数的运算都按逢二进一的规则进行,对BCD码的运算也不例外。若以4位二进制为单位,则单片机对BCD码的运算是逢十六进一,而BCD码的运算规律是逢十进一。所以当单片机对两个BCD码进行运算时可能会出现错误,这个错误可以通过调整的方法改正。

调整方法如下:计算机首先判断结果是否出错,若出错,则在出错的位上加0110 B进行调整。单片机判断结果是否出错的方法是:若两个1位BCD码相加,结果大于1001 B,则出错;若两个1位BCD码相加,结果不大于1001 B,但产生了进位,则也出错。

单片机执行DA A指令时,先判断A中的低4位是否大9和辅助进位标志AC是否为1,若两者有一个条件满足,则低4位进行加6操作;然后判断A中的高4位是否大于9或进位标志CY是否为1,若两者有一个条件满足,则高4位进行加6操作。

使用时必须注意,指令DA A只能跟在加法指令之后,不能对减法指令的结果进行调整,且其结果不影响溢出标志位。

例3.15 执行下列程序后,A的内容和CY、AC的值是多少?

```
MOV     A,#56H
MOV     R5,#67H
ADD     A,R5
DA      A
```

解:第 1 条指令执行完后 A=56H,第 2 条指令执行完后 R5=67H,第 3 条指令的执行过程如下:

```
  0 1 0 1 0 1 1 0
+ 0 1 1 0 0 1 1 1
-----------------
  1 0 1 1 1 1 0 1
```

执行结果为 A=BDH,CY=0,AC=0,第 4 条指令的执行过程如下:

```
  1 0 1 1 1 1 0 1
+ 0 1 1 0 0 1 1 0
-----------------
1 0 0 1 0 0 0 1 1
```

因为 A 中的低 4 位和高 4 位均大于 9,所以需对 A 的内容作加 66H 调整。执行后,A=23H,CY=1,AC=1。

若将 56H 和 67H 看做 BCD 码,则它们分别表示 56 和 67。从 ADD 指令的相加结果来看,结果为 BDH(非 BCD 码),出错。经过 DA A 指令调整后,A 的结果为 23,CY=1 ,则相当于十进制数 123,结果正确。

3.3.3 逻辑操作类指令

逻辑操作类指令都是按位进行的,包括与、或、异或、清 0、取反、移位等指令。逻辑运算指令共有 24 条,绝大多数指令不影响标志位。

1. 逻辑与指令

```
ANL    A,Rn              ;A←(A)∧(Rn)
ANL    A,direct          ;A←(A)∧(direct)
ANL    A,@Ri             ;A←(A)∧((Ri))
ANL    A,#data           ;A←(A)∧#data
ANL    direct,A          ;direct←(direct)∧(A)
ANL    direct,#data      ;direct←(direct)∧#data
```

这组指令的功能是将指令中指出的两个数按位进行逻辑与操作,结果存到目的操作数中去。

例 3.16 设 A=56H,B=78H,则执行指令 ANL A,B 后,A、B 的内容是多少?

解:指令 ANL A,B 的执行过程如下:

```
  0 1 0 1 0 1 1 0   (56H)
∧ 0 1 1 1 1 0 0 0   (78H)
---------------------------
  0 1 0 1 0 0 0 0   (50H)
```

执行结果为:A=50H,B=78H。

逻辑与运算可以实现对某个字节单元的指定位清 0,其余位保持不变的操作。例如,要使 30H 单元的高 4 位清 0,低 4 位不变,可以用指令 ANL 30H,#0FH 实现。

2. 逻辑或指令

```
ORL    A,Rn              ;A←(A)∨(Rn)
ORL    A,direct          ;A←(A)∨(direct)
ORL    A,@Ri             ;A←(A)∨((Ri))
```

```
ORL    A,#data          ;A←(A)∨#data
ORL    direct,A         ;direct←(direct)∨(A)
ORL    direct,#data     ;direct←(direct)∨#data
```

这组指令的功能是将指令中指出的两个数按位进行逻辑或操作,结果存到目的操作数中去。

例 3.17　设 A=36H,R2=45H,则执行指令 ORL A,R2 后,A、R2 的内容是多少?

解:指令 ORL A,R2 的执行过程如下:

```
   0 0 1 1 0 1 1 0   (36H)
∨  0 1 0 0 0 1 0 1   (45H)
-----------------------------
   0 1 1 1 0 1 1 1   (77H)
```

执行结果为:A=77H,R2=45H。

逻辑或运算可以实现对某个字节单元的某些位置 1,其余位保持不变的操作。例如,要将累加器 A 的高 4 位置 1,低 4 位保持不变,可执行指令 ORL A,#0F0H。

3. 逻辑异或指令

```
XRL    A,Rn             ;A←(A)⊕(Rn)
XRL    A,direct         ;A←(A)⊕(direct)
XRL    A,@Ri            ;A←(A)⊕((Ri))
XRL    A,#data          ;A←(A)⊕ #data
XRL    direct,A         ;direct←(direct)⊕(A)
XRL    direct,#data     ;direct←(direct) ⊕#data
```

这组指令的功能是将指令中指出的两个数按位进行逻辑异或操作,结果存到目的操作数中去。

例 3.18　设 A=54H,R6=3AH,则执行指令 XRL A,R6 后,A、R6 的内容是多少?

解:指令 XRL A,R6 的执行过程如下:

```
   0 1 0 1 0 1 0 0   (54H)
⊕  0 0 1 1 1 0 1 0   (3AH)
-----------------------------
   0 1 1 0 1 1 1 0   (6EH)
```

执行结果为:A=6EH,R6=3AH。

逻辑异或运算可以用来比较两个数据是否相等。若两个数据异或结果为 0,则两数相等,否则两数不相等。此外异或运算还可以实现对某个字节单元的某些位取反,其余位保持不变的操作。例如,要将 40H 的高 4 位取反,低 4 位不变,可以用指令 XRL 40H,#0F0H 实现。

4. A 取反和清 0 指令

CPL　A　　　;$A \leftarrow \overline{A}$

CLR　A　　　;A←0

5. 移位指令

```
RL     A     ;循环左移指令
RLC    A     ;带进位循环左移指令
RR     A     ;循环右移指令
RRC    A     ;带进位循环右移指令
```

这组指令的功能是对 A 的内容进行环移，除了带进位标志 CY 的移位指令会影响 CY 外，其他指令都不影响 CY、AC、OV 等标志位。图 3.13 可以帮助人们理解循环移位指令的功能。

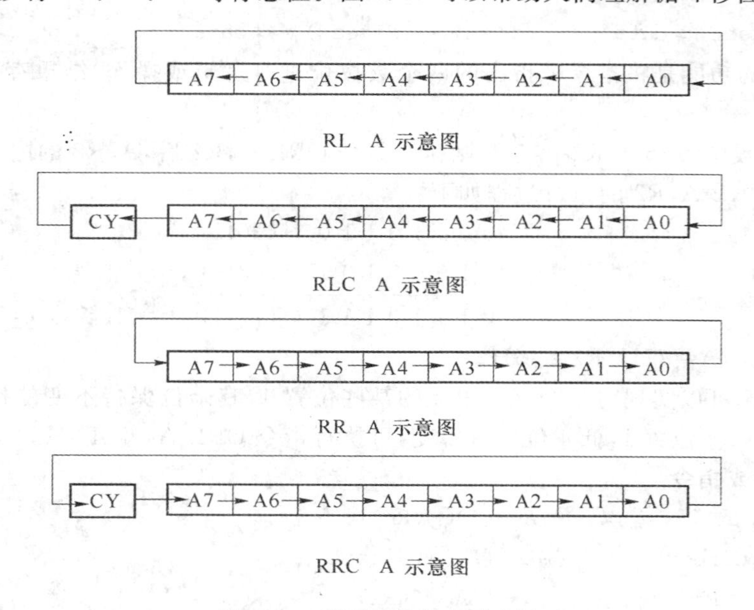

图 3.13 循环移位指令示意图

例如，设 A＝FEH，CY＝0，则执行 RL A 后，结果为 A＝0FDH；执行 RLC A 后，结果为 A＝0FCH，CY＝1。

3.3.4 位操作指令

在 80C51 系列单片机中，有的存储单元只能按字节操作；有的既可以按字节操作，又可以按位操作。可以按位操作的区域是 00H～2FH 单元以及一些特殊功能寄存器(SFG)，如 A，PSW，B，P0，P1，P2，P3，IP，IE，TCON，SCON。

可以按位寻址的单元，其每一位都有自己的位地址，不同区域的位地址的表示方法归纳如下。

(1) 20H～2FH 单元的位地址有 2 种表示方法：

- 直接用 8 位二进制数表示，如 00H；
- 单元地址.位码，如 20H.0。

(2) A，P0，P1，P2，P3，B 寄存器的位地址有 3 种表示方法：

- 直接用 8 位二进制数表示，如 80H；
- 单元地址.位码，如 80.0H；
- SFG 名字.位码，如 P0.0H。

(3) PSW，IP，IE，TCON，SCON 寄存器的位地址有 4 种表示方法：

- 直接用 8 位二进制数表示，如 0D7H；
- 单元地址.位码，如 0D0H.7H；
- SFG 名字.位码，如 PSW.7H；
- 位名，如 CY。

1. 位传送

MOV　C,bit　　　　;CY ←(bit)

MOV　bit,C　　　　;(bit)← CY

这组指令主要用于直接寻址的位与 CY 之间的数据传送。其功能是将源操作数指出的位变量送到目的操作数的位中去。其中一个操作数必须是 CY,另一个可以是任何直接寻址的位。

2. 位修改指令

CLR　C　　　　;C←0

SETB C　　　　;C←1

CPL　C　　　　;C←$\overline{\text{C}}$

CLR　bit　　　　;(bit)←0

SETB bit　　　　;(bit)←1

CPL　bit　　　　;(bit)←($\overline{\text{bit}}$)

这组指令是将操作数指出的位清 0、取反、置 1。不影响其他标志。

3. 位逻辑运算指令

ANL　C,bit　　　　;C←C∧(bit)

ORL　C,bit　　　　;C←C∨(bit)

ANL　C,/bit　　　　;C←C∧($\overline{\text{bit}}$)

ORL　C,/bit　　　　;C←C∨($\overline{\text{bit}}$)

这组指令的功能是将源操作数指出的位变量与目的操作数的位变量进行逻辑运算。其中一个操作数必须是 CY,另一个可以是任何直接寻址的位。

利用位逻辑运算指令可以对各种组合逻辑电路进行模拟,即利用软件的方法来获得组合电路的逻辑功能。

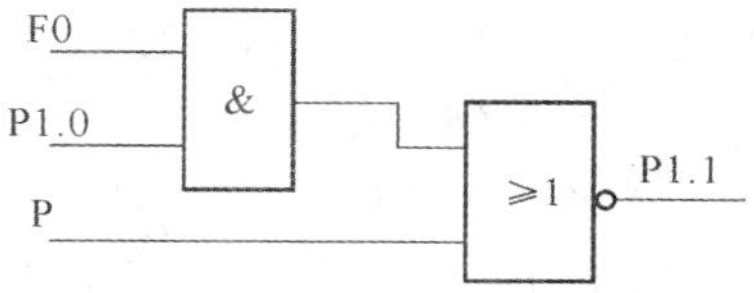

例 3.19　用程序实现图 3.14 所示的逻辑电路的功能。

解:

```
MOV     C,F0
ANL     C,P1.0
ORL     C,P
CPL     C
MOV     P1.1,C
```

图 3.14　逻辑电路

3.3.5　控制转移类指令

如前所述,程序中的指令是按顺序在 ROM 中存放的。单片机执行程序时总是到 PC 所指示的 ROM 单元中去取指令并执行之。由于 PC 具有自动加 1 功能,因此一般情况下单片机按指令的存放顺序执行指令。而在实际编程时,会遇到如下情况:反复执行某段程序或满足条件时执行另一个程序段,这时就要改变 PC 的内容以实现程序的转移,修改 PC 内容的方法就是用控制转移类指令。

控制转移类指令的实质是改变程序计数器 PC 中的内容,使程序改变顺序执行状态,从而实现程序的分支、循环等功能。此类指令用于完成程序的转移、子程序的调用与返回、中断与返回等功能。

80C51 系列单片机有比较丰富的控制转移类指令，包括无条件转移指令、条件转移指令和子程序调用及返回指令。

1. 无条件转移指令

无条件转移指令的功能是当程序执行完此指令后，无条件转移到指令所提供的目的地址去执行。此类指令不影响任何标志位。80C51 系列单片机有 4 条无条件转移指令，提供了不同的转移范围和方式。

(1) 长转移指令

```
LJMP    addr16          ;PC←addr16
```

指令中 addr16 表示 16 位的目标地址。本指令为三字节指令，其功能是将 16 位目标地址 addr16 送入 PC 中，CPU 无条件转向地址为 addr16 的 ROM 单元处取指令。转移的目标地址可以是 64 KB ROM 地址空间的任何地方。

例 3.20 指令 LJMP 2000H 存放在 ROM 0000H 单元中，指令执行前、后，PC 的值分别是多少？

解：指令执行前 PC＝0000H，单片机从 ROM 的 0000H 单元取出指令 LJMP 2000H 并执行后 PC＝2000H，结果使程序无条件地转移到地址为 2000H 的 ROM 单元处。

通常目标地址用标号表示。标号是指转移到的目的指令所在的 ROM 单元的符号地址。例如下列程序：

```
     MOV    A,#01H
UP:  RL     A
     LJMP   UP
```

CPU 先按指令的存放顺序执行程序，当执行到指令 LJMP UP 后，程序无条件地转移到标号为 UP 的指令处，执行指令 RL A。

(2) 短转移指令

AJMP   addr11   ;PC←PC + 2,$PC_{10\sim0}$←addr11

指令中 addr11 表示 11 位的地址值。本指令为双字节指令。执行该指令时，先将指令所在单元的 PC 值加 2，然后将指令中给出的 11 位地址值 addr11 送入 PC10～PC0，而 PC15～PC11 保持不变。这样得到跳转的目标地址。因为 PC 的高 5 位不变，为原 PC 的高 5 位，仅低 11 位变化，因此，寻址范围必须在该指令所在 ROM 单元地址加 2 后的 2 KB 区域内。

例 3.21 若转移指令 AJMP 123H 存放在 ROM 的 1000H 开始的单元，执行该指令后，PC 值是多少？若转移指令 AJMP 123H 存放在 ROM 的 1FFEH 开始的单元，执行指令 AJMP 123H 后，PC 值又是多少？

解：若转移指令 AJMP 123H 存放在 ROM 的 1000H 开始的单元，则 PC＋2＝1002H，指令 AJMP 123H 执行后，PC＝$\underline{00010}$ 00100100011H＝1123H。

若转移指令 AJMP 123H 存放在 ROM 的 1FFEH 开始的单元，则 PC＋2＝2000H，指令 AJMP 123H 执行后，PC＝$\underline{00100}$ 00100100011H＝2123H。

通常目标地址用标号表示。例如下列程序：

```
     MOV    A,#01H
UP:  RL     A
     AJMP   UP
```

CPU 先按指令的存放顺序执行程序，当执行到指令 AJMP UP 后，程序无条件地转移到标号为 UP 的指令处，执行指令 RL A。

(3) 相对转移指令

```
SJMP    rel              ;PC←PC + 2 + rel
```

指令中 rel 是一个 8 位带符号的偏移量，用于 SJMP 和所有条件转移指令中。偏移量在 －128～＋127 范围内取值，用 8 位补码表示。本指令为双字节指令。执行该指令时，先将指令所在单元的地址值加 2，再把指令中带符号的偏移量与该值相加，得到的值就是跳转的目标地址。

需要注意的是，SJMP 指令的转移范围是以下一条指令的起始地址为中心，－128～＋127 字节内的 ROM 地址。负数表示向前转移，正数表示向后转移。

通常目标地址用标号表示。例如下列程序：

```
      MOV     A,#01H
UP：  RL      A
      SJMP    UP
```

CPU 先按指令的存放顺序执行程序，当执行到指令 SJMP UP 后，程序无条件地转移到标号为 UP 的指令处，执行指令 RL A。

此时 rel 可以由公式 rel ＝(目的地址－源地址－2)得到。

SJMP 指令可用来使程序原地踏步，如 HERE:SJMP HERE 或 SJMP $（$代表该指令的首地址)。

80C51 系列单片机没有可使 CPU 停止运行的指令。在调试程序时，可通过设置断点的方法将程序停下，也可通过使用指令 SJMP $ 作为程序段的结束。另外，CPU 在执行指令 SJMP $ 时，如果允许中断，则当有中断请求信号时，CPU 将响应中断，在中断返回时，仍然回到指令 SJMP $处，继续等待下一个中断请求。

(4) 间接转移指令

```
JMP     @A + DPTR          ;PC←(A) + (DPTR)
```

该指令为单字节指令。执行该指令时，把累加器 A 中的 8 位无符号数与数据指针(DPTR)中的 16 位数相加，结果作为下条指令的地址送入 PC。执行该指令后，不影响累加器 A 和 DPTR 的内容，也不影响标志。

例 3.22　下列程序执行后，PC、A、DPTR 的值各是多少？

```
MOV     A,#34H
MOV     DPTR,#10B6H
JMP     @A + DPTR
```

解：第 1 条指令执行完后 A＝34H，第 2 条指令执行完后 DPTR＝10B6H，第 3 条指令执行完后，PC ＝A＋DPTR＝10EAH，程序将转向 10EAH 单元。

2. 条件转移指令

条件转移指令先判断转移条件，若条件满足则修改 PC 的值，从而实现程序转移；若条件不满足，则 PC 的值指向下一条指令，从而使程序顺序执行。

条件转移指令都是相对转移指令。目标地址必须在以下一条指令的起始地址为中心的 －128～＋127 的范围内。

80C51 系列单片机的条件转移指令非常丰富，根据判断条件不同可以分为判断累加器 A 是否为 0 转移指令、判断标志位转移指令、比较不相等转移指令和减 1 不为 0 循环转移指令共 4 组。

(1) 判断累加器 A 是否为零转移指令

```
JZ      rel            ;若 A = 0,则 PC←PC + rel,若 A≠0,则 PC←PC + 2
JNZ     rel            ;若 A≠0,则 PC←PC + rel,若 A = 0,PC←PC + 2
```

判零转移指令是双字节指令。对于前一条指令，若累加器 A 的内容为 0 则转移，否则程序按顺序执行下一单元中的指令；对于后一条指令，若累加器不为 0 则转移，否则程序按顺序执行。

(2) 判断标志位转移指令

```
JC      rel            ;若 C = 1,则 PC←PC + rel,若 C≠1,则 PC←PC + 2
JNC     rel            ;若 C≠1,则 PC←PC + rel,若 C = 1 则 PC←PC + 2
JB      bit,rel        ;若(bit) = 1,则 PC←PC + rel,若(bit)≠1,则 PC←PC + 2
JNB     bit,rel        ;若(bit)≠1,则 PC←PC + rel,若(bit) = 1,则 PC←PC + 2
JBC     bit,rel        ;若(bit) = 1,则 PC←PC + rel,且(bit)←0,若(bit)≠1
                       ;则 PC←PC + 2
```

JC、JNC、JB 和 JNB 指令的功能分别是判断进位位 CY 和直接位地址的内容是“1”还是“0”，以此来决定程序的走向。如条件满足，则 PC 值改变，实现程序的转移；如条件不满足，则 PC 值不变，程序仍按原顺序执行。JBC 指令除了能实现程序转移外，还可将被检测的位清 0，这在某些情况下，如清除定时器溢出标志时十分方便。

例 3.23 已知(32H)＝31H，下列程序执行后(34H)＝______，B＝______。

```
        MOV     R1,#34H
        MOV     R0,#32H
        MOV     A,@R0
        MOV     B,#0
        JNB     ACC.7,LOOP
        MOV     B,#0FFH
LOOP:   MOV     @R1,B
        SJMP    $
```

解：第 1 条指令执行完后 R1＝34H；第 2 条指令执行完后 R0＝32H；第 3 条指令是将 32H 单元中的数送 A，执行完后 A＝31H；第 4 条指令执行完后 B＝00H；第 5 条指令的功能是检测 A 中最高位的值，若 ACC.7 为 0，则转至 LOOP 处，执行指令 MOV @R1,B，若不为 0，则顺序执行指令 MOV B,#0FFH，因为本程序中 ACC.7＝0，故该指令执行完后直接跳至 LOOP 处，执行第 7 条指令，而第 6 条指令未执行；第 7 条指令执行完后(34H)＝B＝00H。

此程序的功能是检测 32H 单元中的数的最高位是 0 还是 1，若是 1，则将 34H 单元置成 FFH，若是 0，则将 34H 单元置成 00H。

(3) 比较不相等转移指令

```
CJNE    A,direct,rel        ;PC←PC + 3,若 A≠(direct),则 PC←PC + rel
CJNE    A,#data,rel         ;PC←PC + 3,若 A≠#data,则 PC←PC + rel
```

```
CJNE    Rn,#data,rel       ;PC←PC+3,若 Rn≠#data,则 PC←PC+rel
CJNE    @Ri,#data,rel      ;PC←PC+3,若(Ri)≠#data,则 PC←PC+rel
```

比较不相等转移指令是先对两个操作数进行比较,然后根据比较结果来确定是否转移。若两个操作数相等,则不转移,程序按顺序执行;若两个操作数不相等,则转移。比较不相等转移指令会影响 CY 标志位,若第一操作数小于第二操作数,则 CY=1;否则 CY=0。

(4) 减 1 不为零循环转移指令

```
DJNZ    Rn,rel         ;PC←PC+2,Rn←(Rn)-1,若(Rn)≠0,则 PC←PC+rel
DJNZ    direct,rel     ;PC←PC+3,(direct)←(direct)-1,若(direct)≠0,则
                       ;PC←PC+rel
```

每执行一次循环转移指令,第一操作数减 1 并保存,若减 1 后结果不为零,则转移到目的地;若减 1 后结果为零,则程序按顺序执行下一条指令。

3. 调用/返回类

在程序设计中,常常出现几个地方都需要进行功能完全相同的处理,为了减少程序编写和调试的工作量,使某一程序段能被公用,于是引入了主程序和子程序的概念。

通常把具有一定功能的公用的程序段作为子程序单独编写,当主程序需要引入子程序时,可以利用调用指令对子程序进行调用。在子程序的末尾安排一条返回指令,使子程序执行完毕时,返回主程序。

(1) 调用指令

调用指令的功能是先将断点地址(调用指令的下一条指令的首地址)压栈,然后将子程序的首地址送给 PC。指令执行后不影响任何标志。

长调用指令 LCALL addr16 ;PC←PC+3

$$\left.\begin{array}{l}SP\leftarrow SP+1\\(SP)\leftarrow PC_{7\sim0}\\SP\leftarrow SP+1\\(SP)\leftarrow PC_{15\sim8}\end{array}\right\}\text{断点入栈保护}$$

$PC\leftarrow addr16$

这条指令无条件调用位于地址是 addr16 处的子程序。执行该指令时,先将 PC+3 以获得下一条指令的首地址(断点地址),并把它压入堆栈(先低字节后高字节),然后将 16 位地址 addr16 放入 PC 中,使 CPU 转去执行以该地址为入口的程序。

与 LJMP 指令一样,长调用指令为 3 字节指令。LCALL 中的 addr16 取值范围为 0000H~0FFFFH,因此,子程序可位于程序存储器 64 KB 空间的任何一处。通常目标地址用标号表示,标号就是子程序的首地址,如 LCALL LOOP1。

短调用指令 ACALL addr11 ;PC←PC+2

$$\left.\begin{array}{l}SP\leftarrow SP+1\\(SP)\leftarrow PC_{7\sim0}\\SP\leftarrow SP+1\\(SP)\leftarrow PC_{15\sim8}\end{array}\right\}\text{断点入栈保护}$$

$PC_{10\sim0}\leftarrow addr_{10\sim0}$

这是一条 2 KB 范围内的子程序调用指令。执行该指令时,先将 PC+2 以获得下一条

指令的地址，然后将16位地址压入堆栈(PCL内容先进栈，PCH内容后进栈)，最后把PC的高5位PC15～PC11与指令中提供的11位地址addr11相组合(PC15～PC11，addr10～addr0)，形成子程序的入口地址，并将其送入PC，使程序转向子程序执行。

短调用指令与AJMP指令有相似之处：它们都是双字节指令，都是用指令提供的11位地址替换PC的低11位，将所形成的新的PC值作为目的地址。addr11的取值范围为2 KB区域，即子程序首地址必须与断点地址处于同一个2 KB区域。在程序中，addr11也可以用标号来表示。

例3.24 下列程序执行后，PC、SP的值各是多少？堆栈内容如何变化？

```
0123H：MOV      SP，#60H
       LCALL    0345H
```

解：第一条指令执行完后SP＝60H，PC＝0126H，第二条指令执行过程如下：

先将断点地址0126＋3＝0129H压栈，即26H送入61H单元，01H送入62H单元，此时SP＝62H；然后将0345H送入PC，即PC＝0345H。

(2) 返回指令

RET ;$PC_{15\sim8}\leftarrow(SP)$，$SP\leftarrow SP-1$，$PC_{7\sim0}\leftarrow(SP)$

子程序返回指令RET的功能是连续2次进行出栈操作，将堆栈栈顶的内容弹出，先弹出的内容送PC的高8位，后弹出的内容送PC的低8位 。

RETI ;$PC_{15\sim8}\leftarrow(SP)$，$SP\leftarrow SP-1$，$PC_{7\sim0}\leftarrow(SP)$

RETI是中断返回指令。这条指令的功能与RET指令相似，不同的是它还要清除80C51系列单片机内部相应的中断优先级有效触发器(该触发器由CPU响应中断时置位，指示CPU当前是否在执行高级或低级中断)，因此中断服务程序的最后一条指令必须是RETI。

4. 空操作指令

NOP

该指令经取指、译码后不产生任何操作，CPU转下一条指令执行。NOP指令的执行需消耗一个机器周期，故在程序中常用于延时等待。

以上介绍了80C51系列单片机的指令系统，理解和掌握指令系统是能否很好地使用单片机的一个重要前提。

习　　题

一、选择题

1. 下面(　　)指令是将80C51系列单片机的工作寄存器置成3区。

A. MOV PSW，#13H　　B. MOV PSW，#18H

C. SETB PSW.4，CLR PSW.3　　D. SETB PSW.3，CLR PSW.4

2. 设A＝17H，PSW＝01H，执行CJNE A，#24H，UP后，PSW寄存器的内容为(　　)。

A. 80H　　B. 00H　　C. 01H　　D. 81H

3. 下列指令中,(　　)不能完成累加器清0。

A. MOV A,#00H　　B. XRL A,0E0H

C. CLR A　　D. XRL A,#00H

4. 当需要从80C51系列单片机程序存储器取数据时,采用的指令为(　　)。

A. MOV　A,@R1　　B. MOVC　A,@A+DPTR

C. MOVX　A,@R0　　D. MOVX　A,@DPTR

5. 下列指令中不影响标志位CY的指令有(　　)。

A. ADD　A,20H　B. CLR　C. RRC　A　D. INC　A

6.
```
ORG     2000H
LCALL   3000H
ORG     3000H
RET
```
上述程序执行完RET指令后,PC=(　　)。

A. 2000H　B. 3000H　C. 2003H　D. 3003H

7. 要把P0口的高4位变0,低4位不变,应使用指令(　　)。

A. ORL P0, #0FH　　B. ORL P0,#0F0H

C. ANL P0, #0F0H　　D. ANL P0,#0FH

二、填空题

1. 下列各条指令其源操作数的寻址方式是什么?各条指令单独执行后,A中的结果是什么?设(60H)=35H,(A)=19H,(R0)=30H,(30H)=0FH。

(1) MOV A,#48H　　;寻址方式:__________(A)=________。

(2) ADD A,60H　　;寻址方式:__________(A)=________。

(3) ANL A,@R0　　;寻址方式:__________(A)=________。

(4) MOV C,20H　　;寻址方式:__________。

2. 执行以下3条指令后,A=________。
```
MOV     R0,A
XRL     A,R0
CPL     A
```
3. 已知CY=1,执行如下程序后,A=________。
```
MOV     A,#0A6H
RRC     A
SJMP    $
```
4. 已知A=88H,执行SETB ACC. 0后,A=________,P=________。

5. 执行下列程序后,(A)=________,(B)=________。
```
MOV     A,#0AH
MOV     B,#20H
MUL     AB
```
6. 设PSW=03H,A=FFH,执行INC A后,PSW寄存器的内容为________B。

7. 执行下列程序后，(A)=__________，(B)=__________。

```
MOV     A,#0AH
MOV     B,#20H
DIV     AB
```

8. 欲使30H单元的高4位输出1，而低4位不变，应执行一条__________指令。

9. 执行如下指令序列后，所实现的逻辑运算式为____________________。

```
MOV     C,P1.0
ANL     C,P1.1
ANL     C,/P1.2
MOV     P3.0,C
```

10. 设SP=60H，片内RAM的(30H)=24H，(31H)=10H，请填出注释中的结果。

```
PUSH    30H          ; SP = __________,(SP) = __________。
PUSH    31H          ; SP = __________,(SP) = __________。
POP     DPL          ; SP = __________,DPL = __________。
POP     DPH          ; SP = __________,DPH = __________。
MOV     A,#00H
MOVX    @DPTR,A
```

最后的执行结果是____________________。

11.
```
    ORG     1000H
    LCALL   4000H
    ORG     4000H
    ADD     A,R2
```

执行完LCALL后(PC)=__________。

三、程序阅读题

1. 已知R0=17H，(17H)=34H，A=83H

```
ANL     A,#17H
ORL     17H,A
XRL     A,@R0
SJMP    $
```

A=__________，R0=__________，P=__________。

2. 请分析下面程序执行后的操作结果，(A)=__________，(R0)=__________。

```
MOV     A,#60H
MOV     R0,#40H
MOV     @R0,A
MOV     41H,R0
XCH     A,R0
```

3.
```
    MOV     A,#01H
    MOV     R7,#05H
```

```
LP:     LCALL SUBR
        DJNZ R7,LP
        SJMP $
SUBR:   RL A
        RET
```

A = ____________________,R7 = ____________________。

4. 阅读下列程序,(1)说明程序的功能;(2)写出执行程序后 R3 内容。

```
        MOV R0,#01H
        CLR A
        MOV R2,#09H
LOOP:   ADD A,R0
        INC R0
        DJNZ R2,LOOP
        MOV R3,A
HERE:   SJMP HERE
```

5. 程序如下:

```
2506H  M5:   MOV SP, #58H
2509H        MOV 10H,#0FH
250CH        MOV 11H,#0BH
250FH        ACCLL XHD
2511H        MOV 20H,11H
2514H  M5A:  SJMP M5A
       XHD:  PUSH 10H
             PUSH 11H
             POP  10H
             POP  11H
             RET
```

问:(1) 执行 POP 10H 后堆栈的内容是什么?

(2) 执行 M5A: SJMP M5A 后,(SP)=? (20H)=?

6. 程序存储器空间表格如下:

地址	2000H	2001H	2002H	2203H	…
内容	3FH	06H	5BH	4FH	…

已知:片内 RAM 的 20H 中为 01H,执行下列程序后(30H)为多少?

```
MOV     A,20H
INC     A
MOV     DPTR,#2000H
MOVC    A,@A+DPTR
```

```
CPL     A
MOV     30H ,A
SJMP     $
```

7. 阅读下列程序并回答问题。

```
CLR     C
MOV     A,#9AH
SUBB    A,60H
ADD     A,61H
DA      A
MOV     62H,A
```

(1) 请问该程序执行何种操作?

(2) 已知初值(60H)=23H,(61H)=61H,请问运行后(62H)=______。

8. 解读下列程序,然后填写有关寄存器内容。

```
        MOV     R1,#48H
        MOV     48H,#51H
        CJNE    @R1,#51H,00H
        JNC     NEXT1
        MOV     A,#0FFH
        SJMP    NEXT2
NEXT1:  MOV A,#0AAH
NEXT2:  SJMP NEXT2
```

累加器 A=______。

9. 分析程序并写出结果。

(1) 已知(R0)=20H,(20H) =10H,(P0) =30H,(R2) =20H,执行如下程序段后,(40H)=__________。

```
MOV     @R0,#11H
MOV     A,R2
ADDC    A,20H
MOV     PSW,#80H
SUBB    A,P0
XRL     A ,#45H
MOV     40H,A
```

(2) 已知 (R0)=20H,(20H)=36H,(21H) =17H,(36H) =34H,执行过程如下:

```
MOV     A,@R0
MOV     R0,A
MOV     A ,@R0
ADD     A ,21H
ORL     A ,#21H
```

```
RL      A
MOV     R2,A
RET
```

则执行结束,(R0)=______________,(R2)=______________。

四、简答题

1. 使用简单指令序列完成以下操作:将 ROM 3000 单元内容送 R7。

2. 若 SP=25H,PC=2345H,标号 LABLE 所在的地址为 3456H,问:执行 LCALL LABLE 之后,堆栈指针的堆栈内容发生什么变化? PC=? 可以将 LCALL TABLE 换成 ACALL TABLE 吗? 为什么?

3. 80C51 系列单片机有哪几种寻址方式? 对特殊功能寄存器应该使用什么寻址方式?

4. 转移指令的作用是什么? 指令 LJMP 和 AJMP 的区别是什么?

5. 用一条指令取代下列 4 条指令。

```
MOV     DPTR   ,#1234H
PUSH    DPL
PUSH    DPH
RET
```

五、判断正误

1. 欲将片外 RAM 中 3057H 单元的内容传送给 A,判断下列指令或程序段的正误。

(1) MOVX A,3057H　　( )

(2) MOV DPTR,#3057H　　( )
　　MOVX A,@DPTR

(3) MOV P2,#30H　　( )
　　MOV R0,#57H
　　MOVX A,@R0

(4) MOV P2,#30H　　( )
　　MOV R2,#57H
　　MOVX A,@R2

2. 欲将 SFR 中的 PSW 寄存器内容读入 A,判断下列指令的正误。

(1) MOV A,PSW　　( )

(2) MOV A,0D0H　　( )

(3) MOV R0,#0D0H　　( )
　　MOV A,@R0

(4) PUSH PSW　　( )
　　POP ACC

第4章 汇编语言程序设计

在单片机应用系统中，系统的功能最终是依靠程序来实现的。程序质量的高低直接影响到单片机控制系统的控制特性，因此程序设计是单片机应用技术的关键。第3章介绍了80C51系列单片机的指令系统，学习指令系统的真正目的是使用汇编语言进行程序设计。本章将结合80C51系列单片机的指令系统的特点，介绍汇编语言源程序的基本结构和设计方法。通过本章的学习可以加深对指令系统的理解与掌握。

4.1 汇编语言程序设计概述

单片机与通用计算机一样，都是按照给定的程序，逐条执行指令，从而完成规定的任务。因此，要想使用单片机，就必须编写出单片机能够执行的程序。

4.1.1 程序设计语言

单片机执行的程序可以用多种语言来编写，归纳起来有3种：机器语言、汇编语言和高级语言。编程时采用哪种语言由程序设计语言的特点和适用场合决定。

1. 机器语言

机器语言是单片机能够直接识别和执行的语言。它由二进制代码(机器码)构成，可以直接存放在存储器中。机器语言不易被人们识别和读写，有难写、难读、难交流的缺点，因此，人们不用它来进行程序设计。例如，欲使单片机计算3＋5＝?，则用机器语言编写的程序如下：

```
01110100B
00000011B
00100100B
00000101B
```

2. 汇编语言

汇编语言是人们用一些助记符号来代替机器码进行程序设计的一种语言。用汇编语言编写的程序称为汇编语言源程序，它较机器语言程序容易理解和记忆，但单片机不能直接识别和运行。例如，欲使单片机计算3＋5＝?，则用汇编语言编写的程序如下：

```
MOV    A,＃03H
ADD    A,＃05H
```

用汇编语言编写的程序必须转换成机器语言程序后才能被单片机识别和执行，一般把这种转换过程称为汇编。汇编方法通常有手工汇编和机器汇编两种方法。

手工汇编是指通过人工查找指令表，将汇编语言源程序中的每一条指令的机器代码查出。机器汇编就是利用汇编程序（汇编软件）自动将汇编语言源程序翻译成二进制代码的目标文件（机器语言目标程序）的过程。用机器汇编，方便快捷，并能在汇编过程中发现语法错误，但要求源程序必须按规定书写。如果不按规定的格式书写，将会造成不必要的错误而影响目标文件的生成。

汇编语言是面向机器的语言，它能把单片机的过程刻画得非常具体、翔实。这样可以编制出结构紧凑、运行时间精确的程序，因此汇编语言是一种广泛用于编写实时控制程序的设计语言。但是，用汇编语言进行程序设计的人员必须了解单片机的结构和指令系统，且在某种单片机上运行的程序，在另一种单片机上不一定能运行，因此汇编语言具有不易普及、不能移植、通用性差的缺点。

3. 高级语言

高级语言是面向过程和问题并能独立于机器的通用程序设计语言，是一种接近人们自然语言和常用数学表达式的程序设计语言。人们在用高级语言编程时，不必了解机器的内部结构，只要掌握语言的语法规则和程序的结构设计即可。因此，高级语言具有通用性强、易普及等特点。

采用高级语言编写的程序不能被机器直接识别，也必须转换成机器语言程序后才能执行，一般把这种转换过程称为编译。高级语言经过编译软件编译后，所得到的目标程序的代码较汇编语言长，因此存放时所占用的存储空间大，且不易精确掌握执行时间，故在对时间要求严格的实时控制系统中一般是不适用的。但在一般的控制中，使用高级语言可以提高编程效率，缩短研发时间。

4.1.2 汇编语言规范

用汇编软件实现汇编时，汇编语言源程序必须符合一定的规范。一方面，源程序的格式要正确；另一方面，需要为汇编软件提供必要的控制信息。

1. 汇编语言源程序的格式

汇编语言源程序由一条一条汇编语句组成。每条汇编语句独占一行，以 CR-LF 结束。典型的汇编语句格式如下：

[标号:] [操作码] [操作数1,] [操作数2,] [操作数3] [;注释]

(1) 标号

标号是指令的符号地址。并不是每一条语句都需要加标号，一般情况下可以省略，通常对于转移指令涉及的语句和子程序的开始语句等才使用标号。使用标号便于程序的编写、阅读和修改。标号必须符合以下规定：

① 由8个或8个以内的字母、数字构成。

② 第一个必须是字母。

③ 同一程序内，在不同的指令前，不能有相同的标号。

④ 不能用助记符、寄存器名和特殊符号等作标号。

⑤ 标号与操作码之间用“:”隔开，也可再加上若干个空格。

(2) 操作码

操作码说明语句的功能。它是汇编语句中必不可少的部分。操作码用指令的助记符表示，在操作码后面至少要有一个空格，将它与操作数分开。

（3）操作数

操作数说明操作的对象。在指令中，它有两种表示方法：参与运算的数本身和数所在地方。参与运算的数可以用二进制、十进制、十六进制、ASCII 码和表达式的形式表示。

（4）注释

注释用于说明语句的功能，增加程序的可读性。它可有可无，如果有注释，则必须以“;”开头，以 CR-LF 结束，若一行不够，可以另起一行，但新行也必须以“;”开头。

2. 伪指令

伪指令的功能是为汇编软件提供汇编控制信息，如对符号、标号赋值等。伪指令不是指令系统中的指令，在汇编过程中不产生可执行的目标代码。

不同版本的汇编语言，伪指令的符号和含义可能有所不同，但基本用法是相似的。下面介绍一些 80C51 系列单片机的汇编程序常用的伪指令。

（1）ORG（汇编起始命令）

格式：ORG　　16 位地址

ORG 的功能是规定其后面的源程序经过汇编后所产生的目标程序在 ROM 中的起始地址。当汇编程序检测到该语句时，它就把该语句的下一条指令或数据存入 ORG 伪指令中的 16 位地址指出的 ROM 单元，其他字节和后续指令依次在后面的存储单元存放。

例如，下列程序中 ORG 伪指令规定了第一条指令从 2000H 开始存放，而且标号 START 为 2000H。

```
        ORG     2000H
START:  MOV     A,#64H
```

一般在一个汇编语言源程序的开始，都用一条 ORG 伪指令规定程序存放的起始位置，故称其为汇编起始命令。在一个源程序中，可以多次使用 ORG 指令，以规定不同的程序段的起始位置。所规定的地址应该是从小到大，而且不允许有重叠，即不同的程序段之间不能有重叠。一个源程序若不用 ORG 伪指令开始，则从 0000H 开始存放目标程序。

（2）END（汇编结束命令）

格式：END

END 是汇编语言源程序的结束标志，在 END 以后所写的指令，汇编程序都不予汇编。

注意：一个源程序只能有一个 END 命令。在同时包含有主程序和子程序的源程序中，也只能有一个 END 命令，并放到所有指令的最后，否则就有一部分指令不能被汇编。

（3）EQU（等值命令）

格式：字符名称　EQU　数或汇编符号

EQU 的功能是将一个数或者特定的汇编符号赋予规定的字符名称。用 EQU 指令赋值以后的字符名称可以用做数据地址、代码地址、位地址或者直接当做一个立即数使用。因此，给字符名称所赋的值可以是 8 位数也可以是 16 位二进制数。例如下列程序：

```
A11     EQU 20H
BB      EQU R0
MOV     A,#A11          ;将 20H 送 A 中
MOV     BB,A            ;将 A 中的数送 R0 中
MOV     A11,#30H        ;将立即数 30H 送 20H 单元
```

这里将 BB 等值为汇编符号 R0,在指令中 BB 就可以代替 R0 来使用。A11 赋值以后,既可以当做直接地址使用,又可以当做立即数使用。

使用 EQU 伪指令时必须先赋值、后使用,而不能先使用、后赋值。

(4) DATA(数据地址赋值命令)

格式:字符名称　DATA　表达式

DATA 的功能是将数据地址或代码地址赋予规定的字符名称。

DATA 伪指令的功能和 EQU 有些相似,使用时要注意它们有以下差别:

① DATA 伪指令常在程序中用来定义数据所在的存储单元地址。

② EQU 伪指令定义的符号必须先定义、后使用,而 DATA 伪指令定义的符号可以先使用、后定义。

③ 用 EQU 伪指令可以把一个汇编符号赋给一个字符名称,而 DATA 伪指令则不能,只能将一个表达式的值赋给一个字符名称。

(5) DB(定义字节指令)

格式:[标号]:DB X1,X2,…,Xn

DB 的功能是从指定地址的单元开始,定义若干个 8 位的数值或 ASCII 码字符。通常用于定义常数表,各数据间要用逗号“,”分开,在表示 ASCII 码字符时需要用单引号。例如:

```
        ORG     1000H
TAB:    DB      30H,31H,'A',50H
```

当汇编程序汇编到 DB 伪指令时,将 DB 后的 4 个数放入从 1000H 开始的 ROM 单元中,如图 4.1 所示。同时,TAB=1000H。

(6) DW(定义字命令)

格式:[标号]:DW　Y1,Y2,…,Yn

DW 的功能是从指定地址的单元开始,定义若干个 16 位数据。该伪指令通常用于定义一个地址表。例如:

```
        ORG   2000H
TAB1:   DW    0050H,3000H
```

汇编后数据在 ROM 中的存放情况如图 4.2 所示。

	M
1000H	30H
1001H	31H
1002H	41H
1003H	50H
	M

图 4.1　DB 伪指令示意图

	M
2000H	00H
2001H	50H
2002H	30H
2003H	00H
	M

图 4.2　DW 伪指令示意图

注意:数据的高字节存放到低地址单元,低字节存放到高地址单元。

(7) DS(定义空间命令)

格式:[标号:]　DS　表达式

DS 的功能是从指定的地址开始,保留若干字节的 ROM 单元,以备源程序使用。

在汇编以后，将根据表达式的值来决定从指定地址开始留出多少个字节空间。表达式也可以是一个指定的数值。例如：

```
ORG     1000H
DS      08H
DB      30H,8AH
```

汇编以后从 1000H 开始，保留 8 个字节的 ROM 单元备用，然后从 1008H 开始，按照下一条 DB 命令给 ROM 单元赋值，即(1008H)＝30H，(1009H)＝8AH，等等。保留的空间将由程序的其他部分决定它们的用处。

以上的 DB、DW、DS 伪指令部分只对程序存储器起作用，即不能用它们来对数据存储器的内容进行赋值或其他初始化的工作。

(8) 位定义伪指令

格式：字符名称　BIT　位地址

BIT 的功能是将位地址赋予规定的字符名称。该指令的作用类似 DATA 指令，其定义的是位地址。把 BIT 右边的位地址赋给左边的字符。被定义的位地址在源程序中可用标号名称来表示。例如：

```
AA    BIT    P0.1
BB    BIT    P1.1
```

这样在编程中就可把 AA、BB 当做位 P0.1 和 P1.1 使用。

4.2 汇编语言程序设计举例

要使单片机完成某一具体的工作任务，必须让单片机按顺序执行一条条指令。这种按照单片机的工作任务编排指令序列的过程，称为程序设计。用汇编语言编程时，一般按照以下步骤进行。

(1) 分析课题

当接到程序设计的任务后，首先对任务进行详尽分析，明确要解决的问题和要达到的目的、技术指标等。

(2) 确定算法

根据实际问题的要求、给出的条件及指令系统的特点，找出规律，确定解决问题的具体步骤，这称为确定算法。算法往往不是唯一的，用不同的方法编制的程序在占用存储单元数、计算精度、编程工作量等方面是有差别的，这就需要进行比较，选择最佳的算法。

(3) 画流程图

将解决问题的具体步骤用一种约定的几何图形、指向线和必要的文字说明描述出来，即用流程图表示出来。流程图具有直观、易懂的特点，是描述算法很好的工具。对于复杂的程序，必须借助流程图才能正确表达思路，否则就可能出现逻辑错误。对于比较简单的程序，可以不画流程图。常用流程图的符号及说明如表 4.1 所示。

表 4.1　流程图符号和说明

符　号	名　称	功　能
▭（圆角矩形）	起止框	程序的开始或结束
▭（矩形）	处理框	各种处理操作
◇	判断框	条件判断操作
▱	输入/输出框	输入/输出操作
↓　→	流程线	描述程序的流向
○	连接符号	实现流程图间的连接

(4) 编写程序

经过上述各步骤后，解决问题的思路已经非常清楚，所以接下来就可以按流程图的顺序对每一个功能框选用合适的指令，以实现功能框所述的功能，从而编写出汇编语言源程序。

(5) 汇编与调试

在应用程序的设计中，几乎没有一个程序只经过一次编写就完全成功的，必须经过汇编和调试。汇编是将汇编语言源程序转换成机器语言目标程序。在汇编过程中，可能会发现源程序的一些语法错误，需要修改。汇编工作完成后，只能说明源程序无语法错误，但不能保证程序的功能正确，所以还要通过调试检查所编程序是否能按照要求正常工作。调试方法一般是输入给定数据，使程序运行，检查程序运行结果是否正确。

程序设计是设计单片机控制系统必不可少的步骤。要想编制出质量高、可读性好和运行速度快的程序，除了熟练掌握指令系统外，还应掌握程序设计的基本方法和技巧，熟悉汇编语言源程序的结构与特点。下面通过具体实例说明程序的编制方法。

4.2.1　顺序程序

顺序程序是一种最简单、最基本的程序。它的特点是按照程序的编写顺序依次执行指令，程序走向不变，所以阅读和理解都比较容易。尽管这种程序比较简单，但也能完成一定的功能，是构成复杂程序的基础。

例 4.1　拼字程序。

设 30H 和 31H 单元中各存放着一个 1 位的 BCD 码，将它们组合成一个 2 位的 BCD 码存入 32H 单元，31H 单元中的数为 2 位 BCD 码的高 4 位。

解：

① 分析命题：设 30H 单元存放着一个 1 位 BCD 码 00000101(05H)，即十进制数 5 的 BCD 码，31H 单元存放着一个 1 位 BCD 码 00000111(07H)，即十进制数 7 的 BCD 码，按照题意要求应将 05H 和 07H 组合成 75H，并存入 32H 单元。

② 确定算法：利用 SWAP 将 31H 单元的高、低 4 位交换，再利用 ORL 指令或 ADD 指令将其与 30H 单元中的数组合，结果存入 32H 单元。

③ 画流程图:流程图如图 4.3 所示。

④ 编程:

```
MOV     A,31H      ;将 31H 单元的数送 A
SWAP    A          ;A 单元的高、低 4 位交换
ORL     A,30H      ;A 的内容与 30 H 单元相或
MOV     32H,A      ;将 A 中的数送 32H 单元
SJMP     $
```

例 4.2 拆字程序。

设在片内 RAM 30H 单元中存放着一个 2 位的 BCD,试编程将其拆开成 2 个 1 位的 BCD 码,并将低字节存入片内 RAM 31H 单元,高字节存入 32H 单元。

解:

① 分析命题:设 30H 单元存放着一个 2 位 BCD 码 01000011(43H),即十进制数 43 的 BCD 码,按照题意要求应将 43H 拆开成 04H 和 03H,并将 04H 存入 32H 单元,03H 存入 31H 单元。

② 确定算法:利用 ANL 指令屏蔽高 4 位,并将其存入 31H 单元;同理,屏蔽低 4 位,再利用 SWAP 将结果的高、低 4 位交换,并存入 32H 单元。

③ 画流程图:流程图如图 4.4 所示。

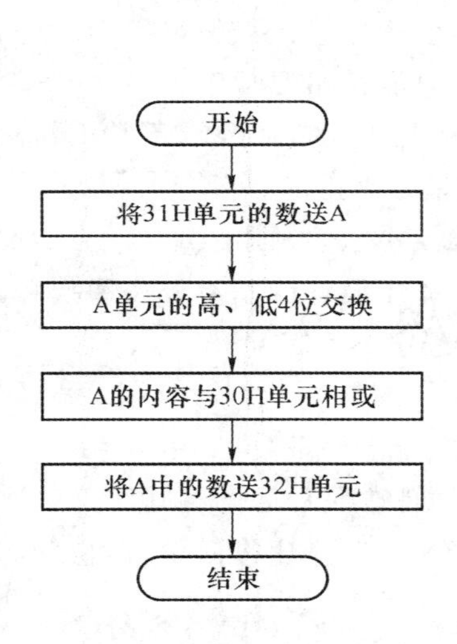

图 4.3 例 4.1 的流程图

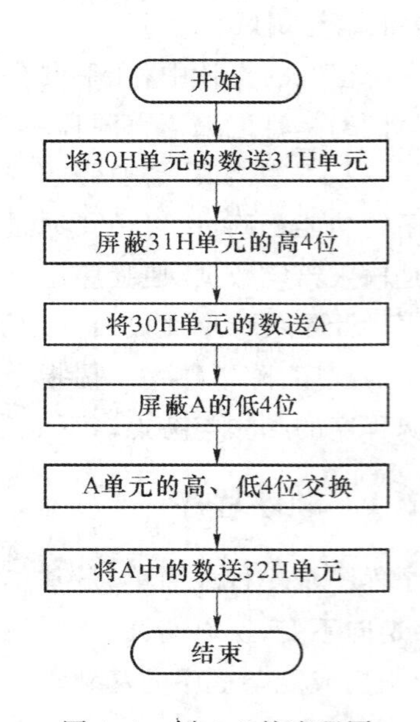

图 4.4 例 4.2 的流程图

④ 编程:

```
MOV     31H,30H    ;将 30H 单元的数送 31H 单元
ANL     31H,#0FH   ;屏蔽 31H 单元的高 4 位
MOV     A,30H      ;将 30H 单元的数送 A
ANL     A,#0F0H    ;屏蔽 A 的低 4 位
SWAP    A          ;A 中的数高、低 4 位交换
MOV     32H,A      ;A 中的数送 32H 单元
SJMP     $
```

例 4.3　两个双字节数求和程序。

设 2 个 16 位二进制数存于以 30H 为首地址的连续单元中，求两者的和，并将和存于以 40H 为首址的区域(低字节在低地址单元存放)。

解：

① 分析命题：设 31H、30H 单元存放着一个 16 位二进制数 E0ABH，33H、32H 单元存放着另一个 16 位二进制数 786DH，按照题意要求应将 E0ABH 和 786DH 相加，所得到的和 015918H 存入 42H、41H、40H 单元。

② 确定算法：由于 80C51 系列单片机的指令系统只有单字节数求和的指令，所以应该从低字节起，逐字节相加，高字节相加时要考虑低字节的进位。即(30H)＋(32H)送 40H 单元；(31H)＋(33H)＋CY 送 41H 单元；CY＋0 送 42H 单元。

③ 画流程图：流程图如图 4.5 所示。

④ 编程：

```
MOV     A,30H ;(30H) + (32H)→(40H)
ADD     A,32H
MOV     40H,A
MOV     A,31H ;(31H) + (33H) + CY→(41H)
ADDC    A,33H
MOV     41H,A
MOV     A,#00H ;CY→(42H)
ADDC    A,#0
MOV     42H,A
SJMP    $
```

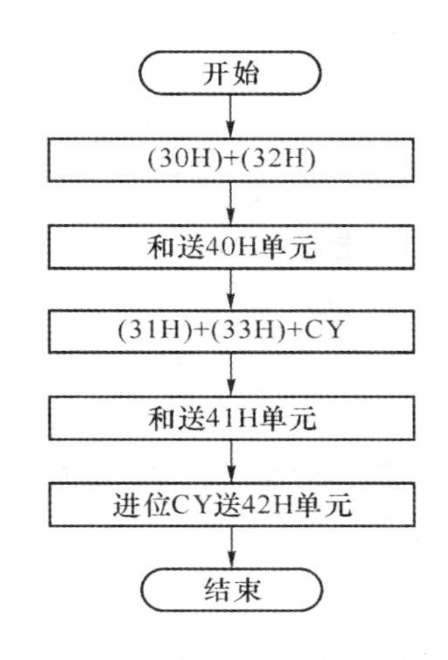

图 4.5　例 4.3 的流程图

说明：单字节无符号数的最大值是 255，在实际应用中有时候的数较大，需要用若干字节表示一个数。双字节无符号数的最大值为 65 535，三字节的最大值可以达到 16 777 215，一般用三字节表示无符号数，在很多场合就已经足够了。

例 4.4　二进制数转换成十进制数程序。

将 30H 单元中的 8 位无符号二进制数转换成 3 位 BCD 码，并存放在 FIRST(百位)和 SECOND(十位、个位)两个单元中。

解：

① 分析命题：设 30H 单元中存放着一个 8 位无符号二进制数 FDH，按照题意要求应将 FEH 转换成 253，并将百位数 02H 存入 FIRST 单元，十位和个位数 53H 存入 SECOND 单元。

② 确定算法：先将原数除以 100，商就是百位数；余数作为被除数再除以 10，得十位数；最后的余数就是个位数。并分别设法存入指定的单元即可。

③ 画流程图：流程图如图 4.6 所示。

④ 编程：

```
FIRST       DATA   31H        ;定义 FIRST 单元
SECOND      DATA   32H        ;定义 SECOND 单元
```

```
ORG     0000H       ;开始
MOV     A,30H       ;取数
MOV     B,#64       ;除数为 100
DIV     AB          ;确定百位数
MOV     FIRST,A     ;百位数送 FIRST
MOV     A,B         ;余数送 A 作被除数
MOV     B,#10       ;除数为 10
DIV     AB          ;确定十位数
SWAP    A           ;十位数移至高 4 位 l
ORL     A,B         ;并入个位数
MOV     SECOND,A    ;十位,个位存 SECOND
SJMP    $
```

开始

将30H的数送A

A的内容除100

商存入FIRST单元，余数的数送A

A的内容除10

商的高低4位交换，与余数组合送SECOND单元

结束

图 4.6 例 4.4 的流程图

4.2.2 分支程序

分支程序的特点就是含有条件转移指令,CPU 执行分支程序时根据不同的条件,执行不同的程序段。它分为一般分支结构和散转分支结构两大类,其程序结构如图 4.7 所示。

在编写分支程序时,关键是如何判断分支的条件。在 80C51 系列单片机中用来判断分支条件的指令有累加器为零(或不为零)、比较条件转移指令 CJNE、JC、JB 等。把这些指令结合在一起使用,就可以完成各种各样的条件判断,如正负判断、奇偶判断、大小判断等。

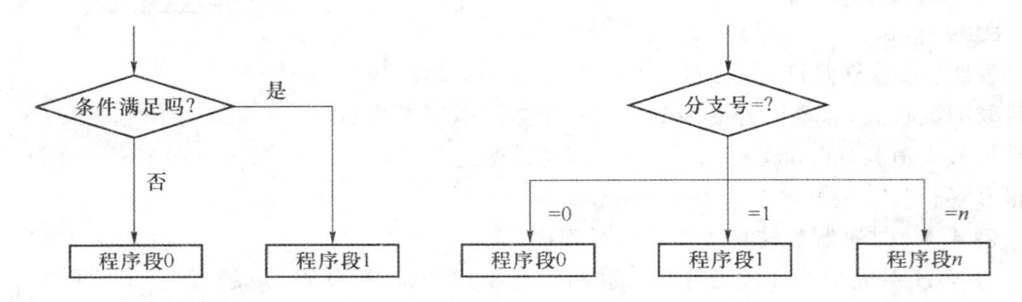

图 4.7 分支程序结构

例 4.5 比较大小程序。

两个无符号数分别存于 40H 和 41H 单元,试比较它们的大小,将较小者存入 42H 单元。若两数相等则任意存入一个即可。

解:

① 分析命题:设 40H 和 41H 单元中分别存放着一个 8 位无符号二进制数 FDH 和 23H,按照题意要求应将两者中较小的数 23H 存入 42H 单元。

② 确定算法:两个无符号数比较大小可以用 CJNE 指令实现,若第一个数大,则执行 CJNE 指令后 CY=1,否则 CY=0。在 CJNE 之后再用 JC 判定 CY,若 CY=1,则将第一个数存入 42H 单元,若 CY=0,则将第二个数存入 42H 单元。

③ 画流程图：流程图如图 4.8 所示。

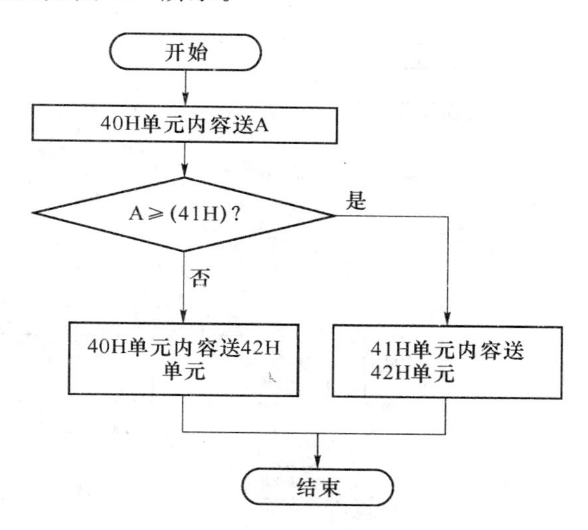

图 4.8　例 4.5 的流程图

④ 编程：

```
        MOV    A,40H
        CJNE   A,41H,NEXT1
NEXT1:  JC     NEXT2
        MOV    42H,TWO
        SJMP   $
NEXT2:  MOV    42H,ONE
        SJMP   $
```

例 4.6　符号函数程序。

设变量 X 存放于 30H 单元，函数值 Y 存放于 40H 单元。试按照下式的要求给 Y 赋值。

$$Y=\begin{cases}1, X>0\\0, X=0\\-1, X<0\end{cases}$$

解：

① 分析命题：若 30H 单元中存放着一个带符号数 FDH(补码)，补码 FDH 表示的是 −3，按照题意要求应将 FFH(−1 的补码)存入 40H 单元；若 30H 单元中存放着一个带符号数 56H(补码)，补码 56H 表示的是＋86，按照题意要求应将 01H(＋1 的补码)存入 40H 单元；若 30H 单元中存放着一个带符号数 00H(补码)，补码 00H 表示的是 0，按照题意要求应将 00H(0 的补码)存入 40H 单元。

② 确定算法：根据题意，X 是带符号数，它以补码的形式存放在片内 RAM 的 30H 单元中。当 X 是正数时，其补码的最高位为 0；当 X 是负数时，其补码的最高位为 1，因此可以根据它的符号位来判定其正负。判别符号位是 0 还是 1 可利用 JB 或 JNB 指令。而判别 X 是否等于 0 则可以直接使用 JZ 指令。

③ 画流程图：流程图如图 4.9 所示。

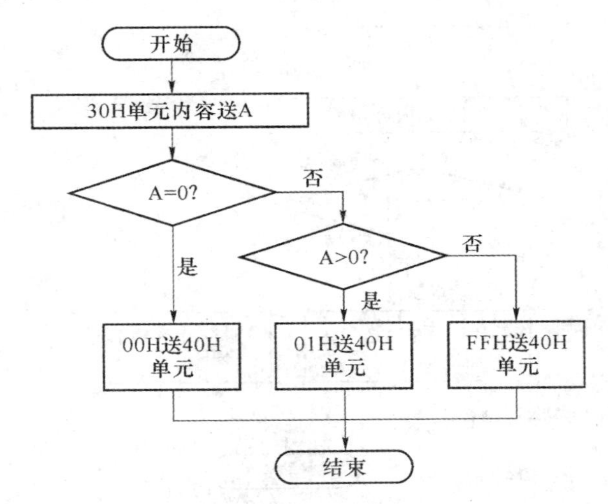

图 4.9　例 4.6 的流程图

④ 编程：

```
        MOV     A,30H           ;取出
        JZ      COMP            ;若 X=0 则转移到 COMP
        JNB     ACC.7,POSI      ;若 X>0 则转移到 POSI
        MOV     40H,#0FFH       ;因为 X<0,所以将-1(0FFH)存入 40H 单元
        SJMP    $
POSI:   MOV     FUNC,#1         ;将 1 存入 40H 单元
        SJMP    $
COMP:   MOV     FUNC,#0         ;将 0 存入 40H 单元
        SJMP    $
```

例 4.7　散转程序。

设某程序段的运行结果存于 R3 中，要求根据 R3 的内容分别转向 128 个分支处理程序。即按如下规定转移：

当 R3＝0 时，单片机转去执行 PRG0 处的程序；

当 R3＝1 时，单片机转去执行 PRG1 处的程序；

⋮

当 R3＝127 时，单片机转去执行 PRG127 处的程序。

解：这是一个典型的散转程序。散转程序是一种并行分支程序。它是根据某种输入或运算结果，分别转向各个处理程序。在 80C51 系列单片机中，散转指令为 JMP @A＋DPTR，它按照程序运行时计算出的地址，执行间接转移指令。

散转程序的设计步骤如下。

① 建立一张散转表。表内可以按分支号的顺序存放各个程序段的入口地址或转向各个程序段的转移指令(如 LJMP、AJMP)。

② 将散转表的首地址置于 DPTR 中。

③ 将散转表中入口地址与表首地址的偏移量置于 A 中。

④ 利用 JMP @A+DPTR 指令转向散转表中不同的位置，以取得相应程序段的首地址或转向程序段的转移指令，从而实现转移。

本例可以建立先由若干 AJMP 指令组成的散转表，再利用 JMP @A+DPTR 指令实现散转。程序流程图如图 4.10 所示。

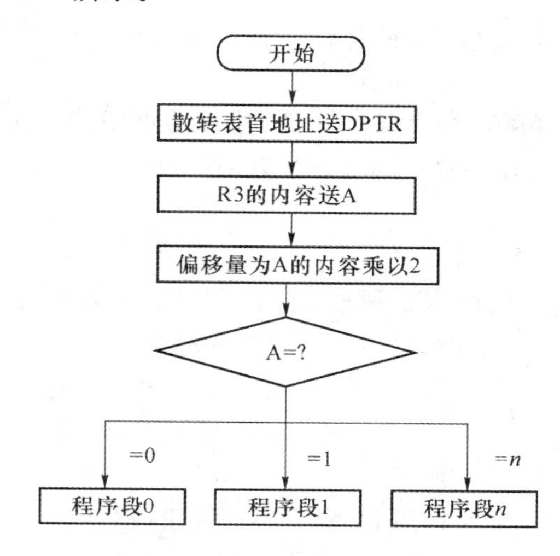

图 4.10　例 4.7 的流程图

⑤编程：

```
        MOV     DPTR,#TABL
        MOV     A ,R3
        RL      A               ;(A) ← (R3)×2
        JMP     @A+DPTR
TABL:   AJMP    PRG0            ;散转表
        AJMP    PRG1
        …
        AJMP    PRG127
PRG0:   …                       ;分支处理程序段 0
        …
PRG127: …                       ;分支处理程序段 127
        END
```

以上程序中由于 AJMP 是双字节指令，因此采用 RL 指令使(R3)乘以 2，以获得偏移量。值得注意的是，每个分支的入口地址(PRG0～PRG127)必须与其相应的 AJMP 指令在同一个 2 KB 存储区内。也就是说，分支入口地址的安排仍有一定的限制。如改用长转移 LJMP 指令，则分支入口可在 64 KB 范围内任意安排，但程序要作相应修改，此时偏移量为 R3 的内容应该乘以 3。

4.2.3　循环程序

在很多程序中会遇到需多次重复执行某段程序的情况，这时可以把这段程序设计成循环程序。循环程序可大大缩短程序长度，是最常见的一种程序结构。

循环程序一般由 4 部分组成。

① 置循环初值：即确定循环开始时一些存储单元的状态，如给循环计数器置初值、地址指针赋初值和某些变量赋初值等。

② 循环体(工作部分)：即要求重复执行的部分。

③ 循环修改部分：为进入下一轮循环作准备。如每执行一次循环工作部分，都要对地址指针进行修改，使其指向下一轮循环所需数据。

④ 循环控制部分：根据循环结束条件，判断是否结束循环。在循环初值中已经给出了循环结束条件，循环程序每执行一次，都检查结束条件，当条件满足时，则停止循环，否则，继续执行循环体。

例 4.8 搜索关键字程序。

在片内 RAM 中存有一个用 ASCII 码值表示的字符串，首地址为 30H，字符串中字符的个数为 20，查找这个字符串中字符 B 出现的次数，并将结果存入 40H 单元。

解：本例应该将 40H 单元作为计数器，计数器初值为 0，然后将该字符串的每一个字符依次从片内 RAM 单元取出与 B 的 ASCII 码比较，若相等，则计数器加 1，若不相等，则继续比较，直至比较 20 次。因为每次都执行数据比较操作，所以可以用循环结构的程序。又因为每次比较时，片内 RAM 单元的地址要改变，所以用地址指针@R0 或@R1 来实现。程序流程图如图 4.11 所示。具体程序如下：

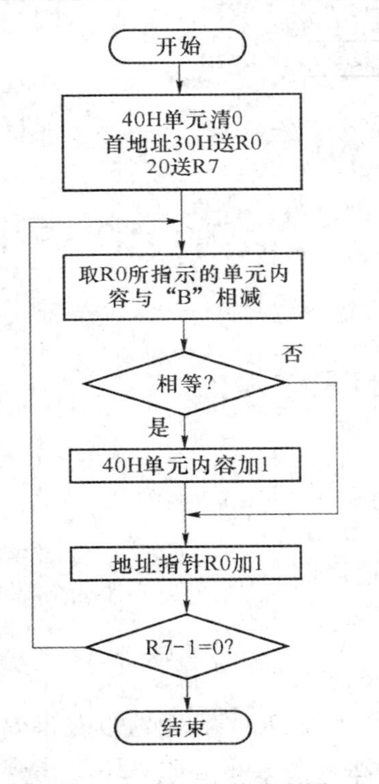

图 4.11 例 4.8 的流程图

```
      MOV   40H,#0          ;LEN 作计数器，先清 0
      MOV   R0,#30H         ;首地址送 R0
      MOV   R7,#20          ;循环次数 20 送 R7
LOOP: CJNE  @R0,#'B',NEXT   ;与"B"比较，不等转移
      INC   40H             ;相等，则计数器加 1
NEXT: INC   R0              ;修改地址指针
      DJNZ  R7,LOOP         ;未到 20 次，继续循环
      SJMP  $
```

例 4.9 数组传送程序。

将片外 RAM 以 2000H 为起始地址的存储区中的一个数据块传送到片内 RAM 以 20H 为起始地址的区域中，遇到传送的数据为 0 时就停止传送。

解：片外 RAM 的数据向片内 RAM 传送，一定要以 A 作过渡，不能直接在两者之间进行数据传送。本例要求依次从片外 RAM 单元取数，若不是 0，则传送到片内 RAM 中；若为 0，则停止传送。可以利用判零条件转移指令判断是否要继续传送数据。片外 RAM 地址指针用@DPTR，片内 RAM 地址指针用@R1。程序流程图如图 4.12 所示。具体程序如下：

```
        MOV     DPTR,#2000H             ;外部数据块首址
        MOV     R1,#20H                 ;片内数据块首址
```

```
LOOP: MOVX    A,@DPTR           ;片外 RAM 数据存入 A
HERE: JZ      HERE              ;为零则终止
      MOV     @R1,A             ;不为零传送片内 RAM 单元
      INC     DPTR              ;修改地址指针
      INC     R1                ;修改另一个地址指针
      SJMP    LOOP              ;继续循环
```

例 4.10　多个单字节数求累加和程序。

将片内 RAM 中从 DATA1 单元开始的 10 个无符号数相加，相加结果送 SUM 单元和 SUM+1 单元。

解：80C51 系列单片机指令系统只有两个单字节数相加的指令。为了实现多个单字节数求和的目的，需要重复进行加法运算，因此可以采用循环结构程序。用计数器记录循环次数，决定循环结束与否。程序流程图如图 4.13 所示。

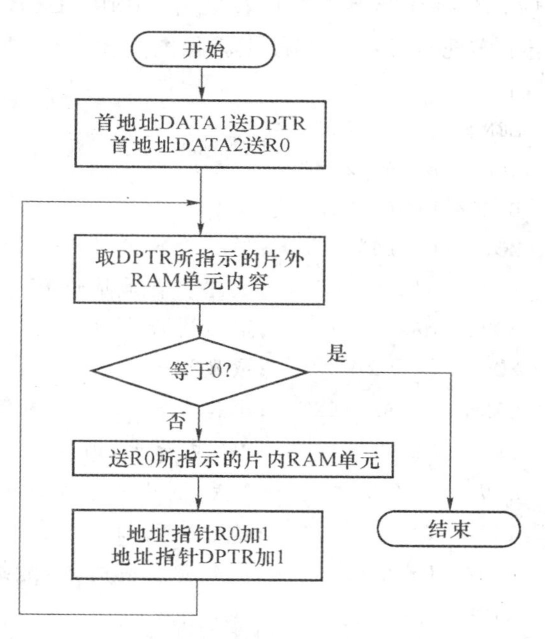

图 4.12　例 4.9 的流程图

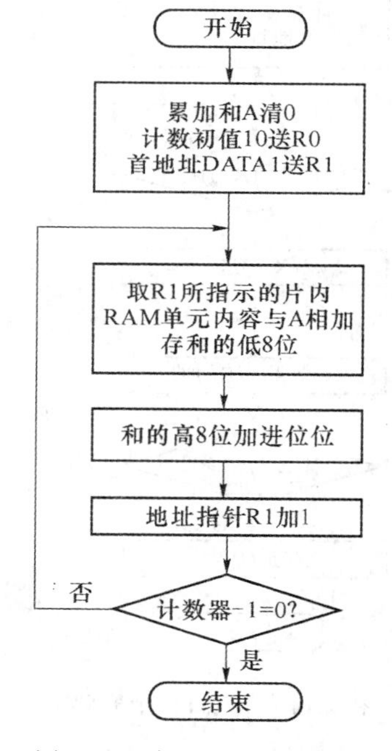

图 4.13　例 4.10 的流程图

具体程序如下：

```
DATA1   DATA   32H
SUM     DATA   30H
        MOV    R0,#0AH          ;计数器置初值
        MOV    R1,#DATA 1       ;数据块首地址送 R1
        MOV    SUM+1,#0         ;和的高 8 位单元清 0
        CLR    A                ;A=0
LOOP:   ADD    A,@R1
        MOV    SUM,A            ;存和的低 8 位
        MOV    A,SUM+1          ;和的高 8 位单元加 CY
```

```
        ADDC    A,#0
        MOV     SUM+1,A          ;存和的高 8 位
        INC     R1               ;修改地址指针
        DJNZ    R0,LOOP          ;R0 减 1 不为零循环
        SJMP    $                ;结束
```

例 4.11　求最大值程序。

从 BLOCK 单元开始有一个无符号数据块，其长度存于 LEN 单元，试求出数据块中最大的数，并存入 MAX 单元。

解：这是一个搜索问题。可以采用依次比较和取代的方法来寻找最大值。具体做法是：先取第一个数作为基准，和第二个数比较，若比较结果基准数大，则不作变动；若比较结果基准数小，则用大数取代基准数，然后再和下一个数比较，直到比较结束，此时基准数就是最大数。比较时，通常将基准数放在 A 中，利用 SUBB 指令或 CJNE 指令实现比较操作。程序流程图如图 4.14 所示。具体程序如下：

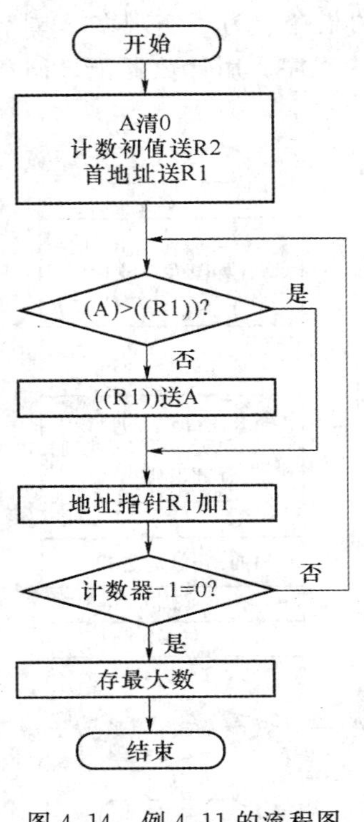

图 4.14　例 4.11 的流程图

```
        LEN     DATA    20H
        MAX     DATA    21H
        BLOCK   DATA    22H
        MOV     R2,LEN           ;循环次数送 R2
        MOV     R1,#BLOCK        ;数据块首地址送 R1
        MOV     MAX,@R1          ;取数送最大值单元
LOOP:   MOV     A,@R1            ;取数送 A
        CJNE    A,MAX,NEXT       ;比较 A 与 MAX 单元内容大小
NEXT:   JC      NEXT1            ;MAX 内容大，则转至 NEXT1
        MOV     MAX,A            ;A 大，则将 A 中大数送 MAX
NEXT1:  INC     R1               ;地址指针加 1
        DJNZ    R2,LOOP          ;比较完所有的数，则结束
        SJMP    $
```

4.2.4　子程序

在实际应用中，通常把多次使用的程序段（如算术运算、代码转换、延时等）按一定结构编好，放在 ROM 中，当程序需要时可以通过调用指令调用这些独立的程序段，使程序转到此程序段处执行。将这种可以被调用的程序段称为子程序，调用子程序的程序称为主程序。

采用子程序结构编程的优缺点如下。

① 使整个程序的结构清楚，阅读和理解都方便。

② 减少了源程序和目标程序的长度。

③ 从程序的执行来看，每调用一次子程序都要附加保护断点、进栈、出栈等操作，因而增加了程序的执行时间。但一般来说，付出这些代价是值得的。

子程序是一种具有某种功能的独立的程序段。因此，子程序在功能上应具有通用性，在结构上应具有独立性，编制子程序时应该注意以下几点。

① 子程序必须有子程序名，以备调用。子程序名实际上就是子程序第一条指令的符号地址，即标号。

② 子程序要有说明。子程序说明包括子程序功能、入口条件（调用子程序前应该给某些 REG 和存储器赋值）、出口条件（调用子程序后，处理结果存于何处）。

③ 现场保护和恢复。在执行子程序时，可能要使用 A 或某些工作寄存器。而在调用子程序之前，这些寄存器可能存放着主程序的中间结果，这些中间结果是不允许被破坏的，因此在子程序用这些寄存器之前必须将它们的内容保存起来，即现场保护。当子程序执行完，返回主程序之前，再将这些内容取出，送回到原来的寄存器中，即现场恢复。

④ 子程序必须通过 RET 指令才能回到主程序。

⑤ 子程序应该具备浮动性，以便任何程序都可以调用。也就是说子程序的操作对象应尽量用地址或 REG 形式，不用立即数形式。

例 4.12　十六进制数转换成 ASCII 码程序。

片内 RAM 40H 单元存放着 1 字节的十六进制数，将其转换成 2 位的 ASCII 码，结果存放在 41H、42H 单元。

解：0～9 的 ASCII 码是 30H～39H，而 A～F 的 ASCII 码为 41H～46H。将 1 位十六进制数码转换成 ASCII 码的方法是：当它小于 9 时，加上 30H，当它大于 9 时，加上 37H。对于本题，先将 1 字节的十六进制数拆开，再进行转换。十六进制数码转换成 ASCII 码可以编写成子程序。主程序如下：

```
MOV     A,40H
ACAIL   HASC
MOV     41H,A
MOV     A,40H
SWAP    A
ACALL   HASC
MOV     42H,A
SJMP     $
```

子程序如下：

```
HASC：  ANL A,＃0FH
        CJNE A,＃0AH,HASC1
HASC1： JC  HASC2
        ADD A,＃7
HASC2： ADD A,＃30H
        RET
```

子程序功能：将 1 位十六进制数码转换成 ASCII 码。

入口条件：待转换的数存于 A 中。

出口条件：转换后的结果存于 A 中。

例 4.13 延时程序。

每 1 秒使 A 中的内容循环左移 1 位。

解:A 中的内容循环左移 1 位可以利用 RL 指令实现。每 1 秒执行一次 RL 指令。1 秒可以通过软件延时程序实现。CPU 每执行一条指令都要花费一定的时间,时间长度为一个指令周期。若 CPU 反复执行指令,则会占用 CPU 的时间,达到延时的目的。

典型的延时程序就是一个循环程序。将循环程序编写成子程序,以供调用。

主程序如下:

```
UP: RL     A      ;A 的内容左移
    ACALL D1s    ;调用 1s 延时子程序
    SJMP  UP
```

子程序如下:

```
D1s :  MOV   R7,#10
D1s2:  MOV   R6,#100
D1s1:  MOV   R5,#250
       DJNZ  R5, $
       DJNZ  R6,D1s1
       DJNZ  R7,D1s2
       RET
```

子程序功能:延时 1 s。

入口条件:无。

出口条件:无。

不难算出执行这段程序所需的机器周期数为 $1+((1+(1+2\times250)\times100)\times10)+2=501\,012$,近似为 500 000。若 $f_{osc}=6$ MHz,1 个机器周期=2 μs,则执行这段程序近似需 1 s,与所要求的时间有一定的误差。这时,可利用 NOP 指令,实现 1 s 的准确定时。

4.2.5 查表程序

在很多情况下,通过查表比通过计算解决问题要简便得多,编程中也有类似的情况。用查表法就是把已知对应关系的可能范围内的函数值按一定规律组成表格存放在 ROM 中,编程时,根据变量 X,寻找对应的函数值 Y。通过查表程序比通过运算程序要简单得多,编程也较为容易,在控制应用场合或在智能仪器仪表中,常常使用查表法。下面举例说明查表程序的设计方法。

例 4.14 用查表法将十六进制数转换为 ASCII 码。设十六进制数存放在 R0 寄存器的低 4 位,转换后的 ASCII 码仍送回 R0 寄存器。

解:编制查表程序常常分为三步。

第一步:制表。制表时,表中的数或符号要按照便于查找的次序排列,变量 X 可以是规则变量,也可以是不规则变量,但不论 X 如何变化,X 的值必须与表格中的 Y 值一一对应。Y 值可以是单字节、双字节或三字节等,但必须保证所有的 Y 值具有相同的字节数。这样的表格才具有规律,便于查找。本例中的变量 X 是十六进制的所有数码,Y 值是十六进制的所有数码的 ASCII 码,为单字节数。如表 4.2 所示。

表 4.2　例 4.14 中 X 与 Y 的对应关系表

X	0	1	2	3	4	5	6	7	8	9	A	B	C	D	E	F
Y	30H	31H	32H	33H	34 H	35H	36H	37H	38H	39H	41H	42H	43H	44H	45H	46H

第二步：将表中的数（Y 值）按照顺序存入 ROM 单元中，切记不是 RAM 单元。可以用伪指令 DB 实现将表存入 ROM 单元的要求。

```
TAB：DB 30H，31H ,32H ,33H ,34H ,35H,36H,37H ,38H ,39H
     DB 41H，42H ,43H，44H，45H，46H
```

第三步：用查表指令实现查表操作。

用于查表的指令有两条：MOVC A,@A+DPTR 和 MOVC A,@A+PC。

指令 MOVC A,@A+DPTR 采用 DPTR 作为数据表格的首地址指针，表格可以存放在 ROM 中的任何区域。使用 DPTR 作为基地址查表比较简单，查表前将所查表格的首地址存入 DPTR 数据指针寄存器，然后将所查表的项数（即在表中的位置是第几项）送到累加器 A，最后执行查表指令 MOVC A,@A+DPTR 进行读数，查表的结果送回累加器 A。

指令 MOVC A,@A+PC 采用 PC 作为数据表格的首地址指针，表格只能存放在该指令后的 256 B 范围之内。若用 PC 内容作为基地址来查表，所需操作有所不同，可以分为三步。

① 将所查表的项数（即在表中是第几项）送到累加器 A。

② 用 ADD A,＃data8 指令对 A 进行修正。data8 的值为 MOVC A,@A+PC 指令执行后的地址到所查表的首地址之间的距离，即 data ＝ 数据表首地址－PC，PC 是 MOVC A,@A+PC 指令的下一条指令地址。data 的值必须小于 256。

③ 执行查表指令 MOVC A,@A+PC 进行查表，查表结果送到累加器 A。

用 MOVC A,@A+PC 指令查表时，表格范围受到限制，而且还要计算 data 值，因此这种方法只限于数量不大的表格，它的优点是结构紧凑。

方法 1：

```
        MOV     A,R0            ;取 R0 中的数送 A
        ANL     A,＃0FH         ;屏蔽 A 的高 4 位获得偏移量
        MOV     DPTR,＃TAB      ;表首地址送 DPTR
        MOVC    A,@A + DPTR     ;从表格中取十六进制数的 ASCII 码
        MOV     R0,A            ;ASCII 码送回 R0 中
        SJMP    $
TAB：   DB 30H，31H ,32H ,33H ,34H ,35H,36H,37H ,38H
        DB 39H ,41H，42H ,43H，44H，45H，46H
        END
```

方法 2：

```
        MOV     A,R0
        ANL     A,＃0FH
        ADD     A,＃1           ;地址调整
        MOVC    A,@A + PC       ;从表格中取十六进制数的 ASCII 码
        MOV     R0,A
        SJMP    $
TAB：   DB "0123456789ABCDEF"
```

在方法 2 中，从 MOVC 指令到表的首地址 TAB 之间只有一条一字节指令，所以 PC 的调整量为 1。

例 4.15 设片内 RAM 30H 单元中存有一个数 X，X 是 0～200 之间的任意一个整数，试用查表程序实现求 X^2，并将结果存于 31H 和 32H 单元中。

解：列出整数 0～200 的平方值，因为这些数的平方值有的大于 256，故需要用双字节表示表中的数。X 与 Y 的对应关系如表 4.3 所示。

表 4.3 例 4.15 中 X 与 Y 的对应关系表

X	0	1	2	3	4	5	…	16	17	…	200
Y	0000H	0001H	0004H	0009H	0010H	0019H	…	0100H	0121H	…	9C40H

因为表格长度超过 256，故在此采用使 A 清 0，改变 DPTR 的方法获得表中数所在的 ROM 单元的地址。

改变 DPTR 的方法是：将 30H 单元中的数 X 乘以 2，再与 DPTR 中的数相加。这样 DPTR 中的数就是 X 的平方值所在的 ROM 单元的地址。

具体程序如下：

```
        MOV     A,30H           ;取 X 值送 A
        MOV     B,#2
        MUL     AB              ;X 值乘以 2
        MOV     DPTR,#TAB       ;表首地址送 DPTR
        ADD     A,DPL           ;2X 的低字节 + DPL 形成查表的低字节地址
        MOV     DPL,A
        MOV     A,B
        ADDC    A,DPH           ;2X 的高字节 + DPH 形成查表的高字节地址
        MOV     DPH,A
        CLR     A               ;清 A
        MOVC    A,@A + DPTR     ;从表格中取平方值的低字节
        MOV     31H,A           ;送 31H 存放
        CLR     A               ;清 A
        INC     DPTR            ;指向表格中高 8 位字节的地址
        MOVC    A,@A + DPTR     ;从表格中取平方值的低字节
        MOV     32H,A           ;送 32H 存放
        SJMP    $
TAB:    DB 00H,00H,00H,01H,00H,04H,00H,09H,…, 9CH,40H
        END
```

习　　题

一、改错题

1. 以下程序有几处错误，请改正。正确的语句不动，在错误语句的最左边打 *，并在其

后写出正确的语句。

以下程序是将片内 RAM 35H 单元的内容高 4 位取反,低 4 位不变。

```
ORG     0000H
MOV     R0,#35H
MOV     A,R0
ANL     A,#0FH
MOVX    R0,A
SJMP    $
```

2. 下列指令组要完成重复执行 NEXT 开始的程序 50 次。请找出错误,并改正。

```
        MOV     R1,#32H
NEXT:   MOV     A,#00H
        …
        DEC     R1
        DJNZ    R1,NEXT
        …
```

二、程序阅读题

1. 阅读下列程序并回答问题。

```
CLR     C
MOV     A,#9AH
SUBB    A,60H
ADD     A,61H
DA      A
MOV     62H,A
```

(1) 请问该程序执行何种操作?

(2) 已知初值(60H)=23H,(61H)=61H,请问运行后(62H)=______。

2.

```
        ORG     0000H
        MOV     R7,#0
        MOV     DPTR,#TAB
        MOV     R1,#30H
        MOV     R2,#6
LOOP:   CLR     A
        MOVC    A,@A+DPTR
        JB      ACC.7,NEXT
        INC     R7
        MOV     @R1,A
        INC     R1
NEXT:   INC     DPTR
        DJNZ    R2,LOOP
        SJMP    $
        ORG     2000H
```

```
TAB:  DB 95H,4BH,0FFH,96H,58H,77H
      END
```

(1) 程序执行后,R7=______,R2=______,R1=______,DPTR=______。

(2) 程序功能是____________________________。

3. 片内 RAM 从 list 单元开始存放一单字节正数表,表中之数作无序排列,并以 −1 作为结束标志。编程实现表中找出最小值。

```
         MOV       R0,#LIST
         MOV       A,@R0
         MOV       MIN,A
LOOP5:   INC       R0
         MOV       A,@R0
         ________  LOOP3
         RET
LOOP3:   CJNE      A,MIN,LOOP1
LOOP1:   ________  LOOP2
         MOV       MIN,A
LOOP2:   SJMP      LOOP5
```

4. 设两个十进制数分别在片内 RAM 40H 单元和 50H 单元开始存放(低位在前),其字节长度存放在片内 30H 单元中。编程实现两个十进制数求和,并把求和结果存放在 40H 开始的单元中。

```
       MOV    R0,#40H
       MOV    R1,#50H
       MOV    R2,30H
       ________________
LOOP:  MOV    A,@R0
       ADDC   A,@R1
       ________________
       MOV    @R0,A
       INC    R0
       INC    R1
       DJNZ   R2,LOOP
       RET
```

5. 有一长度为 10 字节的字符串存放在 80C51 系列单片机片内 RAM 中,其首地址为 40H。要求将该字符串中每一个字符加偶校验位。(以调用子程序的方法来实现)

源程序如下:

```
       ORG    0000H
       MOV    R0,#40H
       MOV    R7,#10
NEXT:  MOV    A,____
       ACALL  SEPA
```

```
        MOV     @R0,A
        INC     R0
        DJNZ    ____,NEXT
        SJMP    $
SEPA:   ADD     A,#00H
        ____    PSW.0,SRET
        ORL     A,____
SRET:   ________
```

6. 在 BUF 为首址的片外 RAM 存放一个数组，以 FFH 为结束符。试编程序，将该数组的存放区域清 0，保留结束符 FFH。请补全下列程序。

```
        MOV     DPTR,#BUF
LOOP:   MOVX    A,@DPTR
        ________________
        ________________
   N1:  ________________
        ________________
        INC     DPTR
   NA:  SJMP    LOOP
```

三、编程题

1. 将片内 RAM 40H 单元和 41H 单元的内容交换(用两种不同的方法实现)。

2. 将片内 RAM 40H 单元存放的 2 位十六进制数转换成 3 位 BCD 码，并存于 FIRST(存百位)和 SECOND(存十位和个位)单元。

3. 将片内 RAM 40H 单元存放的 2 位 BCD 码分别转换成 ASCII 码，存于 41H 和 42H 单元中，高位存于 41H 单元。

4. 将片内 RAM 40H 和 41H 单元存放的 1 位 BCD 码，组合成 2 位 BCD 码，并存于 42H 单元。

5. 已知 80C51 系列单片机的片内 RAM 的 20H 单元存放一个 8 位无符号数 7AH，片外扩展 RAM 的 8000H 存放了一个 8 位无符号数 86H，试编程完成以上两个单元中的无符号数相加，并将和值送往片外 RAM 的 0001H、0000H 单元中，同时将所编写程序运行完成后的数据和状态填入下表中给出的 PSW 的有关位以及寄存器 A、DPTR 和 RAM 单元中。

CY	A	DPTR	片外 0001H	片外 0000H	片外 8000H

6. 求片外 RAM 3000H、片外 RAM 3001H 单元数据的平均值，并传送给片外 RAM 3002H 单元。

7. 已知被减数存放在片内 RAM 的 51H 和 50H 单元中，减数存放在 61H 和 60H 单元中(高字节在前)，相减得到的差放回被减数的单元中(设被减数大于减数)。试编程。

8. 求 16 位带符号二进制补码数的绝对值。假定补码放在片内 RAM 的 NUM 和 NUM +1 单元中,求得的绝对值仍然放在原单元中 。

9. 在片内 RAM 中的 ONE 和 TWO 单元分别存有一个无符号数,试比较两者大小,将较大者存于 MAX 单元。

10. 设片内 RAM 20H 单元中存有 1 个无符号数,若其为偶数,则将 21H 单元清 0,若其为奇数,则将 21H 单元置 1。

11. 以 DATA1 单元开始的存储区中,存有 50 个 8 位带符号数的数据块。试编写一个程序,统计它们中的正数、负数和 0 的个数,并将结果存于 ONE、TWO、THREE 单元。

12. 在片内 RAM 中有一数据块,存有若干字符,首地址为 BLOCK,数据块长度存于 LEN 单元,查找 *(ASCII 码为 2AH)出现的次数,并将结果存入 SUM 单元。

13. 将片内 RAM 的 40H～4FH 单元置初值 A0H～AFH(用循环程序)。

14. 以 DATA1 单元开始的存储区中,存有若干个 8 位带符号数的数据块。试编写一个程序,将它们传送到片外 RAM 以 BLOCK 开始的区域,遇到 0 就停止传送。

15. 以 DATA1 单元开始的存储区中,存有若干个 8 位无符号数的数据块。试编写一个程序,求它们中的最大数并存入 MAX 单元。

16. 在片内 RAM 中有一数据块,存有若干字符,已知最后一个字符是 FFH,首地址为 BLOCK,求数据块长度,并存入 LEN 单元。

17. 以 DATA1 单元开始的存储区中,存有一组 8 位无符号数的数据块。试编写一个程序,从 DATA1 单元开始,将每个单元所存的无符号数进行累加,当累加和出现大于或等于 100 时,就停止累加(设数据块中各存储单元数据之和必大于 100),并将所求之累加和存于 BUFFER 单元中。

18. 将字节地址 30H～3FH 单元的内容逐一取出减 1,然后再放回原处,如果取出的内容为 00H,则不要减 1,仍将 0 放回原处。

19. 试将片外 RAM 地址为 1000H 开始的 100 个单元置成 00H 。

20. 在片外 RAM 2000H 单元开始建立 0～ 99 (BCD 码)的 100 个数,试编制此程序。

21. 片内 RAM 从列出单元开始存放一正数表,表中之数作无序排列,并以“－1”作为结束标志。编程实现找出表中最小数。

22. 求 8 个数的平均值,这 8 个数以表格形式存放在从片内 RAM 30H 开始的单元中。

23. 搜索一串 ASCII 码字符中最后一个非空格字符,字符串从片外 RAM 8100H 单元开始存放,并用一个回车符(0 DH)作结束。编程实现搜索并把搜索到的非空格字符的地址存入片内 RAM 单元 40 H 和 41 H 中,其中高字节放入 41 H 单元。

24. 比较两个 ASCII 码字符串是否相等。字符串的长度在片内 RAM 41H 单元中。第一个字符串的首地址为 42 H ,第二个字符串的首地址为 52 H 。如果两个字符串相等,则置片内 RAM 40H 单元为 00 H,否则置 40 H 单元为 FFH。

25. 在片外 RAM 首地址为 2000H 的数据表中,有 10 字节的数据。编程将每个字节的最高位无条件置 1。

26. 5 个双字节数,存放在片外 RAM 从 2000H 开始的单元中,求它们的和,并把和存放在从 2050H 开始的单元中,请编程实现。

第5章 并行口及应用

在日常生活中，几乎每天都可以看到霓虹灯、交通灯等，利用单片机的并行口可以对发光二极管进行控制，也可以对环境温度、打印机等进行较为复杂的控制。80C51 系列单片机内部有 4 个并行口，一般情况下，它们都可以直接作为输入口或输出口使用，与外设相连。本章首先介绍 80C51 系列单片机内部并行口的结构，然后讲述单片机内部并行口与发光二极管和开关的接口电路和外设驱动程序的编制方法。

5.1 80C51 系列单片机内部并行口的结构

80C51 系列单片机内部有 4 个 8 位双向的输入/输出口，分别是 P0、P1、P2 和 P3，每个口有 8 条 I/O 口线，共 32 条 I/O 口线。这些端口用于传送数据和地址信息，有些还有其他功能。它们的结构相似，但略有不同。

5.1.1 P0 口结构

P0 口是一个 8 位并行 I/O 口，每位可以驱动 8 个 LSTTL 器件。它由一个锁存器、两个三态缓冲器、一个多路复用开关以及控制电路和驱动电路等组成。P0 口通道 0 的位结构如图 5.1 所示。

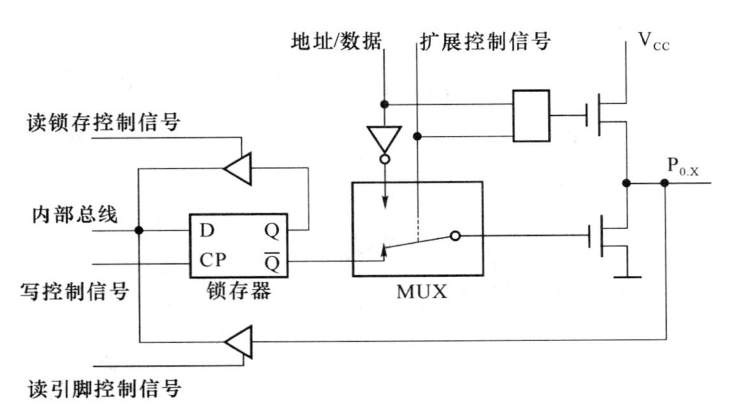

图 5.1 P0 口通道 0 的位结构图

当单片机访问片外存储器时，P0 口分时工作：先输出低 8 位地址，再传送数据信息。由图 5.1 可见，当 P0 口输出地址/数据信息时，扩展控制信号为高电平，模拟开关 MUX 处于上位，将地址/数据线与下管接通，同时与门输出有效，于是输出的地址/数据信息通过与门后，驱动上管，同时通过反相器驱动下管。若地址数据线为“1”，则上管导通，下管截止，P0口输出“1”；若地址数据线为“0”，则上管截止，下管导通，P0 口输出“0”。当数据从 P0 口读入时，读引脚控制信号使三态缓冲器打开，引脚上的数据通过缓冲器送到内部数据总线。

当 P0 口作为输出口时，扩展控制信号为低电平，上管截止，MUX 开关与锁存器的 $\overline{Q}$ 端连接，内部数据经反相后出现在 $\overline{Q}$ 端，再经下管反相后输出到 P0 口，数据经过两次倒相后相位不变。但由于上管始终截止（上管为漏极开路输出），而当下管也截止时，P0.0～P0.7无法获得标准的高电平。为此，应该在 P0.0～P0.7 处外接上拉电阻，所以 P0 口作为输出口使用时，必须外接上拉电阻。

当 P0 口作为输入口时，P0.0～P0.7 上的信号经过缓冲器送到内部数据总线上。在读引脚之前，要先将口锁存器置 1，否则总是读到 0。因为如果口锁存器为 0，加到下管的信号为 1，使下管导通，对地呈现低阻抗。这时即使引脚上输入的信号是 1，也会因端口的低阻抗而使信号变低，使得引脚上的 1 信号不能正确读入。如果口锁存器为 1，加到下管的信号为 0，使下管截止，引脚信号直接加到三态缓冲器，实现正确的读入。

由于在输入操作时还必须附加一个准备动作，所以这类 I/O 口称为“准双向”口。将 P0口锁存器置 1 的方法是执行 SETB P0.0 或 MOV P0，#0FFH 指令。前者只能使 P0 口通道 0 的锁存器置 1，而后者可以使 P0 口通道 0～P0 口通道 7 的锁存器都置 1。

CPU 对 P0 口的读操作有两种：读引脚和读-改-写锁存器。不同的操作，需要不同的指令。当 CPU 执行 MOV A，P0 或 JB/JNB P0.x，LOOP 指令时，产生读引脚控制信号，此时读的是引脚的状态；当 CPU 执行读-改-写指令（以 P0 口为目的操作数的 ANL、ORL、XRL、DEC、INC 、SETB、CLR 等）时，产生读锁存信号，此时是先读锁存器的状态，修改之后，再送回 P0 口锁存器保存。

需要强调的是，在单片机外扩了芯片后，P0 口不能作为通用的 I/O 口使用，而是先传送地址，后传送数据，地址和数据信息来自于指定位置；当单片机没有外扩芯片时，P0 口可以直接作为输入口或输出口使用。

5.1.2 P1 口结构

P1 口是一个 8 位准双向并行 I/O 口，每位可以驱动 4 个 LSTTL 器件。P1 口通道 0 的位结构图如图 5.2 所示。

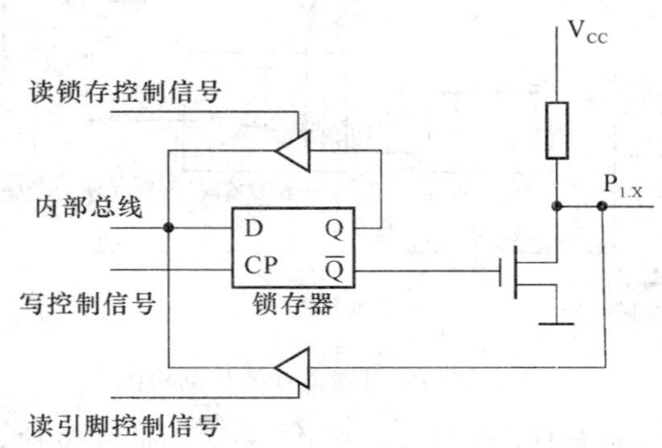

图 5.2 P1 口通道 0 的位结构图

当 P1 口作为输出口时，内部数据经过锁存器送到 P1.0～P1.7 上。由于内部有上拉电阻，所以 P1 口作为输出口使用时，不用外接上拉电阻。

当 P1 口作为输入口时，情况同 P0 口。

CPU 对 P1 口的读操作也有两种：读引脚和读-改-写锁存器，情况同 P0 口。

5.1.3　P2 口结构

P2 口是一个 8 位准双向并行 I/O 口，每位可以驱动 4 个 LSTTL 器件。P2 口通道 0 的位结构图如图 5.3 所示。

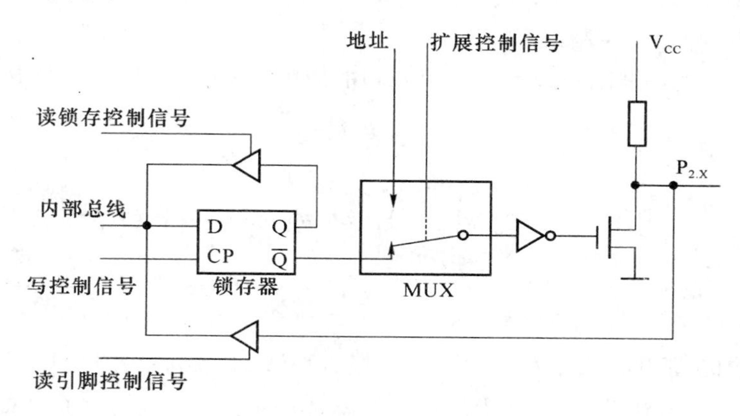

图 5.3　P2 口通道 0 的位结构图

当单片机外接存储器等芯片时，P2 口输出高 8 位地址，此时扩展控制信号为高电平，模拟开关 MUX 处于上位，将地址线与管子接通，若地址线为“1”，则经过反相驱动后，管子截止，P2 口输出“1”；若地址线为“0”，则经过反相驱动后，管子导通，P2 口输出“0”。

当单片机没有外扩芯片时，P2 口作为通用 I/O 口使用，此时扩展控制信号为低电平，MUX 接通锁存器的 Q 端，工作情况同 P1 口。

5.1.4　P3 口结构

P3 口是一个 8 位准双向并行 I/O 口，每位可以驱动 4 个 LSTTL 器件。此外它的每一位都有第二功能。P3 口通道 0 的位结构图如图 5.4 所示。

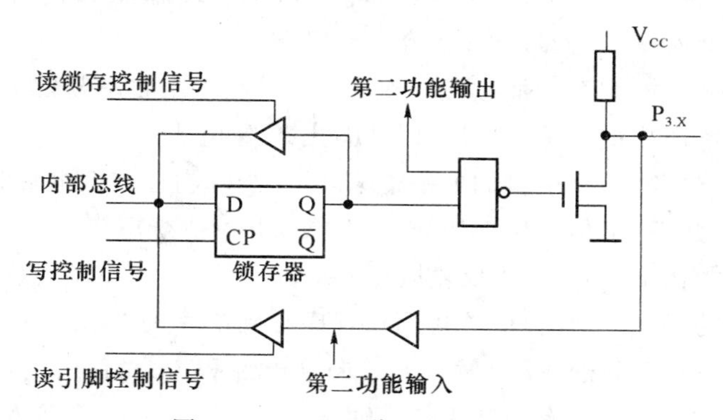

图 5.4　P3 口通道 0 的位结构图

P3 口作为输入口或输出口使用的情况同 P1。

P3 口的引脚作为第二功能使用的情况如下：当使用单片机内部串行口时，若 CPU 执行 MOV A，SBUF 指令，则 P3.0（RXD）作为接收信号线，接收由外界串行输入的数据；若 CPU 执行 MOV SBUF，A 指令，则 P3.1（TXD）作为发送信号线，串行发送数据至外界；当单片机使用外中断时，P3.2（INT0）作为外中断 0 的中断请求输入线，P3.3（INT1）作为外中断 1 的中断请求输入线；当单片机使用定时器，且定时器工作于计数方式时，P3.4（T0）作为定时器 0 的计数脉冲输入线，P3.5（T1）作为定时器 1 的计数脉冲输入线；当单片机外扩 RAM 或 I/O 口芯片时，P3.6（WR）作为 RAM 或 I/O 口芯片的写控制信号，P3.7（RD）作为 RAM 或 I/O 口芯片的读控制信号。

注意，当 P3 口的一些引脚没有作为第二功能使用时，这些引脚就被释放，直接作为 I/O 口线使用。

5.2 80C51 系列单片机内部并行口的应用

在单片机不外扩任何芯片的情况下，80C51 系列单片机内部并行口可以作为输出口，直接与输出外设连接，常用的输出外设是发光二极管；80C51 系列单片机内部并行口也可以作为输入口，直接与输入外设连接，常用的输入外设是开关。本节通过 3 个产品介绍单片机内部并行口的具体应用。

5.2.1 流水灯

学习目标：通过学习流水灯的完成方法，掌握单片机内部并行口作为输出口的使用方法；掌握发光二极管与单片机的连接方法和驱动程序的编写。

任务描述：用 AT89C51 单片机控制 8 个发光二极管，使 8 个发光二极管像流水一样轮流点亮。

任务实施：单片机要正常运行，必须具备一定的硬件条件，其中最主要的 3 个基本条件即电源正常、时钟正常和复位正常。为此，AT89C51 单片机的 40 脚（V_{CC}）应接 +5 V 电源，20 脚（V_{SS}）接地；在晶振引脚 XTAL1（19 脚）和 XTAL2（18 脚）引脚之间接入一个晶振，两个引脚对地分别再接入一个电容，电容的容量一般在几十皮法，如 30 pF；复位引脚（9 脚）按照图 5.5所示接上一个由电容 C 和电阻 R 构成的单片机上电自动复位电路。当单片机刚上电时，时钟电路工作产生时钟脉冲，RST 引脚出现高电平，单片机进入复位状态，PC＝0000H，随着时间的推移，RST 引脚的电平逐渐降低，当降为标准低电平时，单片机脱离复位状态，进入程序运行状态，于是单片机从 0000H 单元开始执行用户程序。

AT89C51 单片机内部有 4 KB 可反复擦写 1 000 次以上的 ROM，因此一般把 EA 接 +5 V，让单片机运行内部的程序。此时，应该将用户程序写到单片机内部的 ROM 中。

发光二极管具有正向导通、反向截止的单向导电性和击穿特性。当给发光二极管外加正向电压时，它处于导通状态，有正向电流流过发光二极管，将电能转换成了光能。发光二极管导通时的工作电流 I_F 根据发光二极管的材料、功率等不同，额定电流一般在 2～

40 mA,发光二极管导通时的正向压降 V_F 比较大,一般为 1.5～3 V。因此在正常使用中,为了保证发光二极管在电压 V 的作用下发光二极管的工作电流不超过额定值,必须给发光二极管串联一个限流电阻 R,R 的阻值可由 $R=(V-V_F)/I_F$ 算出。其中,V 为工作电压,V_F 为发光二极管的正向压降,I_F 为额定工作电流。

用 AT89C51 单片机控制 8 个发光二极管时,可以选择 AT89C51 单片机的任意 8 条线 I/O 口线分别与 8 个发光二极管连接,为便于编程,本产品选择 P1.0～P1.7。单片机的 I/O 口线的驱动能力有限,为了提高单片机 I/O 口线的驱动能力,本产品使用 74LS245 作为驱动器。

(1) 硬件电路设计

流水灯的硬件电路如图 5.5 所示。

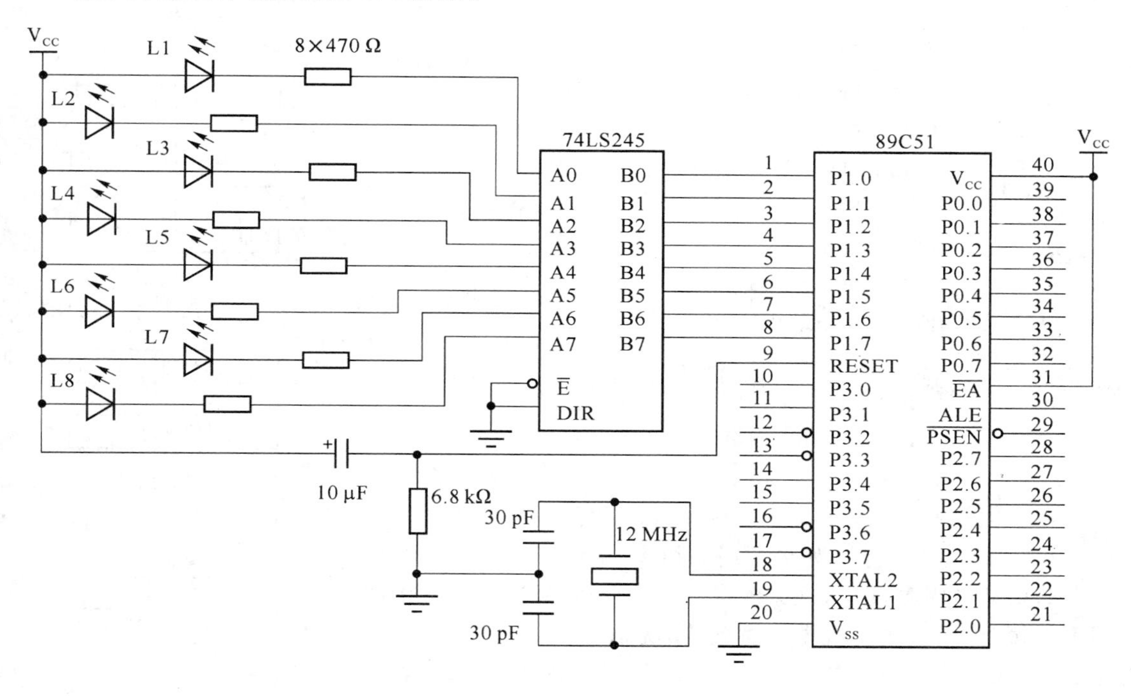

图 5.5 流水灯电路图

(2) 驱动程序设计

如图 5.5 所示,要使某个发光二极管点亮,必须通过相应的 I/O 线输出低电平。例如,欲让接在 P1.0 口的 L1 亮起来,只要使 P1.0 口的电平变为低电平就可以了;相反,如果让接在 P1.0 口的 L1 熄灭,就要把 P1.0 口的电平变为高电平就可以了;同理,接在 P1.1～P1.7 口的其他 7 个 LED 的点亮和熄灭方法方法同 L1。因此,要实现流水灯功能,只要将 L1～L8 依次点亮、熄灭,周而复始,8 个 LED 就会一亮一暗的像流水一样了。

为了使 8 个发光二极管轮流点亮,应该使 P1 口不断输出 8 位数据,每次送出的 8 位数据中只有 1 位是低电平,其余均为高电平。流水灯驱动程序流程图,如图 5.6 所示。

驱动程序如下:

```
UP:     MOV   P1,# 11111110B     ;只点亮 L1
        LCALL DELAY1             ;延时
```

```
          MOV    P1,# 11111101B      ;只点亮 L2
          LCALL DELAY1               ;延时
          MOV    P1,# 11111011B      ;只点亮 L3
          LCALL DELAY1               ;延时
          MOV    P1,# 11110111B      ;只点亮 L4
          LCALL DELAY1               ;延时
          MOV    P1,# 11101111B      ;只点亮 L5
          LCALL DELAY1               ;延时
          MOV    P1,# 11011111B      ;只点亮 L6
          LCALL DELAY1               ;延时
          MOV    P1,# 10111111B      ;只点亮 L7
          LCALL DELAY1               ;延时
          MOV    P1,# 01111111B      ;只点亮 L8
          LCALL DELAY1               ;延时
          SJMP   UP                  ;不断循环
DELAY1 :  MOV    R7,# 5
DELAY11:  MOV    R6,#200
DELAY12:  MOV    R5,#250
          DJNZ   R5,$
          DJNZ   R6,DELAY12
          DJNZ   R7,DELAY11
          RET
```

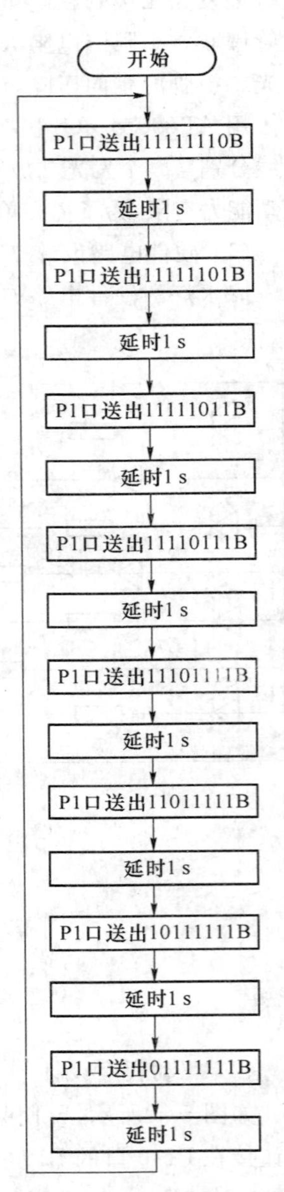

图 5.6　流水灯流程图

在上面源程序中“LCALL DELAY1”指令的作用是调用DELAY1 延时子程序。如果不用该指令，则由于单片机执行一条 MOV 指令用时仅几微秒，也就是 8 个 LED 发光与熄灭的时间都很短，由于人眼的视觉暂留效应，无法看到 LED 的熄灭与点亮，凭人们的肉眼看到的是 L1～L8 都同时亮或微亮，而看不到“流水”效果。

分析上述程序可知，利用循环程序可以使程序缩短。程序如下：

```
          MOV     A,#0FEH           ;循环初值送 A
UP:       MOV     P1,A              ;将数通过 P1 口送出
          LCALL   DELAY1            ;延时
          RL      A                 ;A 的内容左移,准备
                                    ;点亮下一个发光二极管
          SJMP    UP                ;不断循环
DELAY1 :  MOV     R7,# 5
DELAY11:  MOV     R6,#200
DELAY12:  MOV     R5,#250
          DJNZ    R5,$
```

```
        DJNZ    R6,DELAY12
        DJNZ    R7,DELAY11
        RET
```

上面学习的两个程序都是比较简单的流水灯程序,“流水”花样只能实现单一的“从左到右”流水方式。下面介绍一个用查表程序实现的流水灯程序,该程序能够实现任意方式流水,而且流水花样无限,只要更改流水花样数据表的流水数据就可以随意添加或改变流水花样,真正实现随心所欲的流水。首先把要显示流水花样的数据建在一个以TAB为标号的数据表中,然后通过查表指令“MOVC A,@A+DPTR”把数据取到累加器A中,然后再送到P1口进行显示。具体源程序如下:

```
            MOV     DPTR,#TAB          ;表首地址送 DPTR
UP:         MOV     R2,#0              ;偏移量初值送 R2
UP1:        MOV     A,R2               ;偏移量送 A
            MOVC    A,@A+DPTR          ;从表中取欲显示数
            CJNE    A,#0DH,NEXT        ;判断是结束符吗?
            SJMP    UP                 ;若是结束符,则从头开始
NEXT:       MOV     P1,A               ;若不是结束符,则将数送 P1 口,点亮 LED
            INC     R2                 ;修改偏移量
            LCALL   DELAY1             ;延时 1 s
            SJMP    UP1                ;取下一个数
DELAY1 :    MOV     R7,# 5
DELAY11:    MOV     R6,#200
DELAY12:    MOV     R5,#250
            DJNZ    R5,$
            DJNZ    R6,DELAY12
            DJNZ    R7,DELAY11
            RET
TAB:        DB 0FEH,0FDH,0FBH,0F7H,0EFH,0DFH,0BFH,7FH,0DH
```

表中的最后一个数0DH为结束标志。该程序在霓虹灯控制系统中是一个通用的显示程序,只要修改表中的数据就可以显示不同的花样。

任务拓展:用AT89C51单片机控制8只发光二极管,使8只发光二极管像流水一样轮流点亮,并且流水的速度是变化的。

解:要想改变流水的速度,必须改变延时时间。程序如下:

```
            MOV     30H,#0             ;表的偏移量的初值
            MOV     31H,#8             ;循环次数
            MOV     32H,#0FEH          ;循环初值
            MOV     DPTR,#TAB          ;表的首地址
UP:         MOV     P1,32H             ;显示
UP1:        MOV     A,30H              ;查表,获取决定延时时间的参数
            MOVC    A,@A+DPTR
```

```
            CJNE    A,#0DH,N1                  ;判断是结束符吗?
            MOV     30H,#0
            SJMP    UP1                        ;若是结束符,则从头开始
N1:         MOV     R7,A                       ;R7 中的值决定了延时时间
            LCALL   DELAY                      ;延时,延时时间=R7×R6×R5×机器周期
            MOV     A,32H                      ;左移
            RL      A
            MOV     32H,A
            DJNZ    31H,UP                     ;8 只发光二极管均点亮过 1 次?
            MOV     31H,#8
            INC     30H                        ;改变偏移量
            SJMP    UP
DELAY:      MOV     R6,#200
DELAY12:    MOV     R5,#250
            DJNZ    R5,$
            DJNZ    R6,DELAY12
            DJNZ    R7,DELAY11
            RET
TAB:DB 1,2,3,6,10,15,30,15,10,6,3,2,1,0DH     ;表中的数是 R7 应该取的值
```

5.2.2 可控霓红灯

学习目标:通过学习可控霓虹灯的完成方法,掌握单片机并行口作为输入口的使用方法;掌握开关与单片机的连接方法和开关控制程序的编写。

任务描述:用 AT89C51 单片机控制 8 个发光二极管和 1 个开关,当开关闭合时,8 个发光二极管像流水一样点亮;开关断开时,8 个发光二极管全灭。

任务实施:当开关闭合时,开关两端接通,由于一端接地,所以另一端(送给单片机信号的端线)为低电平;当开关断开时,开关两端未接通,送给单片机信号的端线处于悬空状态,为了保证该端为标准高电平,在此处外接一个上拉电阻。上拉电阻的阻值可以在几千欧到几十千欧之间。

(1) 硬件电路设计

根据题意,所设计的硬件电路如图 5.7 所示。

(2) 驱动程序设计

为了实现开关闭合时,8 个发光二极管像流水一样点亮,开关断开时,8 个发光二极管不亮,CPU 应该先检测开关的状态,即检测引脚 P3.3 的状态,若 P3.3 为高电平,则说明开关断开,此时应该通过 P1 口送出 0FFH,使 8 个发光二极管全灭;若 P3.3 为低电平,则说明开关闭合,此时应该通过 P1 口送出 0FEH、0FDH、0FBH、0F7H、0EFH、0DFH、0BFH、7FH,并不断循环,注意每次送出一个数据后,都要检测一次开关状态,以决定程序走向。

可控霓红灯驱动程序流程图,如图 5.8 所示。

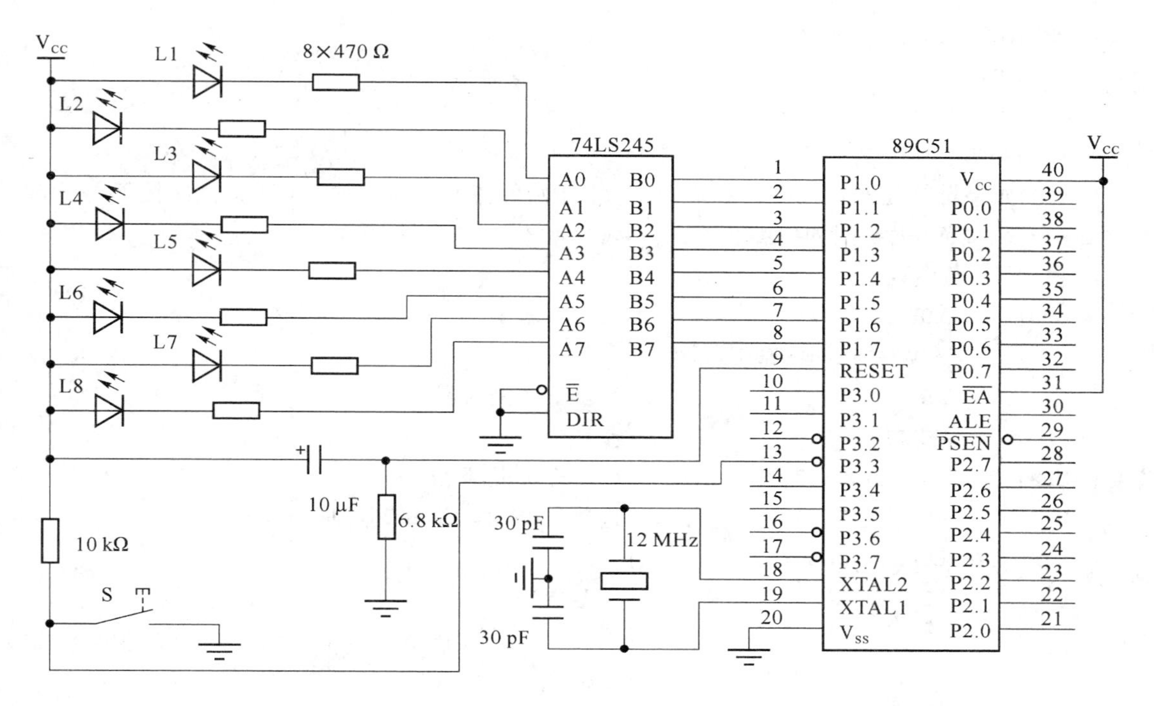

图 5.7　可控霓红灯电路图

驱动程序如下：

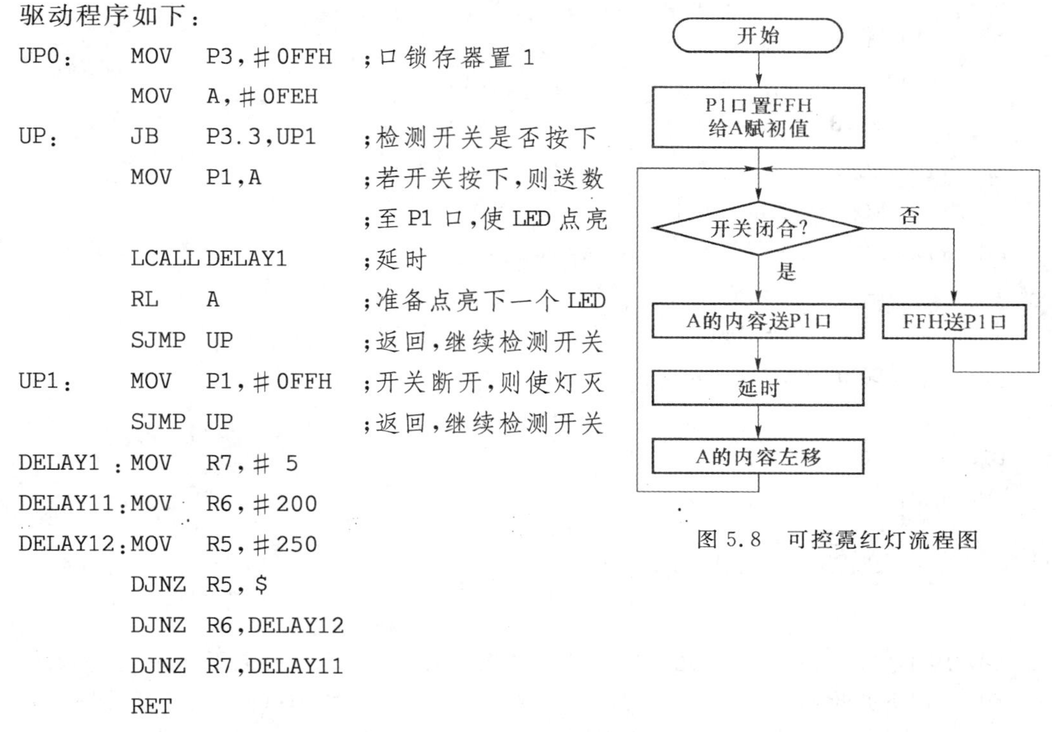


```
UP0:       MOV   P3,#0FFH     ;口锁存器置 1
           MOV   A,#0FEH
UP:        JB    P3.3,UP1     ;检测开关是否按下
           MOV   P1,A         ;若开关按下,则送数
                              ;至 P1 口,使 LED 点亮
           LCALL DELAY1       ;延时
           RL    A            ;准备点亮下一个 LED
           SJMP  UP           ;返回,继续检测开关
UP1:       MOV   P1,#0FFH     ;开关断开,则使灯灭
           SJMP  UP           ;返回,继续检测开关
DELAY1 :   MOV   R7,# 5
DELAY11:   MOV   R6,#200
DELAY12:   MOV   R5,#250
           DJNZ  R5,$
           DJNZ  R6,DELAY12
           DJNZ  R7,DELAY11
           RET
```

图 5.8　可控霓红灯流程图

在上述程序中，只要开关按下，灯就开始像流水一样点亮，当开关断开时，灯全灭；当开关再次按下时，从刚才点亮的灯处继续轮流点亮。如果希望当开关再次按下时，从开始处继续轮流点亮，则应对上述程序作如下修改：

```
UP1: MOV   P1,#0FFH
     MOV   A,#0FEH        ;当开关抬起时,重新给A赋初值
     SJMP  UP
```

任务拓展:

(1) 如果希望当开关按下并抬起时,灯才开始像流水一样点亮,当开关再次按下并抬起时,灯全灭,周而复始,则如何编程?

程序清单如下:

```
UP0:      MOV    P3,#0FFH      ;口锁存器置1
          MOV    A,#0FEH
          JB     P3.3,$        ;检测开关是否按下
          LCALL  D10MS         ;去抖动
UP2:      JNB    P3.3,$        ;检测开关是否抬起
UP:       MOV    P1,A          ;送数至P1口,使LED点亮
          LCALL  DELAY1        ;延时
          RL     A             ;准备点亮下一个LED
          JB     P3.3,UP       ;检测开关是否按下
          LCALL  D10MS         ;去抖动
          JNB    P3.3,$        ;检测开关是否抬起
UP1:      MOV    P1,#0FFH      ;开关断开,则使灯灭
          JB     P3.3,UP1      ;检测开关是否按下
          LCALL  D10MS         ;去抖动
          SJMP   UP2           ;返回,继续检测开关
DELAY1 :  MOV    R7,# 5
DELAY11:  MOV    R6,#200
DELAY12:  MOV    R5,#250
          DJNZ   R5,$
          DJNZ   R6,DELAY12
          DJNZ   R7,DELAY11
          RET
D10MS :   MOV    R4,# 10
DELAY12:  MOV    R3,#250
          DJNZ   R3,$
          DJNZ   R4,DELAY12
          RET
```

(2) 用单片机控制8只发光二极管和1个按钮开关,单片机上电工作时,发光二极管全亮;当开关按下并抬起1次时,8只LED发光二极管以右累积方式点亮;当开关按下并抬起2次时,闪亮;当开关按下并抬起3次时,以左流水方式点亮;当开关按下并抬起4次时,以开幕式方式点亮。不断重复。试编程。

```
          MOV    P1,#00H            ;灯全亮
```

```
        MOV     P3,#0FFH        ;口锁存器置1
        JB      P3.3,$          ;检测开关是否按下
UP:     LCALL   D10MS           ;去抖动
        JNB     P3.3,$          ;检测开关是否抬起
        MOV     DPTR,#TAB1      ;表1首地址送DPTR
K1UP0:  MOV     R2,#0           ;偏移量初值送R2
K1UP1:  MOV     A,R2            ;偏移量送A
        MOVC    A,@A+DPTR       ;从表中取欲显示数
        CJNE    A,#0DH,K1N      ;判断是结束符吗?
        LJMP    K1UP0           ;若是结束符,则从头开始
K1N:    MOV     P1,A            ;若不是结束符,则将数送P1口,点亮LED
        INC     R2              ;修改偏移量
        LCALL   DELAY1          ;延时1 s
        JB      P3.3,K1UP1      ;取下一个数之前,需要检测开关,若开关断开
                                 则取下一个数
        LCALL   D10MS           ;若开关闭合,则去抖动
        JNB     P3.3,$          ;检测开关是否抬起
        MOV     DPTR,#TAB2      ;表2首地址送DPTR
K2UP0:  MOV     R3,#0           ;偏移量初值送R3
K2UP1:  MOV     A,R3
        MOVC    A,@A+DPTR
        CJNE    A,#0DH,K2N
        LJMP    K2UP0
K2N:    MOV     P1,A
        INC     R3
        LCALL   DELAY1
        JB      P3.3,K2UP1      ;取下一个数之前,需要检测开关,若开关断开
                                 则取下一个数
        LCALL   D10MS           ;若开关闭合,则去抖动
        JNB     P3.3,$          ;检测开关是否抬起
        MOV     DPTR,#TAB3      ;表3首地址送DPTR
K3UP0:  MOV     R4,#0           ;偏移量初值送R4
K3UP1:  MOV     A,R4
        MOVC    A,@A+DPTR
        CJNE    A,#0DH,K3N
        LJMP    K3UP0
K3N:    MOV     P1,A
        INC     R4
        LCALL   DELAY1
```

```
            JB      P3.3,K3UP1        ;取下一个数之前,需要检测开关,若开关断开
                                        则取下一个数
            LCALL   D10MS             ;若开关闭合,则去抖动
            JNB     P3.3,$            ;检测开关是否抬起
            MOV     DPTR,#TAB4        ;表4首地址送DPTR
K4UP0:      MOV     R1,#0             ;偏移量初值送R1
K4UP1:      MOV     A,R1
            MOVC    A,@A+DPTR
            CJNE    A,#0DH,K4N
            LJMP    K4UP0
K4N:        MOV     P1,A
            INC     R1
            LCALL   DELAY1
            JB      P3.3,K4UP1        ;取下一个数之前,需要检测开关,若开关断开
                                        则取下一个数
            LJMP    UP
DELAY1 :    MOV     R7,# 5
DELAY11:    MOV     R6,#200
DELAY12:    MOV     R5,#250
            DJNZ    R5,$
            DJNZ    R6,DELAY12
            DJNZ    R7,DELAY11
            RET
D10MS :     MOV     R4,# 10
DELAY12:    MOV     R3,#250
            DJNZ    R3,$
            DJNZ    R4,DELAY12
            RET
TAB1: DB 0FEH,0FCH,0F8h,0F0h,0E0h,0C0H,80H,00H,0FFH,0DH
TAB2: DB 55H,0AAH,0DH
TAB3: DB 7FH,0BFH,0DFH,0EFH,0F7Hh,0FBH,0FDH,0FEH,0DH
TAB4: DB 0E7H,0BDH,0DBH,7EH,0FFH,0DH
```

(3) 用单片机控制8只发光二极管和4个按钮开关,单片机上电工作时,发光二极管全亮;当开关K1闭合时,8只LED发光二极管以右累积方式点亮;当开关K2闭合时,以摇摆方式点亮;当开关K3闭合时,以左流水方式点亮;当开关K4闭合时,以开幕式方式点亮;当4个开关全断开时,发光二极管全亮。

根据题意,所设计的硬件电路如图5.9所示。

程序流程图如图5.10所示。

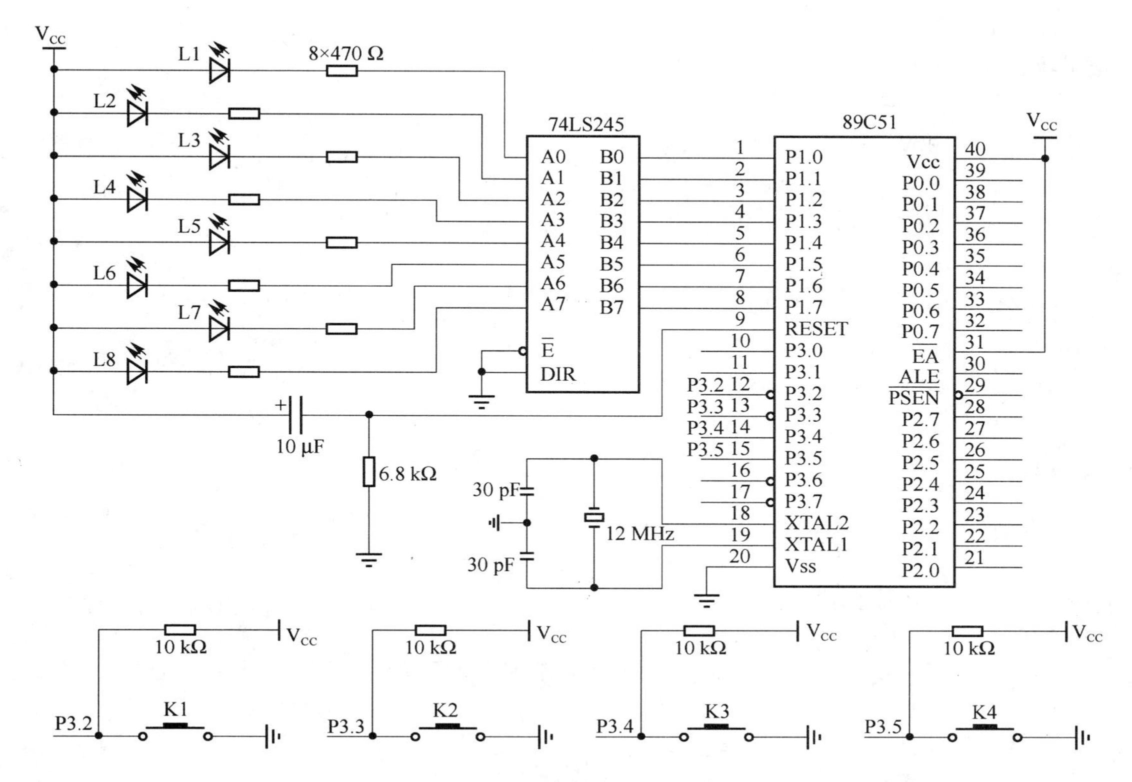

图 5.9 四按键控制的霓虹灯电路图

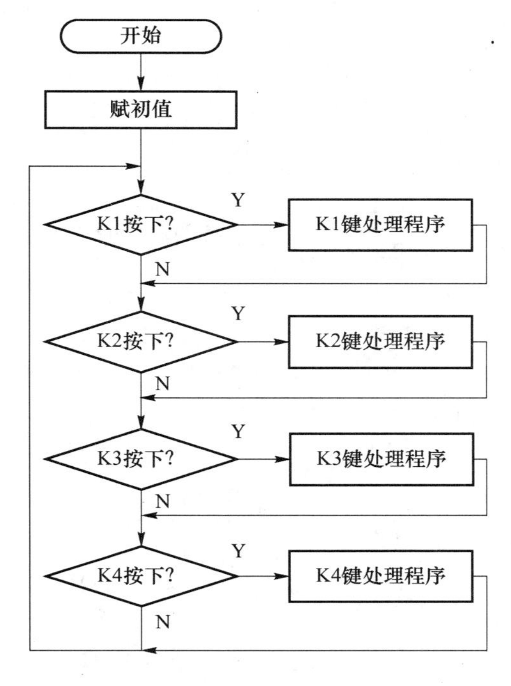

图 5.10 四按键控制的霓虹灯流程图

程序清单如下：

```
UP0：    MOV     P3,＃0FFH
         MOV     R1,＃00H
         MOV     R2,＃00H
         MOV     R3,＃00H
         MOV     R4,＃00H
UP：     MOV     P1,＃00H
         JB      P3.2,N1
         LCALL   K1
N1：     JB      P3.2,N2
         LCALL   K2
N2：     JB      P3.2,N3
         LCALL   K3
N3：     JB      P3.2,N4
         LCALL   K4
N4：     LJMP    UP
K1：     MOV     DPTR,＃TAB1      ;表 1 首地址送 DPTR
K1UP1：  MOV     A,R1
         MOVC    A,@A+DPTR
         CJNE    A,＃0DH,K1N
         MOV     R1,＃00H
         LJMP    K1UP1
K1N：    MOV     P1,A
         INC     R1
         LCALL   DELAY1
         RET
K2：     MOV     DPTR,＃TAB2      ;表 2 首地址送 DPTR
K2UP1：  MOV     A,R2
         MOVC    A,@A+DPTR
         CJNE    A,＃0DH,K2N
         MOV     R2,＃00H
         LJMP    K2UP1
K2N：    MOV     P1,A
         INC     R2
         LCALL   DELAY1
         RET
K3：     MOV     DPTR,＃TAB3      ;表 3 首地址送 DPTR
K3UP1：  MOV     A,R3
         MOVC    A,@A+DPTR
```

```
          CJNE    A,#0DH,K3N
          MOV     R3,#00H
          LJMP    K3UP1
K3N:      MOV     P1,A
          INC     R3
          LCALL   DELAY1
          RET
K4:       MOV     DPTR,#TAB4      ;表 4 首地址送 DPTR
K4UP1:    MOV     A,R4
          MOVC    A,@A+DPTR
          CJNE    A,#0DH,K1N
          MOV     R4,#00H
          LJMP    K4UP1
K4N:      MOV     P1,A
          INC     R4
          LCALL   DELAY1
          RET
DELAY1 :  MOV     R7,# 5
DELAY11:  MOV     R6,#200
DELAY12:  MOV     R5,#250
          DJNZ    R5,$
          DJNZ    R6,DELAY12
          DJNZ    R7,DELAY11
          RET
TAB1: DB 0FEH,0FCH,0F8h,0F0h,0E0h,0C0H,80H,00H,0FFH,0DH
TAB2: DB 55H,0AAH,0DH
TAB3: DB 7FH,0BFH,0DFH,0EFH,0F7Hh,0FBH,0FDH,0FEH,0DH
TAB4: DB 0E7H,0BDH,0DBH,7EH,0FFH,0DH
```

习　　题

一、选择题

1. P1 口的每一位能驱动(　　)。

   A. 2 个 TTL 低电平负载　　B. 4 个 TTL 低电平负载

   C. 8 个 TTTL 低电平负载　　D. 10 个 TTL 低电平负载

2. 89C51 单片机的 4 个并行 I/O 中,其驱动能力最强的是(　　)。

   A. P0 口　　B. P1 口　　C. P2 口　　D. P3 口

3. 按键的机械抖动时间参数通常是(　　)。

A. 0　　B. 5～10 μs　　C. 5～10 ms　　D. 1 s 以上

4. 80C51 系列单片机的并行 I/O 口的读取方法：一种是读引脚，另一种是（　　）。

A. 读锁存器　　B. 读数据　　C. 读 A 累加器　　D. 读 CPU

5. 80C51 系列单片机的并行 I/O 口读-改-写操作，是针对该口的（　　）。

A. 引脚　　B. 片选信号　　C. 地址线　　D. 内部锁存器

6. 以下指令中，属于单纯读引脚的指令是（　　）。

A. MOV P1,A　　B. ORL P1,#0FH

C. MOV C,P1.5　　D. DJNZ P1,LOOP

二、填空题

1. 80C51 系列单片机内有______个并行口，分别是______、______、______、______。它们都是准双向口，所以在读引脚时，需要______________________。

2. 80C51 系列单片机内部的 P0 口作为输出口时，必须外接____________，每位能驱动__________个 LS 型 TTL 负载。

3. 80C51 系列单片机并行 I/O 口在输出数据时对端口锁存器无特殊要求，而在输入数据时，必须事先向锁存器写入高电平，如果锁存器处在低电平状态则会引起__________后果。

4. 为确保 CPU 读键的准确性，消除按键抖动可用__________和__________两种办法解决。

三、设计题

1. 某控制系统有 8 个发光二极管。试画出 89C51 与外设的连接图并编程使它们：

(1) 由左向右轮流点亮，并不断循环；

(2) 由内到外轮流点亮，并不断循环；

(3) 由右向左依次点亮，并不断循环；

(4) 闪亮。

2. 利用 89C51 的 P1 口扩展 8 个 LED，相邻的 4 个 LED 为一组，使 2 组每隔 0.5 s 交替发亮一次，周而复始，画出电路，编写汇编语言源程序。

3. 编制一个循环显示灯的程序。有 8 个 LED，每次其中某个灯闪烁点亮 10 次后，转到下一个灯闪烁 10 次，循环不止。画出电路，编写汇编语言源程序。

4. 某控制系统有 1 个开关，8 个发光二极管，当开关按动 1 次时，8 个发光二极管闪烁；当开关按动 2 次时，8 个发光二极管摇摆；当开关按动 3 次时，8 个发光二极管流水式点亮；当开关按动 4 次时，8 个发光二极管累积式点亮。不断循环。试画出 89C51 与外设的连接图并编程。

5. 某控制系统有 4 个开关，8 个发光二极管，当开关 K1 按下并抬起时，8 个发光二极管闪烁；当开关 K2 按下并抬起时，8 个发光二极管摇摆，当开关 K3 按下并抬起时，8 个发光二极管流水式点亮；当开关 K4 按下并抬起时，8 个发光二极管累积式点亮。不断循环。试画出 89C51 与外设的连接图并编程。

第6章 中断系统及应用

中断技术是单片机应用中的一项重要技术，主要用于实时控制、故障自动处理、单片机与外围设备间的数据传送等场合，它可以使单片机的工作更加灵活、效率更高。本章将介绍中断技术的概念，并以80C51系列单片机的中断系统为例，介绍中断的处理过程和中断系统的应用。

6.1 中断概述

单片机的信息处理系统与人的一般思维有着许多异曲同工之妙，在日常生活中有很多类似的情况。例如，有人正在看书，这时候电话铃响了，他在书本上做个记号，然后与对方通电话，通完电话后从做有记号的地方继续往下看书。这就是日常生活中的中断现象。

为什么会出现这样的中断呢？因为一个人在一段特定的时间内，可能会面对着两个、三个甚至更多的任务，但一个人又不可能在同一时间去完成多项任务，因此人只能分析任务的轻重缓急，采用中断的方法穿插去完成它们。这种情况对于单片机也是如此，单片机在同一时间内可能会面临着处理很多任务的情况，此时单片机也像人的思维一样停下某一件（或几件）工作，先去完成一些紧急的任务。

6.1.1 中断的几个概念

1. 中断

单片机控制系统中的中断是指由于某个事件的发生，要求CPU暂时中止当前程序的执行，而转去执行相应的处理程序，待处理程序执行完毕后，再继续执行原来被中断的程序。

2. 中断服务程序

中断之后所执行的相应的处理程序通常称为中断服务子程序，原来正常运行的程序称为主程序。主程序被断开的位置（或地址）称为“断点”。

调用中断服务程序的过程类似于调用子程序，其区别在于：调用子程序是在程序中事先安排好的，通过调用指令实现；而何时调用中断服务程序事先却无法确定，因为中断的发生是由外部因素决定的，程序中无法事先安排调用指令，调用中断服务程序的过程是由硬件自动完成的。

3. 中断源

中断源是指引起中断的来源。中断源在单片机内部的为内中断，中断源在单片机外部的为外中断。常见的中断源主要有以下几种。

(1) 输入/输出设备。例如,键盘、打印机、外部传感器等外设准备就绪时,可向单片机发出中断申请,从而实现外设与单片机的通信。

(2) 实时时钟或计数信号。例如,定时时间或计数次数一到,则向 CPU 发出申请,要求 CPU 进行处理。

(3) 故障源。当出现故障时,可以通过报警、掉电等信号向 CPU 发出中断请求,要求处理。

6.1.2 引入中断技术的优点

单片机系统引入中断技术后主要有如下优点。

1. 分时操作

中断可以解决快速的 CPU 与慢速的外设之间的矛盾,使 CPU 和外设同时工作。CPU 在启动外设工作后继续执行主程序,同时外设也在工作。每当外设做完一件事就发出中断申请,请求 CPU 中断它正在执行的主程序,转去执行中断服务程序(一般情况是处理输入/输出数据),中断处理完成之后,CPU 继续执行主程序,外设也继续工作。这样,CPU 可以控制多个外设同时工作,大大地提高了 CPU 的效率。

2. 实时处理

在实时控制系统中,现场的各种参数、信息均随时间和现场而变化。这些外界变量可根据要求随时向 CPU 发出中断申请,请求 CPU 及时处理发生的情况。如中断条件满足,CPU 马上就会响应,进行相应的处理。

3. 故障处理

单片机在运行过程中会出现难以预料的情况或故障,如掉电、存储出错、运算溢出等,此时可以通过中断系统由故障源向 CPU 发出中断请求,再由 CPU 转到相应的故障处理程序进行处理。

6.1.3 中断系统的功能

中断系统是指实现中断过程的硬件逻辑和实现中断功能的指令的统称。为了满足单片机控制系统中各种中断的要求,中断系统一般具备如下基本功能。

1. 能实现中断及返回

当中断源向 CPU 发出中断申请时,CPU 能决定是否响应这个中断请求。为此,单片机内部应该有中断请求检测电路。CPU 每执行一条指令,中断请求检测电路都要检测中断源的状态,若中断源有效但 CPU 关中断,则 CPU 执行下一条指令;若中断源无效,则 CPU 也执行下一条指令;若中断源有效且 CPU 开中断,则 CPU 保护好被中断的主程序的断点地址(下一条应该执行的指令地址)及现场信息,然后,将中断服务程序的首地址送给 PC,转去执行中断服务程序。中断服务程序的最后一条指令是中断返回指令 RETI,该指令使 CPU 返回断点,继续执行主程序。这个过程如图 6.1 所示。

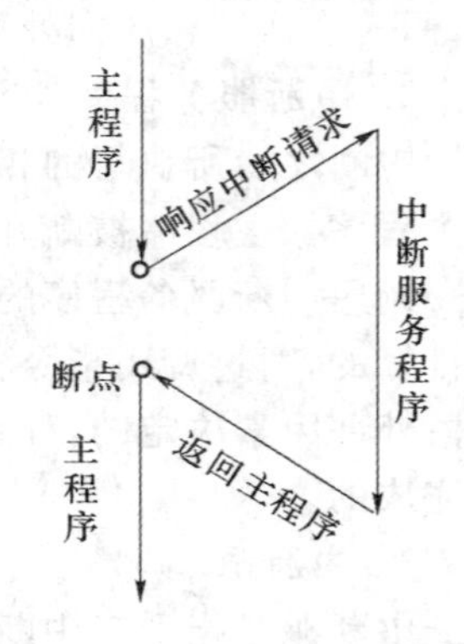

图 6.1 中断流程图

2. 能实现优先权排队

通常,单片机控制系统中有多个中断源,有时会遇到多个中断源同时提出中断请求的情况。这就要求单片机既能区分各个中断源的请求,又能确定先为哪一个中断源服务。为了解决这一问题，通常给各个中断源规定优先级。中断源的优先级是人们根据事情的轻重缓急人为确定的。确定外设优先级的方法一般有 3 种：软件查询法、简单硬件电路法及专用硬件电路法（采用可编程的中断控制器芯片，如 Intel 8259A）。关于软件查询法将在后面介绍，而简单硬件电路法及专用硬件电路法请读者参阅有关书籍。

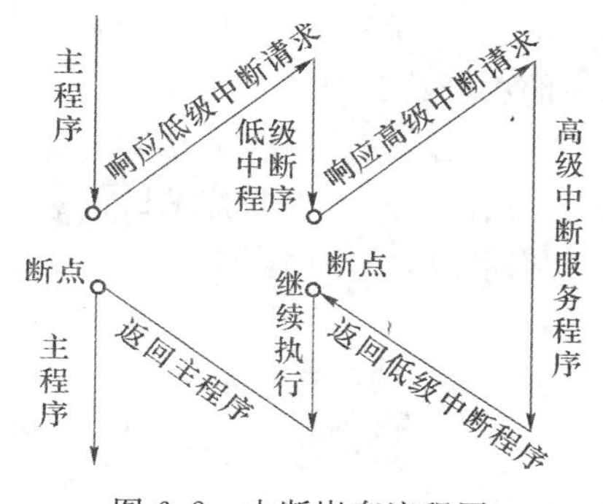

图 6.2 中断嵌套流程图

当多个中断源同时提出中断请求时，CPU 按优先级的高低，由高到低依次为各个中断源服务。

3. 能实现中断嵌套

当 CPU 响应某一外设的中断请求，正在进行中断处理时，若有优先权级别更高的中断源提出中断请求，则 CPU 能中断正在进行的中断服务程序，响应高级中断，在高级中断处理完后，再继续执行被中断的中断服务程序。这一过程称为中断嵌套，如图 6.2 所示。若发出新的中断申请的中断源的优先级与正在处理的中断源同级或更低时，则 CPU 不响应这个中断申请，直至正在处理的中断服务程序执行完后才去处理新的中断申请。

6.2 80C51 系列单片机的中断系统

从使用者的角度出发，80C51 系列单片机的中断系统就是一些特殊功能寄存器（SFR），如中断允许控制寄存器（IE）、中断优先级控制寄存器（IP）、定时计数器控制寄存器（TCON）和串行口控制寄存器（SCON）。其中 TCON 和 SCON 只有一部分用于中断控制。通过对以上各个特殊功能寄存器的各个位进行置位或复位等操作，就可实现各种中断控制功能。本节专门讨论 80C51 系列单片机的中断系统结构和中断处理过程等。

6.2.1 80C51 系列单片机中断系统的结构

80C51 系列单片机中断系统结构如图 6.3 所示。

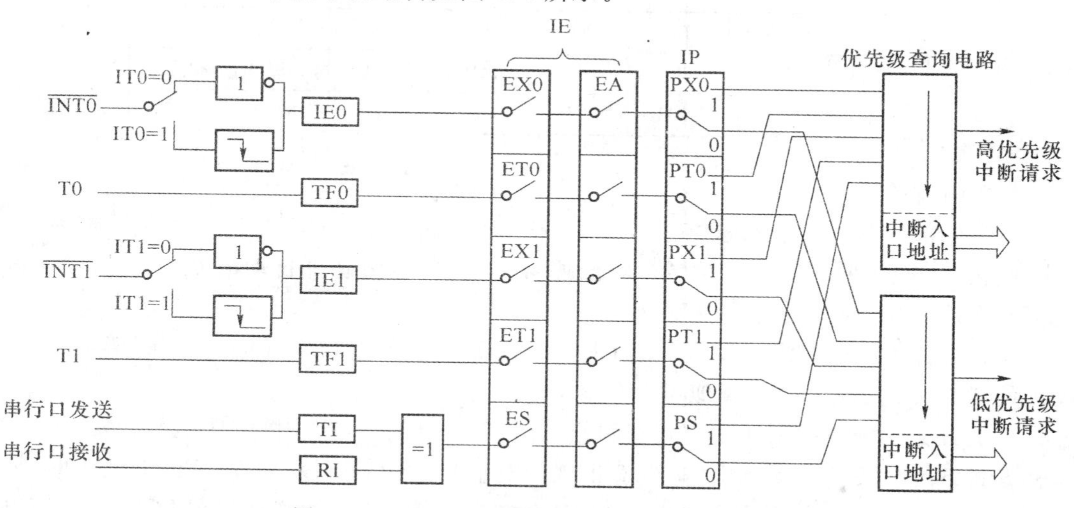

图 6.3 80C51 系列单片机的中断系统结构图

1. 80C51 系列单片机的中断源

从图 6.3 可以看出，80C51 系列单片机有 5 个中断源，分别是由 P3.2($\overline{INT0}$)和 P3.3($\overline{INT1}$)引入的两个外部中断，由内部的 2 个定时/计数器和 1 个串行口引起 3 个内部中断。

(1) 外部中断源

外部中断源是指由中断请求输入线引入的中断。80C51 系列单片机有两条中断请求输入线，分别是 P3.2 ($\overline{INT0}$)和 P3.3 ($\overline{INT1}$) 。P3.2 引入的中断称为外中断 0，P3.3 引入的中断称为外中断 1。

外中断 0：当单片机采样到引脚 P3.2 出现低电平或下降沿时，产生中断请求。

外中断 1：当单片机采样到引脚 P3.3 出现低电平或下降沿时，产生中断请求。

(2) 内部中断源

内部中断源是指由单片机内部的部件引起的中断。80C51 系列单片机内部的 2 个定时/计数器和 1 个串行口都能引起中断，称为内中断源。

定时/计数器 0：当定时/计数器 0 发生溢出时，产生中断请求。

定时/计数器 1：当定时/计数器 1 发生溢出时，产生中断请求。

串行口：单片机通过串行口完成接收或发送 1 字节数据时，产生中断请求。

2. 中断标志寄存器和串行口控制寄存器

80C51 系列单片机的每个中断源对应一个中断标志位，其中串行口占用 2 个中断标志位，因此有 6 个中断标志位。80C51 系列单片机在每个机器周期的 S5P2 时刻对每个中断源进行检测，当发现某个中断源有中断请求时，相应的中断标志位置 1，然后在下一个机器周期检测这些中断标志位的状态，以决定是否响应该中断。80C51 系列单片机的中断标志位集中安排在中断标志寄存器(TCON)和串行口控制寄存器(SCON)中。

(1) TCON

TCON 是一个可以按位寻址的 8 位寄存器，其字节地址为 88H，位地址分别为 88H～8FH。TCON 中与中断有关的位有 6 个，它除了控制定时/计数器 T0、T1 的溢出中断外，还控制着两个外部中断源触发方式和锁存两个外部中断源的中断请求标志。TCON 格式如下：

D7	D6	D5	D4	D3	D2	D1	D0
TF1	TR1	TF0	TR0	IE1	IT1	IE0	IT0
8FH	8EH	8DH	8CH	8BH	8AH	89H	88H

与中断有关位的功能如下。

IE0：外部中断 0 请求标志位。当 CPU 采样到引脚 P3.2($\overline{INT0}$)出现中断请求后，此位由硬件置 1。在中断响应完成后转向中断服务程序时，再由硬件自动清 0。这样，就可以接收下一次外中断源的请求。

IE1：外部中断 1 请求标志位。当 CPU 采样到引脚 P3.3($\overline{INT1}$)出现中断请求后，此位由硬件置 1。其功能与 IE0 类似。

IT0：外部中断 0 中断触发方式控制位。当 IT0＝0 时，外部中断 0 为电平触发方式。在这种方式下，当 CPU 检测到引脚 P3.2 出现低电平时，立即将 IE0 置 1。当 IT0＝1 时，外部中断 0 为脉冲触发方式，下降沿有效。在这种方式下，当 CPU 检测到引脚 P3.2 出现高电平到低电平的跳变时，立即将 IE0 置 1。此位可由软件置 1 或清 0。

IT1：外部中断 1 中断触发方式控制位。当 IT1=0 时，外部中断 1 为电平触发方式。在这种方式下，当 CPU 检测到引脚 P3.3 出现低电平时，立即将 IE1 置 1。当 IT1=1 时，外部中断 1 为脉冲触发方式，下降沿有效。在这种方式下，当 CPU 检测到引脚 P3.3 出现高电平到低电平的跳变时，立即将 IE1 置 1。此位也可由软件置 1 或清 0。

TF0：定时/计数器 0 溢出标志位。T0 被启动计数后，从初值做加 1 计数，计满溢出后由硬件置位 TF0，同时向 CPU 发出中断请求，此标志一直保持到 CPU 响应中断后才由硬件自动清 0。也可由软件查询该标志位，并由软件清 0。这个标志位有两种使用方法：一是当采用中断传送方式时，把它作为中断请求标志位用；二是采用查询传送方式时，该位作为查询状态位使用。

TF1：定时/计数器 1 溢出标志位。T1 被启动计数后，从初值做加 1 计数，计满溢出后由硬件置位 TF1，其作用与 TF0 类似。

（2）SCON

SCON 是串行口控制寄存器，字节地址为 98H，位地址为 98H～9FH。SCON 与中断有关的位有 2 个，分别是串行口的接收中断标志 RI 和发送中断标志 TI，所以 SCON 也称为串行口中断请求寄存器。SCON 格式如下：

D7	D6	D5	D4	D3	D2	D1	D0
SM0	SM1	SM2	REN	TB0	RB0	TI	RI
9FH	9EH	9DH	9CH	9BH	9AH	99H	98H

与中断有关位的功能如下。

TI：串行发送中断标志。CPU 将数据写入发送缓冲器（SBUF）时，就启动发送，每发送完一个串行帧，硬件将使 TI 置位。但 CPU 响应中断时并不清除 TI，必须由软件清除。

RI：串行接收中断标志。在串行口允许接收时，每接收完一个串行帧，硬件将使 RI 置位。同样，CPU 在响应中断时不会清除 RI，必须由软件清除。

80C51 系列单片机复位后，TCON 和 SCON 均清 0，应用时要注意各位的初始状态。

3. 中断允许寄存器

在 80C51 系列单片机的中断系统中，用户可以通过对中断允许寄存器（IE）的相应位的设置实现中断的开放与禁止。80C51 系列单片机对中断的开放与禁止由两级控制组成，即总控制和分别对每个中断源控制。总控制用于决定这个中断系统是开放还是关闭，当这个中断系统关闭时，CPU 不响应任何中断请求。对每个中断源的控制决定某一个中断源是开放还是禁止。

IE 是一个可以按位寻址的 8 位寄存器，其字节地址为 A8H，位地址为 A8H～AFH。IE 的格式如下：

D7	D6	D5	D4	D3	D2	D1	D0
EA	×	×	ES	ET1	EX1	ET0	EX0
AFH	AEH	ADH	ACH	ABH	AAH	A9H	A8H

IE 寄存器各位功能如下。

EA：中断允许的总控制位。当 EA=0 时，称 CPU 关中断，即所有中断源的中断请求均被禁止。当 EA＝1 时，称 CPU 开中断，即所有中断源的中断请求均被开放。

EX0：外部中断 0 允许控制位。当 EX0＝0 时，禁止外中断 0 申请中断；当 EX0＝1 时，允许外部中断 0 申请中断。

EX1：外部中断 1 允许控制位。当 EX1＝0 时，禁止外中断 1 申请中断；当 EX1＝1 时，允许外部中断 1 申请中断。

ET0：定时/计数器 0 中断允许控制位。当 ET0＝0 时，禁止该中断；当 ET0＝1 时，允许定时器 0 中断。

ET1：定时/计数器 1 中断允许控制位。当 ET1＝0 时，禁止该中断；当 ET1＝1 时，允许定时器 1 中断。

ES：串行口中断允许控制位。当 ES＝0 时，禁止串行口中断；当 ES＝1 时，允许串行口中断。

80C51 系列单片机复位后 IE＝00H，各个中断允许控制位均为 0，禁止所有中断，如果需要开放某些中断，则可在程序中将相应控制位置 1。

对中断允许寄存器状态的设置，可以使用字节操作指令，也可以使用位操作指令。例如，假定要开放外中断 0 和 T0 的溢出中断，禁止其他中断源的中断，则此时中断允许控制寄存器 IE 的内容应为 10000011B，即中断允许控制字为 83H。若使用字节操作，则可用一条指令 MOV IE，#83H 完成；若使用位操作指令，则需用如下 3 条指令实现：

```
SETB  EA    ;开 CPU 的中断
SETB  EX0   ;开外中断 0 的中断
SETB  ET0   ;开定时器 0 的中断
```

4. 中断优先级控制寄存器

80C51 系列单片机的中断系统对优先级的控制比较简单，只规定了两个中断优先级，对于每一个中断源均可编程为高优先级中断或低优先级中断，各中断源的优先级通过中断优先级控制寄存器（IP）设定。

IP 是一个可以按位寻址的 8 位寄存器，其字节地址为 B8H，位地址为 B8H～BFH。IP 的格式如下：

D7	D6	D5	D4	D3	D2	D1	D0
×	×	×	PS	PT1	PX1	PT0	PX0
BFH	BEH	BDH	BCH	BBH	BAH	B9H	B8H

IP 寄存器各位功能如下。

PX0：外部中断 0 中断优先控制位。PX0＝1，设定外部中断 0 为高优先级中断；PX0＝0，设定外部中断 0 为低优先级中断。

PT0：定时器 T0 中断优先控制位。PT0＝1，设定定时器 T0 中断为高优先级中断；PT0＝0，设定定时器 T0 中断为低优先级中断。

PX1：外部中断 1 中断优先控制位。PX1＝1，设定外部中断 1 为高优先级中断；PX1＝0，设定外部中断 1 为低优先级中断。

PT1：定时器 T1 中断优先控制位。PT1＝1，设定定时器 T1 中断为高优先级中断；PT1＝0，设定定时器 T1 中断为低优先级中断。

PS：串行口中断优先控制位。PS＝1，设定串行口为高优先级中断；PS＝0，设定串行口为低优先级中断。

当某位设置为1时，相应的中断源处于高优先级，否则就处于低优先级。由于中断优先级控制寄存器IP只能将5个中断源分成高、低两个优先级，必然会出现几个中断源同时处于高优先级或低优先级的情况，当几个中断源处于同一级别时，如果它们同时提出中断请求，则它们的优先级按如下顺序排列（高→低）：

外中断0→定时器0溢出中断→外中断1→定时器1溢出中断→串行口中断

如果它们不是同时提出中断请求，则按照提出请求的先后顺序依次被响应。

在设置中断源的优先级时，可以通过对IP寄存器的编程，把5个中断源分别定义在两个优先级中，即通过软件对IP的各位清0或置1。例如，某软件中对寄存器IE、IP设置如下：

```
MOV  IE,＃10001111B
MOV  IP,＃00000110B
```

此时，CPU中断允许；允许外部中断0、外部中断1、定时/计数器0、定时/计数器1发出的中断申请。由于定时/计数器0和外部中断1处于高级，其余处于低级，故允许中断源的中断优先次序为：定时/计数器0＞外部中断1＞外部中断0＞定时/计数器1。

80C51系列单片机复位后IP＝00H，说明各个中断源都处于低优先级。

6.2.2　80C51系列单片机的中断处理过程

80C51系列单片机的中断处理过程分为3个阶段：中断请求阶段、中断响应阶段和中断服务阶段。

1. 中断请求阶段

80C51系列单片机中的CPU在每个机器周期的S5P2期间检测P3.2和P3.3的状态，并根据外中断的触发方式，设置相应的标志位。关于内中断源的中断标志位则在符合条件的情况下由内部硬件电路置位。

CPU在每个机器周期的S6期间按优先级顺序查询每个中断标志位的状态（注意：CPU所查询到的是前一个机器周期所采样到的中断请求标志位的状态），若查询到某个中断标志为1，并满足中断响应条件，则响应中断，并在下一个机器周期的S1期间进行中断处理，即在下一个机器周期进入中断响应阶段。

中断响应条件如下。

(1) CPU开中断，申请中断的中断源开中断。

(2) 没有同级或更高级的中断正在执行，否则必须等CPU为它们服务完之后，才能响应新中断请求。

(3) CPU执行完正在执行的指令。

(4) 若CPU正在执行的指令是RETI或访问IE和IP的指令，则必须另外执行一条指令后才能响应。

2. 中断响应阶段

80C51系列单片机的中断系统中有两个不可编程的“优先级生效”触发器。一个是“高优先级生效”触发器，用以指明已进行高优先级中断服务，并阻止其他一切中断请求；另一个是“低优先级生效”触发器，用以指明已进行低优先级中断服务，并阻止除高优先级以外的一切中断请求。80C51 系列单片机一旦响应中断，首先置位相应的中断“优先级生效”触发器，封锁同级和低级的中断。然后把断点地址(当前 PC 值)压入堆栈，以保护断点，再把相应的中断服务程序的入口地址送入程序计数器(PC)，于是 CPU 从中断服务程序的入口处，开始执行程序(中断服务程序)，同时清除中断请求标志(串行口中断和外部电平触发中断除外)。以上过程均由中断系统自动完成。

80C51 系列单片机的各中断源所对应的中断服务程序的入口地址如表 6.1 所示。

表 6.1 中断服务程序的入口地址表

中断源	入口地址	中断源	入口地址
外部中断 0	0003H	定时器 T1 中断	001BH
定时器 T0 中断	000BH	串行口中断	0023H
外部中断 1	0013H		

由于 80C51 系列单片机的两个相邻中断源中断服务程序入口地址相距只有 8 个单元，一般的中断服务程序是不够存放的，通常在这些中断入口地址处存放一条长跳转指令 LJMP，使程序跳转到用户安排的中断服务程序的地址处去。

注意：80C51 系列单片机在响应中断后不会自动关中断。因此，在转入中断服务处理程序后，如果想禁止更高级的中断源的中断申请，则可以用软件方式关闭中断。

3. 中断服务阶段

CPU 响应中断后即转至中断服务程序的入口处，执行中断服务程序。

中断服务程序一般由四部分组成：保护现场、中断服务主体、恢复现场和中断返回。

(1) 保护现场

一般在主程序和中断服务程序中都会用到累加器(A)和程序状态字寄存器(PSW)，所以，现场保护时首先保护 A 和 PSW。其他的寄存器的内容是否需要保护，取决于中断服务程序中是否使用了主程序中曾经使用过的寄存器，如果主程序使用过这些寄存器，而且中断返回后还需要使用其中保存的数据，就需要在中断服务程序开始时把这些寄存器的状态保护起来。

(2) 中断服务主体

中断服务主体就是针对中断源的具体要求进行不同处理，不同的中断源，其中断处理内容不同。

(3) 恢复现场

恢复现场就是在中断返回之前将保护现场时保存起来的数据再恢复到进入中断服务程序之前的状态。

(4) 中断返回

中断服务程序的最后一条指令一定是中断返回指令 RETI。RETI 指令表示中断服务程序的结束，使程序返回被中断的(主)程序继续执行。CPU 执行该指令时，一方面清除中断响应时所置位的优先级有效触发器；另一方面从堆栈栈顶弹出断点地址送入程序计数器 PC 中，从而返回主程序。

6.2.3 中断请求的撤除

在中断请求被响应前，中断源发出的中断请求是锁存在特殊功能寄存器 TCON 和 SCON 的相应中断标志位中的。一旦某个中断请求得到响应，CPU 必须把它的相应中断标志位复位成“0”状态，否则中断响应返回后，会再一次响应该中断源的中断请求，这将使 CPU 进入死循环。80C51 系列单片机各中断源中断请求撤除的方法各不相同，现对它们分述如下。

1. 定时器中断请求的撤除

CPU 在响应定时器 0 或定时器 1 的中断请求后，由硬件自动清除相应的中断标志位 TF0 或 TF1。因此，定时器溢出中断源的中断请求是自动撤除的，用户不用关心定时器 0 或定时器 1 的中断标志的撤除问题。

2. 串行口中断请求的撤除

对于串行口中断来说，CPU 在响应中断后，硬件不能自动清除中断请求标志位 TI、RI，用户应在中断服务程序的适当位置，通过如下指令将它们撤除：

```
CLR  TI      ；撤除发送中断
CLR  RI      ；撤除接收中断
```

若采用字节指令，则可以用 ANL SCON，# 0FCH，以撤除接收和发送中断。

3. 外部中断请求的撤除

外部中断请求的触发方式分为边沿触发型和电平触发型。对于这两种不同的触发方式，80C51 系列单片机撤除它们的中断请求的方法是不同的。

在边沿触发方式下，CPU 在响应中断后由硬件自动清除中断标志位 IE0 或 IE1，无须采取其他措施。

在电平触发方式下，尽管 CPU 在响应中断后能由硬件自动清除中断标志位 IE0 或 IE1，但若外部中断源不能及时撤除它在引脚 P3.2 和 P3.3 上的低电平，则会使 CPU 再次采样到引脚上的低电平，而误认为有中断申请，使中断标志再一次置位。所以对于电平触发方式来说，仅靠清除中断标志位并不能解决中断请求的撤除问题，必须在中断响应后强制性地把中断请求输入引脚由低电平改为高电平，使中断请求的有效低电平消失，以撤除相应的中断请求。

一种可供采用的电平触发型外部中断请求的撤除电路如图 6.4 所示。

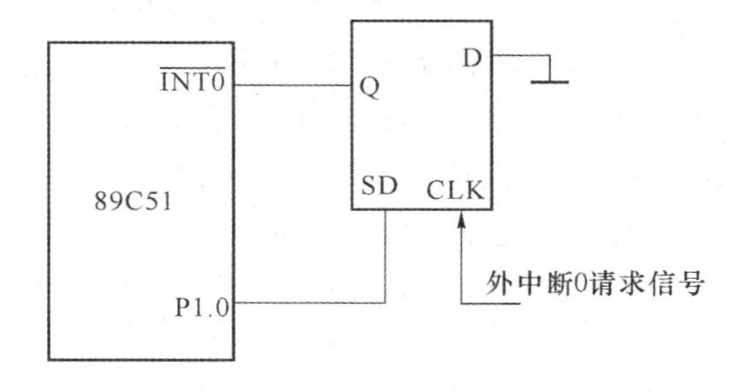

图 6.4 撤除外部中断请求的电路

由图 6.4 可知,外部中断请求信号不直接加到单片机的中断请求输入引脚上,而是加在 D 触发器的 CLK 端。由于 D 端接地,当外部中断请求的正脉冲信号出现在 CLK 端时,Q 端输出为 0,中断请求输入引脚为低电平,外部中断源向单片机发出中断请求。利用 P1 口的 P1.0 作为应答线,当 CPU 响应中断后,可在中断服务程序中采用如下两条指令来撤除外部中断请求:

```
CLR     P1.0
SETB    P1.0
```

第一条指令使 P1.0 为 0,因 P1.0 与 D 触发器的异步置 1 端 SD 相连,Q 端输出为 1,从而撤除中断请求。第二条指令使 P1.0 变为 1,即 SD=1,使 Q 继续受 CLK 控制,即新的外部中断请求信号又能向单片机申请中断。第二条指令是必不可少的,否则将无法再次形成新的外部中断。

6.2.4 外部中断源的扩展

80C51 系列单片机仅有两条外部中断请求输入线,在实际应用中,若外部中断源超过两个,则需扩充外部中断源。这里介绍一种通过硬件电路和软件查询相结合以扩展中断源的方法。

利用两根外部中断输入线,每一条中断输入线可以通过线或的关系连接多个外部中断源的准备好信号,同时,利用并行口线作为多个中断源的识别线,其电路原理图如图 6.5 所示。

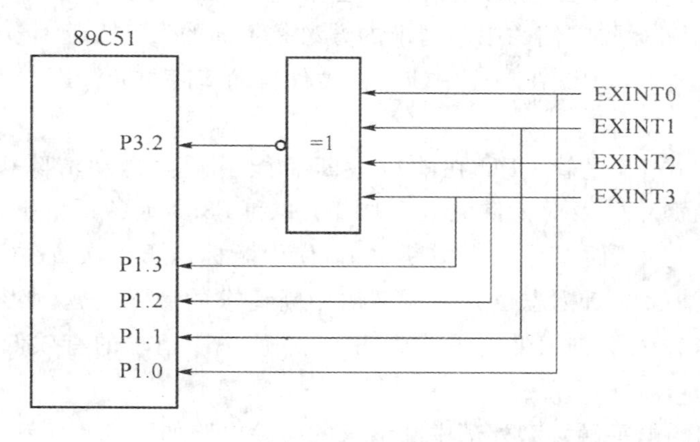

图 6.5 一个外中断扩展成多个外中断的原理图

由图 6.5 可知,4 个外部扩展中断源 EXINT0~EXINT3 通过或非门电路与引脚 P3.2 相连,当 4 个外部扩展中断源中有一个或几个出现高电平时,则或非门输出为 0,使引脚 P3.2 为低电平,从而向 CPU 发出中断请求,因此,这些扩充的外部中断源都是电平触发方式(即高电平有效)。为了确定 INT0 有效时究竟是哪一个中断源发出申请,就要通过对中断源状态的查询来解决。为此,4 个外部中断源的状态信号线分别接到 P1.0~P1.3 这 4 条I/O线上,CPU 响应中断后,执行中断服务程序时,先依次查询 P1.0~P1.3 这 4 条线的状态,来确定是哪一个中断源提出了中断请求。然后,转入到相应的中断服务程序,4 个扩展中断源的优先级顺序由软件查询顺序决定,即最先查询的优先级最高,最后查询的优先级最低。

中断服务程序如下：

```
        ORG     0003H          ;外部中断 0 入口
        AJMP    AINT0          ;转向中断服务程序入口
        …
AINT0:  PUSH    PSW            ;保护现场
        PUSH    ACC
        JB      P1.0,N0        ;查询中断源 EXINT0
        LCALL   EXT0           ;调 EXINT0 中断服务程序
N0:     JB      P1.1,N1        ;查询中断源 EXINT1
        LCALL   EXT1           ;调 EXINT1 中断服务程序
N1:     JB      P1.2,N2        ;查询中断源 EXINT2
        LCALL   EXT2           ;调 EXINT2 中断服务程序
N2:     JB      P1.3,N3        ;查询中断源 EXINT3
        LCALL   EXT3           ;调 EXINT3 中断服务程序
N3:     POP     ACC            ;恢复现场
        POP     PSW
        RETI
EXT0:   …                      ;EXINT0 中断服务程序
        RET
EXT1:   …                      ;EXINT1 中断服务程序
        RET
EXT2:   …                      ;EXINT2 中断服务程序
        RET
EXT3:   …                      ;EXINT3 中断服务程序
        RET
```

6.3 中断系统的应用

中断处理过程是和硬件、软件都有关的过程，为了使 CPU 能够响应中断源的中断请求，在主程序中必须对中断系统初始化，开放中断。在对中断系统初始化后，一旦中断源发出中断请求，单片机内部的硬件电路自动完成中断请求的检测，置标志位、中断响应条件的判定等工作，如果响应中断，则自动将断点地址压栈，然后将相应中断源的中断入口地址送 PC，从而转至中断服务程序。中断服务程序由用户根据需要编制。本节首先介绍中断系统的初始化，然后通过 2 个项目说明中断系统的应用。

6.3.1 中断系统的初始化

80C51 系列单片机的中断系统的功能是通过特殊功能寄存器 TCON、SCON、IE 和 IP 统一管理的。中断系统的初始化是指用户对这些特殊功能寄存器中的各控制位进行赋值。

在使用中断系统之前，必须对这些寄存器进行初始化。中断系统初始化的步骤如下：

(1) 开放 CPU 的中断和相应中断源的中断；

(2) 各个中断源优先级的确定；

(3) 若为外部中断，则应设定外部中断请求的触发方式。

中断系统的初始化程序一般都包含在主程序中，根据需要通过几条指令来完成。

例 6.1 设引脚 P3.3 接有一个开关，当开关按下时，产生一次中断，试对中断系统初始化。

解：根据题意要求，应该将 CPU 和外中断 1 的中断打开，外中断 1 可以设置为电平触发，也可以设置为边沿触发。初始化指令如下：

```
SETB  IT1            ;设置外中断 1 为边沿触发
MOV   IE,#84H        ;开 CPU 和外中断 1 的中断
```

上述初始化程序中的开中断操作也可以用位操作指令实现。

```
SETB  IT1
SETB  EA
SETB  EX1
```

一般情况下，用位操作指令简便些，因为只需要知道控制位的名称而不必记住它们在寄存器中的确切位置。

例 6.2 设引脚 P3.2 和 P3.3 分别接有一个开关，当开关按下并抬起时，产生一次中断，若两者同时按下并抬起时，则单片机先响应 P3.3 的请求。试对中断系统初始化。

解：根据题意要求，应该将 CPU 和外中断 0 和外中断 1 的中断打开，外中断 0 和外中断 1 设置为下降沿触发(硬件电路上开关应该通过非门接至单片机的中断请求输入端)，外中断 1 的级别高于外中断 0，初始化程序如下：

```
MOV    IE,#85H
SETB   IT1
SETB   IT0
MOV    IP,#04H
```

6.3.2 计数器

学习目标：通过学习计数器的完成方法，掌握单片机外部中断的使用方法；掌握数码管与单片机的连接方法和数码管驱动程序的编写。

任务描述：用单片机控制 2 只数码管和 2 个按钮开关，单片机上电工作时，数码管显示 00；当开关 K1 按下并抬起时，数码管显示加 1；当开关 K2 按下并抬起时，数码管显示减 1。

任务实施：七段数码管由 7 个条状的发光二极管(LED)按图 6.6(a)所示排列而成，可实现数字“0～9”及少量字符的显示。另外为了显示小数点，增加了 1 个点状的发光二极管，因此数码管就由 8 个 LED 组成，分别把这些发光二极管命名为“a、b、c、d、e、f、g、dp”，排列顺序如图 6.6(a)所示。

数码管按内部发光二极管电极的连接方式，分为共阳数码管和共阴数码管两种。

共阳数码管是指将所有发光二极管的阳极接到一起形成公共阳极(COM)的数码管。应用时共阳数码管的公共极 COM 应该接到+5 V，当某一字段发光二极管的阴极为低电平

时，相应字段点亮；当某一字段的阴极为高电平时，相应字段不亮。共阳数码管内部连接如图 6.6(b)所示。

共阴数码管是指将所有发光二极管的阴极接到一起形成公共阴极(COM)的数码管。在应用时，共阴数码管应将公共极 COM 应该接到地线 GND 上，当某一字段发光二极管的阳极为高电平时，相应字段点亮；当某一字段的阳极为低电平时，相应字段不亮。共阴数码管内部连接如图 6.6(c)所示。

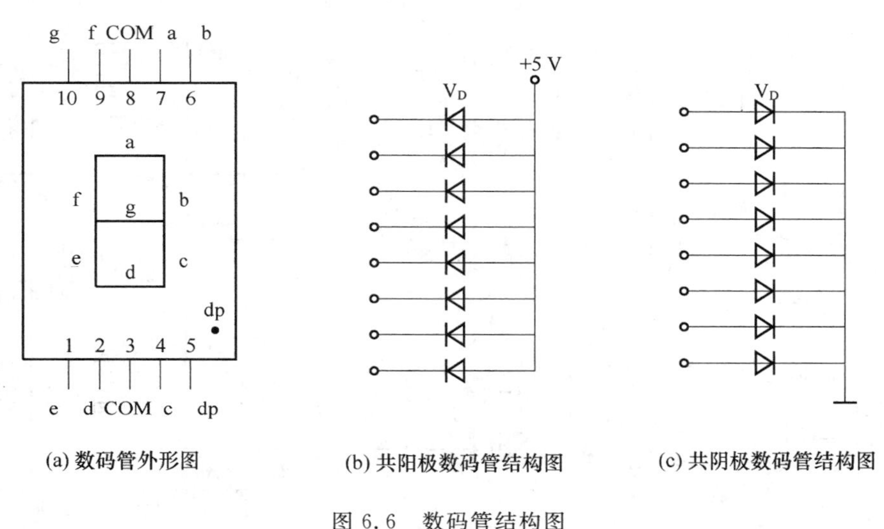

(a) 数码管外形图　(b) 共阳极数码管结构图　(c) 共阴极数码管结构图

图 6.6　数码管结构图

数码管要正常显示，就要用驱动电路来驱动数码管的各个字段，从而显示出我们要的数字。一般称 a～g 端电平的组合值为段码，也称为字形码。根据数码管的驱动方式的不同，可以分为静态式和动态式两类。

静态驱动是指每个数码管的每一个字段都由单片机的一个 I/O 口线进行驱动，或者使用 BCD 码-七段码译码器(如 CD4511、74LS48 和 74LS47 等)进行驱动，公共端直接接地(共阴极数码管)或者接电源(共阳极数码管)。静态驱动的优点是编程简单，显示亮度高；缺点是占用 I/O 口线多，如驱动 5 个数码管，静态驱动则需要 5×8＝40 根 I/O 口线来，而一个 80C51 系列单片机可用的 I/O 口线只有 32 条，此时必须增加 BCD 码-七段译码驱动器进行驱动，增加了硬件电路的复杂性。

动态驱动是将所有数码管的 8 个显示笔画"a、b、c、d、e、f、g、dp"的同名端连在一起，另外为每个数码管的公共端 COM 增加位选通控制电路，位选通由各自独立的 I/O 线控制，当单片机输出字形码时，所有数码管都接收到相同的字形码，但究竟是哪个数码管会显示出字形，取决于单片机对位选通 COM 端的控制，所以我们只要将需要显示的数码管的选通控制打开，该位就显示出字形，没有选通的数码管就不会显示。通过分时轮流控制各个数码管的的 COM 端，就使各个数码管轮流受控显示。在轮流显示过程中，每位数码管的点亮时间为 1～2 ms，熄灭时间不能超过 20 ms。由于人的视觉暂留现象及发光二极管的余辉效应，尽管各位数码管没有同时点亮，但只要扫描的速度足够快，给人的印象就是一组稳定的显示数据，不会有闪烁感。动态显示的效果和静态显示是一样的，能够节省大量的 I/O 口线，而且功耗更低。

此任务中有 2 个数码管，采用静态驱动的方式，有关动态驱动的方式将在第 7 章中介绍。

(1) 硬件电路设计

根据题意，所设计的硬件电路如图 6.7 所示。

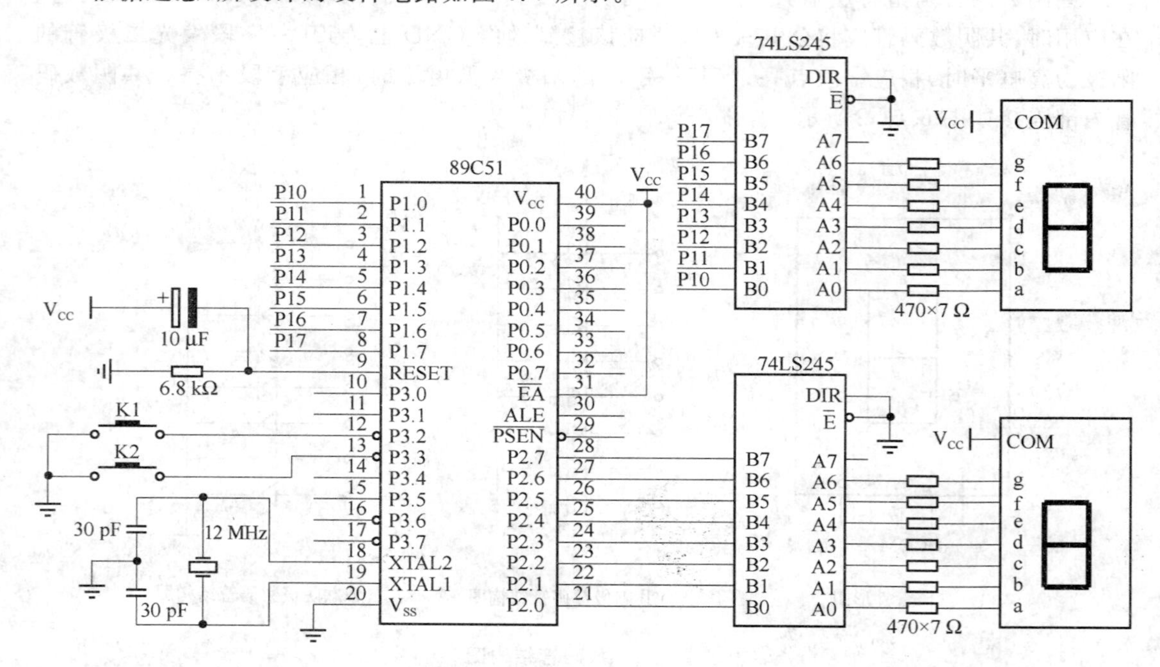

图 6.7 计数器电路图

(2) 驱动程序设计

要使数码管显示出相应的数字或字符，必须使 I/O 口输出相应的数据，这些数据就是字形码。对照图 6.7，字形码各位定义为：数据线的最低位 D0 与 a 字段对应，D1 与 b 字段对应……依次类推。如使用共阴极数码管，数据为 1 表示对应字段亮，数据为 0 表示对应字段暗；如使用共阳极数码管，数据为 1 表示对应字段暗，数据为 0 表示对应字段亮。如要显示“0”，共阳极数码管的字型编码应为 11000000B(即 C0H)，共阴极数码管的字型编码应为 00111111B(即 3FH)。依次类推，可求得数码管字形编码如表 6.2 所示。

表 6.2 LED 显示器的字段码表

显示字符	共阴极字段码	共阳极字段码	显示字符	共阴极字段码	共阳极字段码
0	3FH	C0H	9	6FH	90H
1	06H	F9H	A	77H	88H
2	5BH	A4H	B	7CH	83H
3	4FH	B0H	C	39H	C6H
4	66H	99H	D	5EH	A1H
5	6DH	92H	E	79H	86H
6	7DH	82H	F	71H	8EH
7	07H	F8H	灭	00H	FFH
8	7FH	80H	—	40H	BFH

欲使 LED 数码管显示 2，则应该通过 I/O 口送出 2 的字形码，即应执行指令 MOV P1，#10100100B。

为了实现 0～9 的循环显示，可以通过查表的方式，先得到字形码，然后再通过 I/O 口送出。本任务中有 2 个数码管，给每个数码管分配一个单元，此处选用 R2 和 R3。R2 和 R3 中的值应该在 0～9 之间，它们中的值跟随加 1 开关和减 1 开关的按动而改变。本任务的驱动程序的设计可以采用查询方式，通过指令查询开关状态，以决定数码管是加 1 还是减 1，也可以采用中断方式实现。查询方式下驱动程序的流程图如图 6.8 所示。

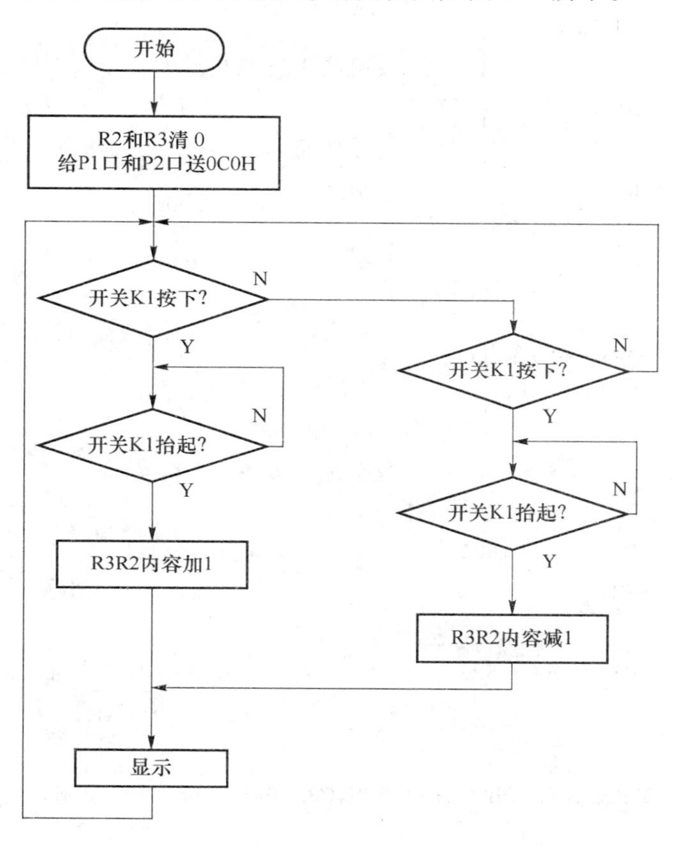

图 6.8　计数器驱动程序流程图

程序如下：

```
UP0:  MOV    R2,#00H
      MOV    R3,#00H
      MOV    P1,#0C0H
      MOV    P2,#0C0H
UP:   JB     P3.2,N1          ;检测加 1 开关
      JNB    P3.2,$
      LCALL  K1               ;调加 1 子程序
DISP: MOV    DPTR,#TAB        ;显示程序
      MOV    A,R2
```

```
        MOVC    A,@A+DPTR
        MOV     P1,A
        MOV     A,R3
        MOVC    A,@A+DPTR
        MOV     P2,A
        LJMP    UP
N1:     JB      P3.3,UP             ;检测减1开关
        JNB     P3.3,$
        LCALL   K2                  ;调减1子程序
        LJMP    DISP
K1:     JNB     P3.2,$              ;开关抬起后,再加1
        INC     R2                  ;加1子程序
        CJNE    R2,#10,K11
        MOV     R2,#0
        INC     R3
        CJNE    R3,#10,K11
        MOV     R3,#0
K11:    RET
K2:     JNB     P3.3,$              ;开关抬起后,再减1
        DEC     R2                  ;减1子程序
        CJNE    R2,#0FFH,K21
        MOV     R2,#9
        DEC     R3
        CJNE    R3,#0FFH,K21
        MOV     R3,#9
K21:    RET
TAB: DB 0C0H,0F9H,0A4H,0B0H,99H,92H,82H,0F8H,80H,90H,0DH
```

任务拓展：

(1) 如果用中断方式实现加1和减1计数,则如何编程?

本任务中的2个开关与单片机的2条中断请求输入线连接,作为外部中断源。在开关按下的瞬间,会在中断请求输入端产生下降沿,如果设置$\overline{INT0}$和$\overline{INT1}$为边沿触发方式,则开关按下时正好引起中断。

在中断方式下,驱动程序的设计分为两部分:主程序和中断服务程序。计数器的主程序完成中断系统初始化和数码管显示的功能,外中断0的中断服务程序完成显示单元加1的操作,外中断1的中断服务程序完成显示单元减1的操作。程序如下:

```
;主程序
        ORG     0000H
        LJMP    MAIN                ;主程序放在MAIN处
        ORG     0003H
```

```
        LJMP    AINT0           ;外中断 0 服务程序放在 AINT0 处
        ORG     0013H
        LJMP    BINT1           ;外中断 1 服务程序放在 BINT1 处
MAIN:   MOV     SP,#60H
        MOV     IE,#85H         ;开 CPU、外中断 0 和外中断 1 的中断
        SETB    IT0             ;设置外中断 0 为边沿触发
        SETB    IT1             ;设置外中断 1 为边沿触发
        MOV     R2,#0
        MOV     R3,#0
DISP:   MOV     DPTR,#TAB       ;显示程序
        MOV     A,R2
        MOVC    A,@A+DPTR
        MOV     P1,A
        MOV     A,R3
        MOVC    A,@A+DPTR
        MOV     P2,A
        SJMP    DISP
;外中断 0 的中断服务程序
AINT0:INC       R2              ;加 1 子程序
        CJNE    R2,#10,K11
        MOV     R2,#0
        INC     R3
        CJNE    R3,#10,K11
        MOV     R3,#0
K11:    RETI
;外中断 1 的中断服务程序
BINT1:DEC       R2              ;减 1 子程序
        CJNE    R2,#0FFH,K21
        MOV     R2,#9
        DEC     R3
        CJNE    R3,#0FFH,K21
        MOV     R3,#9
K21:    RETI
```

(2) 如果用硬件译码器(如 CD4511)实现字形到字形码的转换,则硬件电路如何改动?如何编程?

CD4511 是一个用于驱动共阴极 LED(数码管)显示器的 BCD 码-七段码译码器,具有 BCD 转换、消隐和锁存控制、七段译码及驱动的功能,电路能提供较大的拉电流,可直接驱动 LED 显示器。

采用硬译码方式的计数器电路如图 6.9 所示。

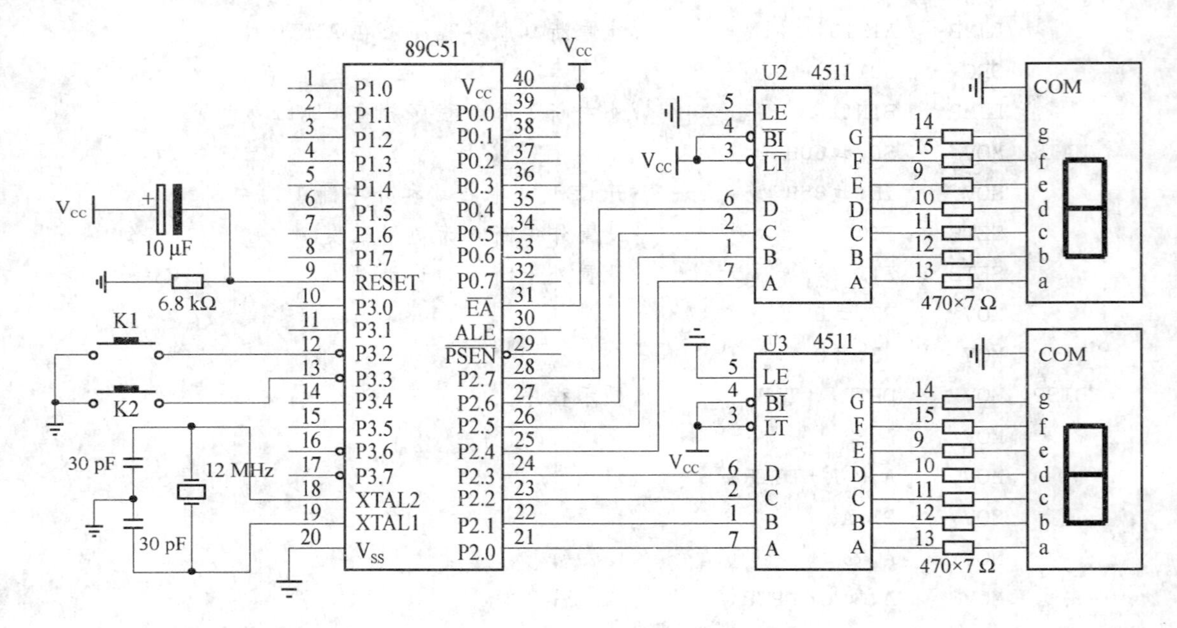

图 6.9 硬译码方式下的计数器电路图

程序同上，只需将显示程序改为如下程序即可：

```
DISP: MOV    A,R3
      SWAP   A
      ORL    A,R2
      MOV    P2,A
      SJMP   DISP
```

6.3.3 报警器

学习目标：通过学习报警器的完成方法，进一步掌握单片机外部中断的使用方法；掌握蜂鸣器与单片机的连接方法和蜂鸣器驱动程序的编写。

任务描述：单片机上电工作时，2 个数码管显示 0；当开关 K1（启动开关）按下并抬起时，数码管开始走时；遇到紧急情况，按动开关 K2（报警开关），数码管停止走时，声光报警 30 秒。

任务实施：蜂鸣器是一种一体化结构的电子讯响器，广泛应用于计算机、打印机、复印机、报警器、电话机等电子产品中作为发声器件。它主要分为压电式蜂鸣器和电磁式蜂鸣器两种类型。本任务中所用的蜂鸣器为电磁式的。

电磁式蜂鸣器由振荡器、电磁线圈、磁铁、振动膜片及外壳等组成。其发声原理是电流通过电磁线圈，使电磁线圈产生磁场来驱动振动膜发声，因此需要一定的电流才能驱动它。用单片机驱动蜂鸣器时，由于单片机的 I/O 引脚输出的电流较小，单片机输出的 TTL 电平基本上驱动不了蜂鸣器，因此需要增加一个电流放大的电路。这里通过一个三极管 C8550 来放大 I/O 口线的电流以驱动蜂鸣器。

（1）硬件电路设计

本任务中的开关 K2 可以与单片机的 1 条中断请求输入线（如$\overline{\text{INT1}}$）连接，作为外部中断源。在开关按下的瞬间，会出现低电平，从而在中断请求输入端产生下降沿。如果设置

$\overline{INT1}$为边沿触发方式，则开关按下就会引起中断。

报警器的硬件电路图如图 6.10 所示。图中蜂鸣器的正极接 V_{CC}(+5V)电源，蜂鸣器的负极接到三极管的发射极 E，三极管的基级 B 经过 10 kΩ 的限流电阻后由单片机的 P1.1 引脚控制。当 P1.1 输出高电平时，三极管 T1 截止，没有电流流过线圈，蜂鸣器不发声；当 P1.1 输出低电平时，三极管导通，这样蜂鸣器的电流形成回路，发出声音。因此，我们可以通过程序控制 P1.1 脚的电平来使蜂鸣器发出声音和关闭。

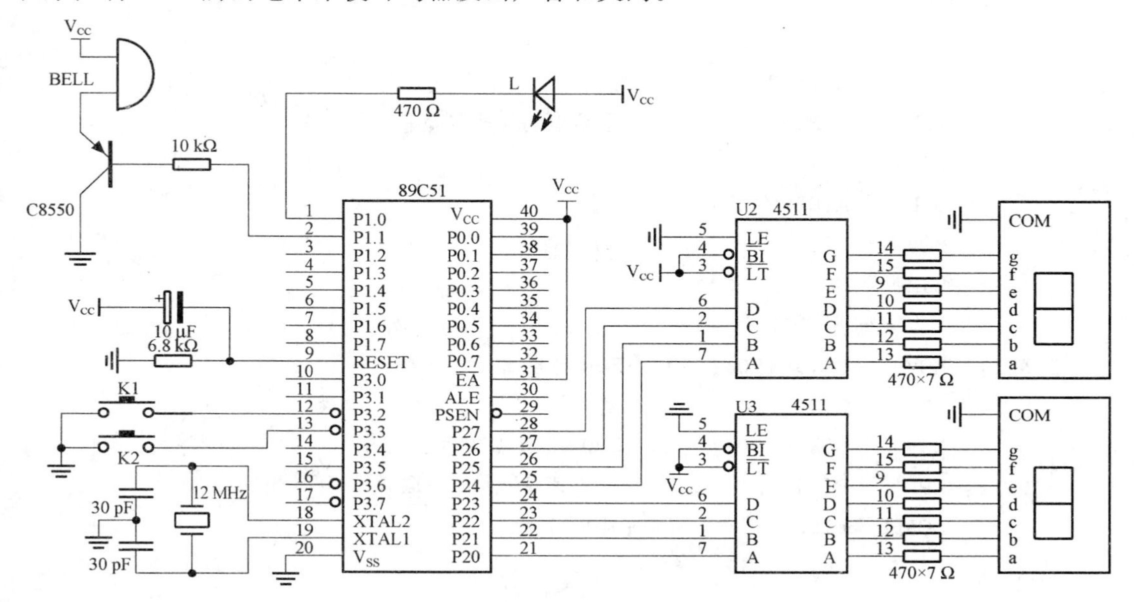

图 6.10　报警器电路图

(2) 驱动程序设计

本任务的驱动程序的设计可以采用通过指令查询开关状态，以决定是否报警，也可以采用中断方式实现。这里介绍中断方式下驱动程序的设计。

在中断方式下，驱动程序的设计分为主程序和中断服务程序两部分。报警器的主程序完成中断系统初始化、启动开关检测和秒表等功能，外中断 1 的中断服务程序完成发光二极管闪烁和蜂鸣器响的功能。程序如下：

```
;主程序
        ORG     0000H
        LJMP    MAIN            ;主程序放在 MAIN 处
        ORG     0013H
        LJMP    BINT1           ;外中断 1 服务程序放在 BINT1 处
MAIN:   MOV     SP,#60H
        MOV     IE,#84H         ;开 CPU 和外中断 1 的中断
        CLR     IT1             ;设置外中断 1 为电平触发
        MOV     R2,#0
        MOV     R3,#0
        MOV     P2,#00H         ;数码管显示 0
        JB      P3.2,$          ;检测启动开关是否按动
```

```
        JNB    P3.2,$
UIP:    LCALL  D1S             ;延时 1 s
        INC    R2              ;加 1 程序
        CJNE   R2,#10,K11
        MOV    R2,#0
        INC    R3
        CJNE   R3,#6,K11
        MOV    R3,#0
        MOV    A,R3            ;显示程序
        SWAP   A
        ORL    A,R2
        MOV    P2,A
        SJMP   UP
;外中断 1 的中断服务程序
BINT1:  MOV    R7,#150         ;30s 计数单元
BINT11: CPL    P1.0            ;发光二极管驱动电平取反
        MOV    R6,#200         ;200 ms 计数单元
BINT12: CPL    P1.1            ;蜂鸣器驱动电平取反
        LCALL  D1ms            ;延时 1 ms
        DJNZ   R6,BINT12
        DJNZ   R7,BINT11
        RETI                   ;返回,继续等待开关按下,产生中断请求
;延时 1ms 子程序
D1ms:   MOV    R4,#2
D1ms1:  MOV    R5,#250
        DJNZ   R5,$
        DJNZ   R4,D1ms1
        RET
```

程序中改变单片机 P1.1 引脚输出波形的频率(即改变 R4 的值),就可以调整控制蜂鸣器音调,产生各种不同音色、音调的声音。另外,改变 P1.1 输出电平的高低电平占空比,则可以控制蜂鸣器的声音大小。上述程序中的高低电平占空比为 50%。

任务拓展:本任务也可以用 2 个中断,程序如下:

```
;主程序
        ORG    0000H
        LJMP   MAIN            ;主程序放在 MAIN 处
        ORG    0003H
        LJMP   AINT0           ;外中断 0 服务程序放在 AINT0 处
        ORG    0013H
        LJMP   BINT1           ;外中断 1 服务程序放在 BINT1 处
```

```
MAIN:   MOV     SP,#60H
        MOV     IE,#85H         ;开 CPU 和外中断 1 的中断
        CLR     IT1             ;设置外中断 1 为电平触发
        SETB    IT0
        SETB    PX1             ;必须将报警开关设为高级
        MOV     R2,#0
        MOV     R3,#0
        MOV     P2,#00H         ;数码管显示 0
        SJMP    $
```

外中断 0 的中断服务程序：

```
AINT0:  JNB     P3.2,$
AINT1:  LCALL   D1S             ;延时 1 s
        INC     R2              ;加 1 程序
        CJNE    R2,#10,K11
        MOV     R2,#0
        INC     R3
        CJNE    R3,#6,K11
        MOV     R3,#0
        MOV     A,R3            ;显示程序
        SWAP    A
        ORL     A,R2
        MOV     P2,A
K11:    LJMP    AINT1
        RETI
```

外中断的中断服务程序同上。

习　题

一、选择题

1. 下列(　　)引脚可以作为中断请求输入线。

   A. P3.0　　B. P3.2　　C. P3.5　　D. P3.4

2. 89C51 单片机在中断响应期间，不能自动清除的中断标志位是(　　)。

   A. $\overline{\text{INT0}}$　　B. $\overline{\text{INT1}}$　　C. T0　　D. 串行口

3. 89C51 单片机的串行中断入口地址为(　　)。

   A. 0003H　　B. 0013H　　C. 0023H　　D. 0033H

4. 89C51 单片机在响应中断时下列(　　)操作不会发生。

   A. 保护现场　　B. 保护 PC

   C. 转到中断入口　　D. 保护 PC，转入中断入口

5. 计算机使用中断的方式与外界交换信息时，保护现场的工作应该是(   )。

A. 由 CPU 自动完成　　B. 在中断响应中完成

C. 由中断服务程序完成　　D. 在主程序中完成

6. 若 89C51 单片机的中断源都编程为同级，当它们同时申请中断时，CPU 首先响应(   )。

A. INT1　　B. INT0　　C. T1　　D. T0

7. 执行 MOV IE,＃03H 后，89C51 单片机将响应的中断是(   )。

A. 1 个　　B. 2 个　　C. 3 个　　D. 4 个

8. 各中断源发出的中断请求信号，都会标记在 80C51 系列单片机系统中的(   )。

A. TMOD　　B. TCON/SCON　　C. IE　　D. IP

9. 89C51 单片机有中断源(   )。

A. 5 个　　B. 2 个　　C. 3 个　　D. 6 个

10. 中断查询确认后，在下列各种单片机运行情况中，能立即中断响应的是 (   )。

A. 当前正在进行高优先级中断处理

B. 当前正在执行 RETI 指令

C. 当前指令是 DIV 指令，且正处于取指令机器周期

D. 当前指令是 MOV A,R 指令

11. 89C51 单片机可分为两个中断优先级别。各中断源的优先级别设定是利用寄存器(   )。

A. IE　　B. IP　　C. TCON　　D. SCON

12. 执行中断返回指令，要从堆栈弹出断点地址，以便去执行被中断了的主程序，从堆栈弹出的断点地址送(   )。

A. DPTR　　B. PC　　C. CY　　D. A

13. 89C51 单片机用来开放或禁止中断的控制寄存器是(   )。

A. IP　　B. TCON　　C. IE　　D. TCON

14. 89C51 单片机在响应中断后，需要用软件来清除的中断标志是(   )。

A. TF0 、TF1　　B. RI 、TI　　C. IE0 、IE1

二、填空题

1. 中断处理的全过程分为以下 3 个阶段：________、________、________。

2. 89C51 单片机有______个中断源，可分为________个优先级。上电复位时________中断源的优先级别最高。

3. 89C51 单片机的外中断申请信号有两种，分别是______和______；它们可以有两种触发方式，分别是______和______；由 TCON 中的________和________决定；控制位为 0 时，________触发，控制位为 1 时，________触发。

4. 中断服务程序的最后一条指令一定是______________。

5. 中断源的允许是由________寄存器决定的，中断源的优先级别是由__________寄存器决定的。

6. 当单片机 CPU 响应中断后，程序将自动转移到该中断源所对应的入口地址处，并从该地址开始继续执行程序，通常在该地址处存放转移指令以便转移到中断服务程序。其中 INT0 的入口地址为________，INT1 的入口地址为____________。

7. 单片机内外中断源按优先级别分为高级中断和低级中断，级别的高低是由______寄存器的置位状态决定的。同一级别中断源的优先顺序是由____________决定的。

8. 中断服务程序的返回指令是______，子程序的返回指令是______。

9. 为了将主程序存于以 0100H 开始的区域，$\overline{\text{INT1}}$的中断服务程序存于 1000H 开始的区域，则要进行如下处理：

```
        ORG     0000H
        LJMP    MAIN
        ORG     ________
        LJMP    BT1
        …
        ORG     ________
MAIN：  ______________
        …
        ORG     ________
BT1：   ________
        …
```

10. 假如要对外中断 1 开放中断，则指令为______________________________。

11. 89C51 单片机的外部中断请求信号若设定为电平方式，只有在中断请求引脚上采样到______________信号时，才能使外中断有效。而在脉冲方式时，只有在中断请求引脚上采样到______________信号时，才能使外中断有效。

三、简答题

1. 89C51 单片机的中断系统有几个中断源？几个中断优先级？中断优先级是如何控制的？在出现同级中断申请时，CPU 按什么顺序响应（按由高级到低级的顺序写出各个中断源）？各个中断源的入口地址是多少？

2. 中断处理的全过程分为哪几个阶段？CPU 在哪个阶段执行中断服务程序？89C51 单片机响应中断的条件是什么？

3. 89C51 单片机检测到 INT0 的中断标志位 IE0 置 1 后，是否立即响应？若否，还需要满足什么条件？如何实现这些条件？

4. 89C51 单片机响应中断的条件是什么？响应中断后，CPU 要进行哪些操作？89C51 单片机有哪些中断源？对应的中断服务入口地址是什么？

5. 89C51 单片机的两个外部中断源有哪两种触发方式？不同触发方式下的中断请求标志是如何清 0 的？当采用电平触发时，对外部中断信号有什么要求？

四、编程题

1. 当 89C51 单片机检测到 INT1 出现下降沿时，使 INT1 的中断标志位置 1 后，并且立即响应 INT1 的中断，试对 89C51 单片机的中断系统初始化。

2. 为了实现如下由高到低的优先级顺序，且外中断采用下降沿触发，对 89C51 单片机的中断系统初始化。　　T0 → T1 → INT0 → INT1

3. 设引脚 P3.2 和 P3.3 分别接有一个开关，当开关按下并抬起时，产生一次中断，若两者同时按下并抬起时，则 89C51 单片机先响应 P3.3 的请求。试对中断系统初始化。

4. 设引脚 P3.2 接有一个开关，当开关按下并抬起时，产生一次中断，试对中断系统初始化。

五、设计题

1. 用单片机控制 2 个开关 S1、S2 和 2 个数码管。单片机上电时，数码管显示 0，当 S1 按动 1 次时，数码管显示加 1，S2 按动 1 次时，数码管显示减 1。用中断方式实现。

2. 用单片机控制 2 个开关 S1、S2 和 8 个发光二极管。单片机上电时，8 个发光二极管全亮，当 S1 按动 1 次时，8 个发光二极管闪烁 10 次，S2 按动 1 次时，8 个发光二极管摇摆 10 次。用中断方式实现。

六、阅读题

某单片机控制系统的部分电路如图 6.11 所示，请阅读如下程序，并按照要求填空：

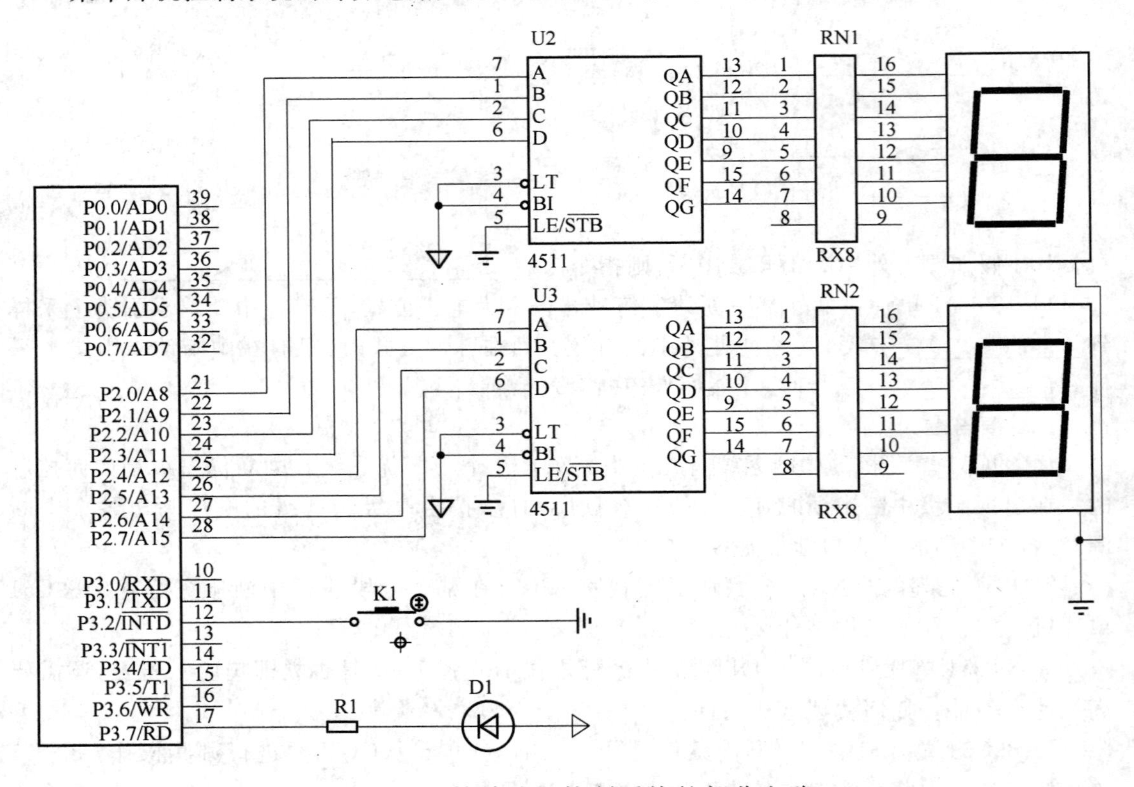

图 6.11 某单片机控制系统的部分电路

```
        org     ________h
        ljmp    main
        org     h
        ljmp    ABC
main:   ________                    ;CPU 开中断
        ________                    ;中断源开中断
        SETB    IT0                 ;外中断触发方式为________
        mov     r2,#0               ;个位单元清 0
        mov     r3,#0               ;十位单元清 0
```

```
        mov     p2,#00h
up:     lcall ABC1                  ;延时时间为
        inc     r2
        cjne    r2,#10,nn1
        mov     r2,#0
        inc     r3
        cjne    r3,#6,nn1
        mov     r3,#0
nn1:    ________
```

以下为显示程序,根据电路图,填写如下指令:

```
        ________
        ________
        ________
        ljmp    up

ABC:    mov     51h,#10
int2:   mov     52h,#100
int1:   cpl     p3.7
        lcall   ABC1
        djnz    52h,int1
        djnz    51h,int2
        ________

ABC1:   mov     r7,#5 ;晶振频率为 6 MHz
ds1:    mov     r6,#200
ds2:    mov     50h,#250
        djnz 50h,$
        djnz    r6,ds2
        djnz    r7,ds1
        ________
```

R1 的作用是________,其值的大小是________,计算公式为________。

4511 的作用是____________________。

程序的功能是____________________。

第7章 定时/计数器及应用

在单片机控制系统中，尤其是单片机实时测控系统中，经常需要为CPU和I/O设备提供实时时钟，以实现定时中断、定时检测、定时扫描、定时显示等定时或延时控制，或者对外部事件进行计数，并将计数结果提供给CPU。所以定时与计数是单片机控制系统中经常遇到的问题。

7.1 定时计数技术概述

定时和计数都是利用计数器对脉冲进行计数。定时是对周期固定的脉冲进行计数，定时时间为脉冲周期与脉冲个数的乘积。计数是对外界产生的脉冲进行计数。计数器的计数方式可以是加1计数，也可以是减1计数。

在单片机控制系统中定时/计数的实现方法有3种：软件定时/计数器、数字电路定时/计数器和可编程的定时/计数器。

7.1.1 软件定时/计数器

软件定时是靠执行一段循环程序以实现时间延迟。例如，当单片机的时钟频率为6 MHz时，如下的延时子程序可以实现5 ms的定时。

```
D5MS:   MOV    R7,#5
D5MS0:  MOV    R6,#250
        DJNZ   R6,$
        DJNZ   R7,D5MS0
        RET
```

软件定时的特点是时间精确，不需外加硬件电路。但软件定时需要占用CPU的时间，增加了CPU的负担，因此软件定时的时间不宜太长。此外，软件定时的方法在某些情况下无法使用。

软件计数是用数据存储器的存储单元作为软件计数器，通过程序使软件计数器加1或减1以实现计数。例如，设开关与P3.0相连接，统计开关按动次数，并将计数结果存于60H单元。可以用如下程序实现：

```
    MOV    60H,#0     ;作为计数器的60H单元清0
UP: JB     P3.0,$     ;开关按下吗？若未按下，则继续检测，直到按下为止
```

```
JNB    P3.0,$        ;开关抬起吗？若未抬起，则继续检测，直到抬起为止
INC    60H           ;开关按下，并抬起后，使计数单元加 1
SJMP   UP            ;继续检测开关
```

上述程序中，60H 单元为软件计数器，CPU 通过检测开关状态，决定 60H 单元是否加 1。软件计数的特点是不需外加硬件电路。但软件计数需要占用 CPU 的时间，与定时一样，也增加了 CPU 的负担。

7.1.2 数字电路定时/计数器

对于一些计数和时间较长的定时，常使用硬件电路完成。硬件定时计数的特点是定时计数功能全部由硬件电路完成，不占用 CPU 的时间。但需要通过改变电路中的元件参数来调节定时时间和计数长度，使用上不够灵活。

7.1.3 可编程的定时/计数器

虽然可以利用延时程序来取得定时的效果，但这会降低 CPU 的工作效率。如果能用一个可编程的实时时钟，以实现定时或延时控制，则 CPU 不必通过等待来实现延时，从而可以提高 CPU 的效率。可编程的定时器就是通过对系统时钟脉冲进行计数来实现定时，计数值可以通过程序设定，改变计数值也就改变了定时时间，使用起来既灵活又方便。此外，由于采用计数方法实现定时，因此，可编程的定时器兼有计数功能，可以对外来脉冲进行计数。

目前，可编程的定时器芯片很多，如 Intel 公司生产的 8253 就是一个可以实现定时/计数的可编程定时器芯片，与单片机的接口比较方便。

为了使用方便并增加单片机的功能，很多单片机内部都集成了可编程的定时/计数器。80C51 系列单片机内部就有两个可编程的定时/计数器。下面重点介绍 80C51 系列单片机内部的可编程定时/计数器。

7.2 80C51 系列单片机的定时/计数器

80C51 系列单片机内有 2 个独立的 16 位的可编程定时/计数器，称为定时器 0(T0)和定时器 1(T1)，可编程选择其作为定时器用或作为计数器用。此外，定时/计数器的工作方式、定时时间、计数值、启动、中断请求等都可以由程序设定。

7.2.1 80C51 系列单片机定时/计数器的结构及工作原理

80C51 系列单片机内有 2 个定时/计数器的结构如图 7.1 所示。

定时/计数器的核心是一个加 1 计数器，其计数脉冲可以来自内部系统时钟，也可以是外部脉冲。当方式开关处于上位时，计数器的输入脉冲来自时钟振荡器经 12 分频以后的脉冲信号，该脉冲正好是一个机器周期(因为 1 个机器周期包含 12 个振荡周期)。如果晶振频率为 12 MHz，则计数器每 1 μs 接收 1 个时钟脉冲，计数器的值加 1。当计数器计满溢出时，即计数器的值由不是 0 变为 0 时，硬件电路使 TF0 置 1，向 CPU 发出中断请求。因此由预置的计数初值可以算出从加 1 计数器启动到计数溢出所用时间，该时间就是定时时间。此

时,定时/计数器作为定时器使用。当方式开关处于下位时,计数器的输入脉冲来自外部。外部脉冲由引脚 P3.4 引入(T1 的外部计数脉冲由引脚 P3.5 引入)。CPU 在每个机器周期的 S5P2 采样引脚 T0 的信号,若在一个机器周期采样到引脚 T0 为高电平,而在下一个机器周期采样到引脚 T0 为低电平,则认为采样到下降沿,计数器的值加 1。当计数器计满溢出时,硬件使 TF0 置 1,可以向 CPU 发中断请求。因此由预置的计数初值可以算出从加 1 计数器启动到计数溢出所记录的外部脉冲的个数。此时,定时/计数器作为计数器使用。

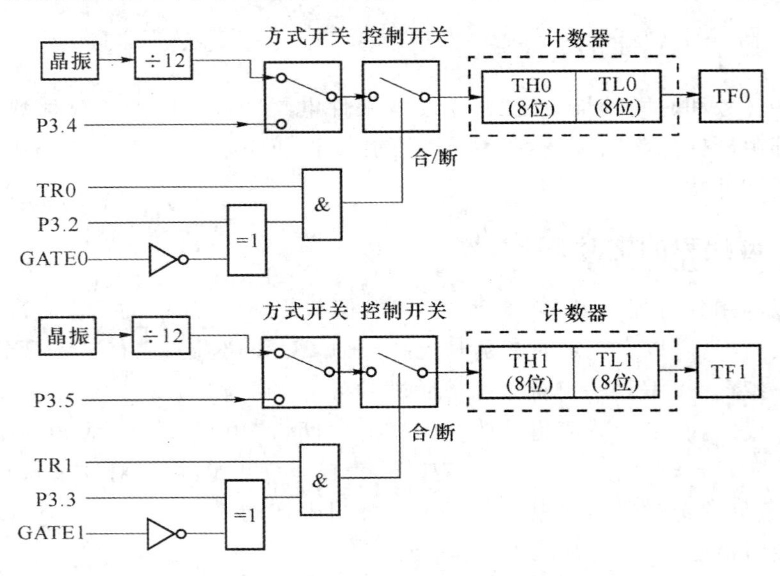

图 7.1 定时/计数器的内部结构图

定时/计数器作为计数器使用时,由于识别引脚 P3.4 或 P3.5 是否出现下降沿时,需要 2 个机器周期(24 个振荡周期),因此计数器的最快计数频率是振荡频率的 1/24。外部的输入信号必须至少保持一个完整的机器周期,以确保被采样。例如,若单片机晶振频率为 12 MHz,则外部计数脉冲的最高频率只能为 500 kHz。

定时/计数器作为计数器使用时,也可以实现定时,此时要求从 P3.4 或 P3.5 输入的外部计数脉冲的周期准确、稳定,当计数器溢出时便可由计数初值乘以外部计数脉冲的周期求出定时时间。

加 1 计数器实际上是由 2 个 8 位的特殊功能寄存器 TH0、TL0 或 TH1、TL1 构成的。这些寄存器用于存放定时或计数的初值。可以用 MOV 指令给计数器赋初值,即给 TH0、TL0 和 TH1、TL1 赋值。一般情况下,当计数器工作时,这些寄存器中的值随计数脉冲做加 1 变化。

由定时/计数器的结构图可以看到,计数脉冲通过一个控制开关后,送到加 1 计数器的输入端。只有当控制开关闭合时,计数脉冲才能到达计数器输入端,开始加 1 计数。控制开关闭合的条件如下。

当 GATE0=0 时,控制开关的开或合取决于 TR0,只要 TR0 是 1,控制开关就合上,计数脉冲得以畅通无阻地送给加 1 计数器,而如果 TR0 等于 0,则控制开关打开,计数脉冲无法通过。因此定时/计数器是否工作,只取决于 TR0。

当 GATE0=1 时,控制开关不仅要由 TR0 来控制,而且还要受到引脚 P3.2 的控制,只有 TR0 为 1,且引脚 P3.2 也是高电平时,控制开关才合上,计数脉冲才得以通过。

TR0 和 TR1 称为启动信号,它是特殊功能寄存器 TCON 中的一个位;GATE0 和 GATE1 称为门控信号,是特殊功能寄存器 TMOD 中的一个位。

7.2.2 定时/计数器的控制寄存器和方式寄存器

80C51 系列单片机对定时/计数器的控制是通过定时器控制寄存器(TCON)和方式控制寄存器(TMOD)两个特殊功能寄存器来实现的。

1. 定时器控制寄存器

定时器控制寄存器(TCON)是一个 8 位的特殊功能寄存器,地址为 88H,可以位寻址。CPU 可以通过 MOV 指令来设定 TCON 中各位的状态,也可以通过位操作指令对其置位或清 0。TCON 的格式如下:

D7	D6	D5	D4	D3	D2	D1	D0
TF1	TR1	TF0	TR0	IE1	IT1	IE0	IT0
8FH	8EH	8DH	8CH	8BH	8AH	89H	88H

TCON 中被用做中断标志的各位已经在 6.2.1 节中介绍了,这里只介绍定时/计数器的启动/停止控制位:TR0 和 TR1。

TR0:为 T0 运行控制位。定时/计数器的启动必须受 TCON 中的 TR0 位的控制。当 TR0=1 时,启动定时/计数器 T0 工作;当 TR0=0 时,关闭定时/计数器 T0。该位由软件进行设置。

TR1:为 T1 运行控制位。其功能与 TR1 类似。

2. 定时器方式控制寄存器

定时器方式控制寄存器(TMOD)是一个 8 位特殊功能寄存器,地址为 89H,不可位寻址。CPU 可以通过 MOV 指令来设定 TMOD 中各位状态。TMOD 用来选择定时/计数器的工作方式。其中高 4 位用于 T1,低 4 位用于 T0。TMOD 的格式如下。

D7	D6	D5	D4	D3	D2	D1	D0
GATE1	$C/\overline{T1}$	M11	M10	GATE0	$C/\overline{T0}$	M01	M00
定时器 1				定时器 0			

各位功能如下。

M1 和 M2:工作方式控制位。这两位用来确定定时/计数器的具体工作方式。M1、M2 的 4 种组合刚好与定时/计数器的 4 种工作方式对应。定时/计数器工作方式如表 7.1 所示。

表 7.1　定时/计数器工作方式

M1	M0	方　式	说　　明
0	0	0	13 位定时/计数器(TH 高 8 位加上 TL 中的低 5 位)
0	1	1	16 位定时/计数器
1	0	2	自动重装初值的 8 位定时/计数器
1	1	3	模式 3 只针对 T0,T0 分成两个独立的 8 位定时/计数器;T1 无模式 3

C/$\overline{\text{T}}$:计数或定时方式选择位。用来确定定时/计数器是工作在计数方式还是工作在定时方式。当 C/$\overline{\text{T}}$=0 时,定时器内部结构图中的方式开关处于上位,定时器为定时方式;当 C/$\overline{\text{T}}$=1 时,定时器内部结构图中的方式开关处于下位,定时器为计数方式。

GATE :门控标志。用于控制定时/计数器的启动是否受外部中断源信号的影响。当 GATE=0 时,与外部中断无关,由 TCON 寄存器中的 TR0 或 TR1 位控制 T0 或 T1 的启动;当 GATE=1 时,由控制位 TR0 或 TR1 和引脚 P3.2 或 P3.3 共同控制启动,即外部引脚参与启动或停止定时/计数器,只有引脚 P3.2 或 P3.3 和 TR0 或 TR1 都是高电平时才能启动定时/计数器。

注意:TMOD 和 TCON 寄存器在单片机复位时都被清 0。

7.2.3 定时/计数器的工作方式

80C51 系列单片机内部的定时/计数器一共有 4 种工作方式,由 TMOD 的相关位设置。T0 共有 4 种工作方式,分别是方式 0、方式 1、方式 2 和方式 3。T1 共有 3 种工作方式,分别是方式 0、方式 1 和方式 2。

1. 方式 0

定时器 T0 和定时器 T1 都可以设置成方式 0。在方式 0 下,定时器 T0 和 T1 的结构与操作都是相同的。下面仅以 T0 为例进行介绍。在方式 0 下,T0 的方式 0 逻辑结构如图 7.2所示。

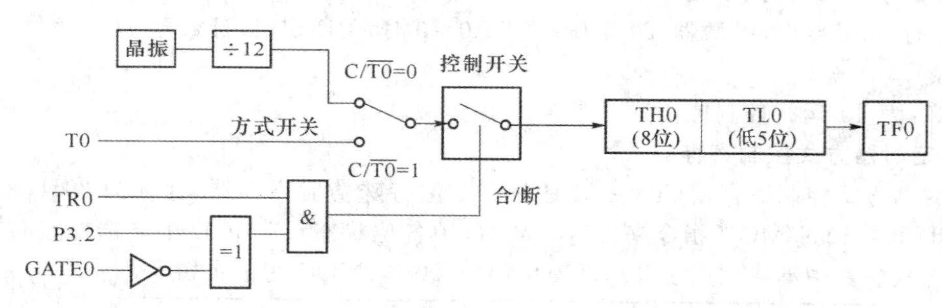

图 7.2 T0 的方式 0 逻辑结构图

在此工作方式下,定时器中的计数器是一个 13 位的计数器,由 TH0 的 8 位和 TL0 的低 5 位组成,TL0 的高 3 位未用,最大计数值为 2^{13}。T0 启动后,计数器进行加 1 计数,当 TL0 的低 5 位计数溢出时向 TH0 进位,TH0 计数溢出时,相应的溢出标志位 TF0 置位,以此作为定时器溢出中断标志。如果允许中断,则当单片机进入中断服务程序时,由内部硬件自动清除该标志;如果不允许中断,则可以通过查询 TF0 的状态来判断 T0 是否溢出,这种情况下需要通过软件清除 TF0 标志位。

定时/计数器初值的计算如下。

用做定时器时,定时时间 T=(2^{13}－T0 的初值)×时钟周期×12,则

$$\text{T0 的初值} = 2^{13} - T/(\text{时钟周期} \times 12)$$

将 T0 初值的十进制形式转换成二进制数,低 5 位送 TL0,TL0 的高 3 位数为任意值,一般取 0,高 8 位送 TH0,即实现了给定时器赋初值的要求。

用做计数器时,计数次数值 N=2^{13}－T0 的初值,则

$$T0\text{的初值}=2^{13}-\text{计数次数值}N$$

将 T0 初值的十进制形式转换成二进制数，低 5 位送 TL0，TL0 的高 3 位数为任意值，一般取 0，高 8 位送 TH0，即实现了给计数器赋初值的要求。

2. 方式 1

定时器 T0 和定时器 T1 都可以设置成方式 1。在方式 1 下，定时器 T0 和 T1 的结构与操作都是相同的。下面仅以 T0 为例进行介绍。在此工作方式下，T0 构成 16 位定时/计数器，其中 TH0 作为高 8 位，TL0 作为低 8 位，最大计数值为 2^{16}，其余同方式 0 类似。方式 1 下，T0 的方式 1 逻辑结构如图 7.3 所示。

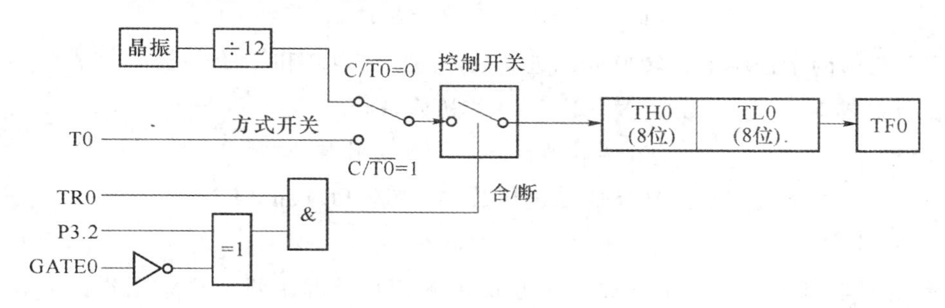

图 7.3　T0 的方式 1 逻辑结构图

定时/计数器初值的计算如下。

用做定时器时，定时时间 $T=(2^{16}-T0\text{的初值})\times\text{时钟周期}\times12$，则

$$T0\text{的初值}=2^{16}-T/(\text{时钟周期}\times12)$$

将 T0 初值的十进制形式转换成二进制数，低 8 位送 TL0，高 8 位送 TH0。

用做计数器时，计数次数值 $N=2^{16}-T0\text{的初值}$，则

$$T0\text{的初值}=2^{16}-\text{计数次数值}N$$

将 T0 初值的十进制形式转换成二进制数，低 8 位送 TL0，高 8 位送 TH0。

3. 方式 2

定时器 T0 和定时器 T1 都可以设置成方式 2。在方式 2 下，TH0 和 TL0 被当做两个 8 位计数器，计数过程中，TH0 寄存 8 位初值并保持不变，由 TL0 进行加 1 计数。当 TL0 计数溢出时，除了可产生中断申请外，还将 TH0 中保存的内容向 TL0 重新装入，以便于从预定计数初值开始重新计数，而 TH0 中的初值仍然保留，以便下轮计数时再对 TL0 进行重装初值。T0 的方式 2 逻辑结构如图 7.4 所示。

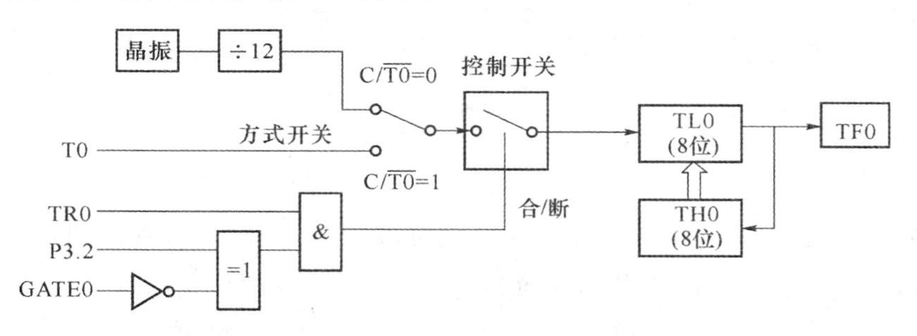

图 7.4　T0 的方式 2 逻辑结构图

在方式 0 和方式 1 中，当计数溢出后，若要进行下一轮计数过程，需用软件向 TH0 和 TL0 重新预置计数初值，才能保证从预定计数初值开始重新计数，否则从 0000H 开始做加 1 计数。而方式 2 可以自动装入初值，不需要在溢出后用软件重新装入计数初值。因此，方式 2 对于连续计数比较有利。但方式 2 的最大计数值只有 $2^8=256$，计数的长度受到很大的限制。

定时/计数器初值的计算如下。

用做定时器时，定时时间 $T=(2^8-\text{T0 的初值})\times$时钟周期$\times 12$，则

$$\text{T0 的初值}=2^8-T/(\text{时钟周期}\times 12)$$

将 T0 初值的十进制形式转换成二进制数，分别送 TL0 和 TH0。

用做计数器时，计数次数值 $N=2^8-\text{T0 的初值}$，则

$$\text{T0 的初值}=2^8-\text{计数次数值 }N$$

将 T0 初值的十进制形式转换成二进制数，分别送 TL0 和 TH0。

4. 方式 3

只有定时器 T0 有此工作方式。在方式 3 下，T0 被拆成两个独立工作的 8 位计数器 TL0 和 TH0。其中 TL0 用原 T0 的控制位、引脚和中断源，即 C/T0、GATE0、TR0 和 P3.4 引脚、P3.2 引脚，均用于 T0 的控制。它既可以按计数方式工作，又可以按定时方式工作。当 C/T0=1 时，TL0 作计数器使用，计数脉冲来自引脚 P3.4；当 C/T0=0 时，TL0 作定时器使用，计数脉冲来自内部振荡器的 12 分频时钟。T0 的方式 3 的逻辑结构如图 7.5 所示。

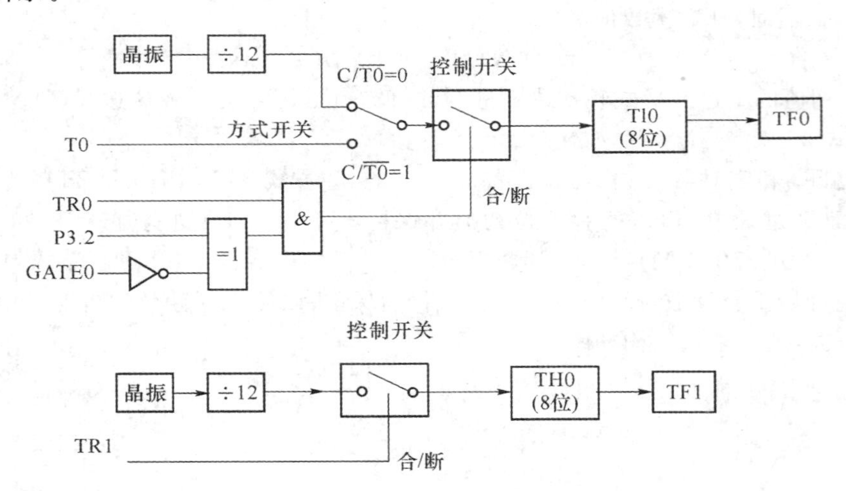

图 7.5　T0 的方式 3 的逻辑结构图

由图 7.5 可以看出，在方式 3 下，TH0 只可以用于定时功能，它占用原 T1 的控制位 TR1 和 T1 的中断标志位 TF1，其启动和关闭仅受 TR1 的控制。当 TR1=1 时，控制开关接通，TH0 对 12 分频的时钟信号计数；当 TR1=0 时，控制开关断开，TH0 停止计数。可见，方式 3 为 T0 增加了一个 8 位定时器。

当 T0 工作在方式 3 时，T1 仍可设置为方式 0、方式 1 和方式 2。T0 工作于方式 3 时，T1 的结构如图 7.6 所示。

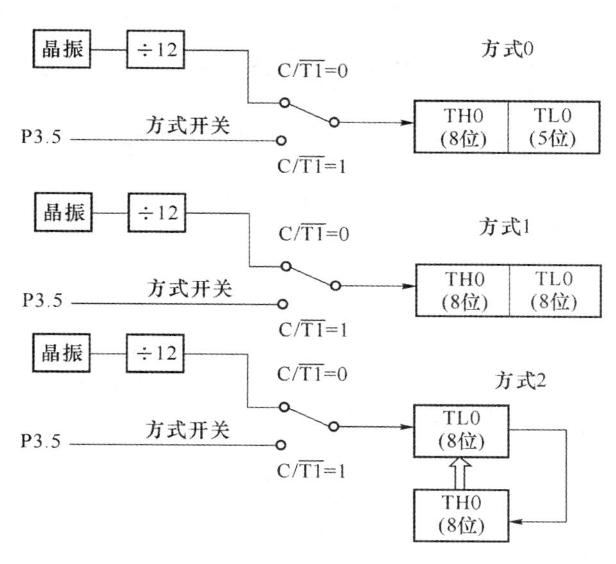

图 7.6　T0 方式 3 时 T1 的 3 种结构图

由于 TR1 与 TF1 已被定时器 0 占用，此时仅有控制位 C/T1 切换 T1 的定时或计数工作方式，计数溢出时，不能使中断标志位 TF1 置 1。在这种情况下，T1 一般作为串行口的波特率发生器使用，或不需要中断的场合。当给 TMOD 赋值，即确定了 T1 的工作方式后，定时器 T1 自动开始启动；若要停止 T1 的工作，只需要送入一个设置 T1 为方式 3 的控制字即可。通常把定时器 1 设置为方式 2 作为串行口的波特率发生器比较方便。

7.3　定时/计数器的应用

定时器是单片机应用系统中的重要功能部件，通过灵活应用其不同的工作方式可以减轻 CPU 的负担，简化外围电路。本节通过几个任务，介绍定时器的使用方法。

7.3.1　定时/计数器的初始化

80C51 系列单片机内部的定时/计数器是可编程的，其工作方式和工作过程均通过程序对它进行设定和控制。因此，在定时/计数器工作前必须先对它进行初始化。初始化步骤如下。

(1) 给 TMOD 寄存器赋值，以确定定时器的工作方式，并选择定时/计数器是工作于定时方式还是计数方式。

(2) 置定时/计数器初值，即将初值写入寄存器 TH0、TL0 或 TH1、TL1。

(3) 设置定时/计数器中断允许位。如果采用中断方式进行定时计数控制，则要对寄存器 IE 置初值，以开放定时器中断和 CPU 中断；如果不允许定时器溢出时向 CPU 发中断请求，则应通过指令查询 TF0 或 TF1，当 CPU 检测到 TF0 或 TF1 置 1 时，就可以转入相应的处理程序，在处理程序中要通过软件使 TF0 或 TF1 清 0。

(4) 对 TCON 中的 TR1 或 TR0 置位，以启动定时/计数器。置位以后，计数器即按规定的工作方式和初值进行计数。

例 7.1 设 89C51 单片机的晶振频率为 6 MHz，编程使 P1.0 输出一个周期为 2 ms 的方波。

解：根据题意，每隔 1 ms 使 P1.0 的电位取反即可。本题可以用 3 种方法实现 1 ms 的定时。

方法 1：用延时程序实现 1 ms 的延时。

```
UP：    SETB    P1.0        ;使 P1.0 为高电平
        LCALL   D1MS        ;延时 1 ms
        CLR     P1.0        ;使 P1.0 为低电平
        LCALL   D1MS        ;延时 1 ms
        SJMP    UP
;1 ms 延时子程序
D1MS：  MOV     R5，#250
        DJNZ    R5，$
        RET
```

方法 2：用 T0 定时 1 ms，不允许中断。因为在计数过程中 TF0＝0，当定时时间到时，计数器溢出使 TF0 置 1，所以在禁止中断的情况下，可以用查询 TF0 的方法确定定时时间是否到了。

当时钟频率为 6 MHz 时，计数周期为 6/12 MHz＝0.5 μs。计数脉冲个数为 1÷0.000 5＝2 000。

若采用方式 0，则计数初值为 $2^{13}-2\,000=6\,192$＝1830H＝11000001 10000B。

其高 8 位为寄存器 TH0 的初值，即 TH0＝C1H，低 5 位为寄存器 TL0 的初值，注意应该是 10H，而不是 30H，因为方式 0 时，TL0 的高 3 位是不用的，都设为 0，即 TL0＝00010000B。

若采用方式 1，则计数初值为 $2^{16}-2\,000=63\,536$＝F830H。

高 8 位为寄存器 TH0 的初值，即 TH0＝F8H，低 8 位为寄存器 TL0 的初值，即 TL0＝30H。

令 T0 工作于方式 0。程序如下：

```
        MOV     TMOD，#00H      ;设置定时器 0 工作于方式 0，定时
LOOP：  MOV     TH0，#0C1H      ;赋定时器初值
        MOV     TL0，#10H
        SETB    TR0             ;启动定时器 0
        JNB     TF0，$          ;检测 TF0，若 TF0 = 0，则继续检测
        CPL     P1.0            ;TF0 = 1，则使 P1.0 取反
        CLR     TF0             ;清除 TF0
        SJMP    LOOP
```

由于没有采用中断方式，TF0 置 1 后不会自动清 0，所以程序中用指令 CLR TF0 使 TF0 清 0。该程序简单，但 CPU 效率不高。

方法 3:用 T0 定时 1 ms,采用中断方式确定定时时间是否到了。启动定时器后,计数器开始进行加 1 计数,CPU 可以执行其他程序。当计数器溢出时使 TF0 置 1,向 CPU 提出中断请求,因为采用中断方式,中断源已经在主程序中打开。所以,CPU 响应中断后,进入中断服务程序,在中断服务程序中令 P1.0 取反,然后返回主程序。本例中 CPU 反复执行主程序中的指令 SJMP $ 。

```
        ORG     0000H
        LJMP    MAIN            ;跳转至主程序
        ORG     000BH           ;T0 中断服务程序入口地址
        LJMP    T0INT           ;跳转至 T0 的中断服务程序
MAIN:   MOV     TMOD,#01H       ;设置定时器 0 工作于方式 1,定时
        MOV     TH0,#0F8H       ;赋定时器初值
        MOV     TL0,#30H
        SETB    EA              ;开 CPU 中断
        SETB    ET0             ;开 T0 中断
        SETB    TR0             ;启动定时器 0
        SJMP    $               ;等待
T0INT:  MOV     TL0,#30H        ;赋定时器初值
        MOV     TH0,#0F8H
        CPL     P1.0            ;使 P1.0 取反
        RETI                    ;返回
```

该程序利用定时器溢出中断来产生方波,可以提高 CPU 的效率。

例 7.2　用定时器控制方波输出,使 P1.1 输出一个周期为 2 s 的方波。设单片机的晶振频率为 12 MHz。

解:当定时器工作于方式 0 时,如果计数初值为 0 ,则定时/计数器可以记录的脉冲个数最多,定时时间最长,最大定时时间是($2^{13}-0$)×时钟周期×12=8.192 ms;当定时器工作于方式 1 时,最大定时时间是($2^{16}-0$)×时钟周期×12=65.536 ms;当定时器工作于方式 2 时,最大定时时间是($2^{8}-0$)×时钟周期×12=256 μs。欲产生周期为 2 s 的方波,定时器 T0 必须能定时 1 s,这个值已经超过了定时器的最大定时时间。为此,只有采用定时器定时和软件计数相结合的方法才能解决问题。例如,可以在主程序中设定一个初值为 50 的软件计数器,同时使 T0 定时 20 ms。这样,每当 T0 定时到 20 ms 时 CPU 就响应定时器的溢出中断请求,从而进入定时器的中断服务程序。在中断服务程序中,CPU 先使软件计数器减 1,然后判断它是否为 0。若为 0,则说明 1 s 时间到,完成所需操作后返回主程序;若不为 0,则说明 1 s 时间未到,不进行任何操作,直接返回主程序。

当时钟频率为 12 MHz 时,计数周期 12/12 MHz =1 μs。计数脉冲个数为 20÷0.001=20 000。若采用方式 1,则计数初值为 2^{8} −20 000=45 536=3CB0H,高 8 位为寄存器 TH0 的初值,即 TH0=3CH,低 8 位为寄存器 TL0 的初值,即 TL0=B0H。

具体程序如下:

```
        ORG     0000H
        LJMP    MAIN            ;跳转至主程序
        ORG     000BH           ;T0 中断服务程序入口地址
```

```
        LJMP   T0INT        ;跳转至 T0 的中断服务程序
MAIN:   MOV    TMOD,#01H    ;设置定时器 0 工作于方式 1,定时
        MOV    TH0,#3CH     ;赋定时器初值
        MOV    TL0,#0B0H
        MOV    IE,#82H      ;开 CPU 和定时器 0 的中断
        SETB   TR0          ;启动定时器 0
        MOV    R7,#50       ;软件计数器初值为 50
        SJMP   $
T0INT:  MOV    TL0,#3CH     ;赋定时器初值
        MOV    TH0,#0B0H
        DJNZ   R7,T0INT1    ;软件计数器减 1,若不是 0,则直接返回
        CPL    P1.0         ;软件计数器减 1 后,若是 0,则使 P1.0 取反
        MOV    R7,#50       ;重新给软件计数器赋初值
T0INT1: RETI
```

这种软、硬件结合取得长时间定时的方法,除了可用于输出方波,也可以用在其他需要长时间定时控制的场合,并且 CPU 的效率仍然很高。

7.3.2 电子表

学习目标:通过学习电子表的完成方法,掌握单片机内部定时器作为定时器(中断方式)时的使用方法;掌握数码管的动态驱动方式及其驱动程序的编写。

任务描述:用单片机控制 6 只数码管,使数码管显示时、分、秒的时间值。

任务实施:本任务中有 6 个数码管,数码管应该采用动态驱动方式与单片机连接。

(1) 硬件电路设计

根据题意,单片机采用动态方式驱动 6 个数码管,字形到字形码的转换采用查表方式。实时时钟的硬件电路图如图 7.7 所示。图中的 ULN2003 是高耐压、大电流达林顿陈列,由 7 个硅 NPN 达林顿管组成。ULN2003 采用集电极开路输出,输出电流大,故可直接驱动继电器或固体继电器,也可直接驱动低压灯泡。通常单片机驱动 ULN2003 时,上拉 2 kΩ 的电阻较为合适,同时,COM 引脚应该悬空或接电源。当 ULN2003 的输入为 5 VTTL 电平时,输出可达 500 mA/50 V。

(2) 驱动程序设计

本任务中将 35H,34H,33H,32H,31H,30H 作为显示缓冲区,同时,也作为计数单元,分别为时十位单元,时个位单元,分十位单元,分个位单元,秒十位单元,秒个位单元,它们中的内容按照 1 s 的时间变化。

1 s 的定时用定时器 T1 定时 5 ms,中断 200 次实现。

为了实现动态显示,需要不断扫描 6 个数码管,即 P1.0～P1.5 需要轮流输出 1,同时 P2.0～P2.7 送出相应的欲显示数字,待显示的数字存放在显示缓冲单元 30H～35H 单元中。在轮流显示过程中,每位数码管的点亮时间为 1～2 ms,熄灭时间不能超过 20 ms。由于人的视觉暂留现象及发光二极管的余辉效应,尽管各位数码管没有同时点亮,但只要扫描的速度足够快,给人的印象就是一组稳定的显示数据,不会有闪烁感。本任务中用定时器

T0 定时 2 ms，T0 的中断服务程序中实现动态显示扫描。即每中断 1 次，扫描 1 个数码管。

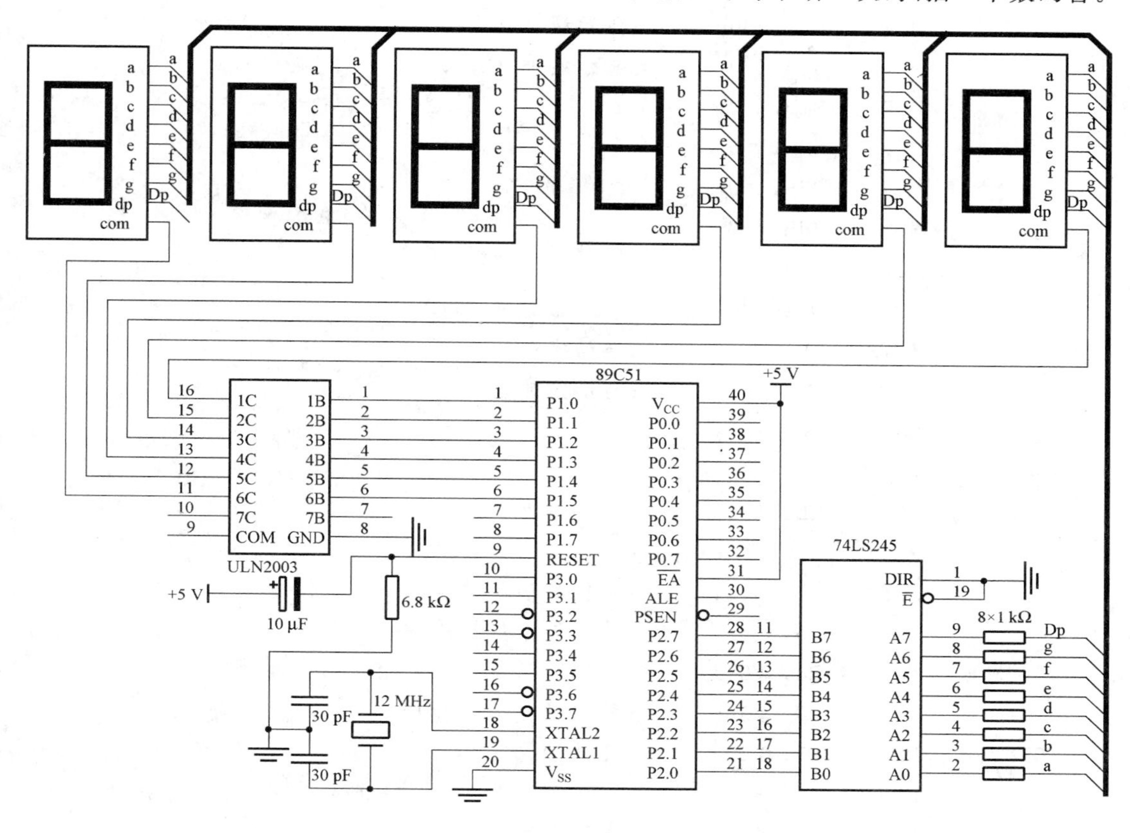

图 7.7　电子表的硬件电路图

程序如下：

```
         ORG    0000H
         LJMP   MAIN          ;跳转至主程序
         ORG    000BH         ;T0 中断服务程序入口地址
         LJMP   T0INT         ;跳转至 T0 的中断服务程序
         ORG    001BH         ;T1 中断服务程序入口地址
         LJMP   T1INT         ;跳转至 T1 的中断服务程序
MAIN:    MOV    SP,#70        ;主程序:栈指针初始化
         MOV    TMOD,#11H     ;T1、T0 方式 1 定时
         MOV    TL1,#30H      ;初值→T1
         MOV    TH1,#0F8H
         MOV    TL0,#00H      ;初值→T0
         MOV    TH0,#0EEH
         MOV    IE,#8AH       ;允许 T1、T0 中断
         MOV    R7,#200       ;软计数器置初值(中断次数)
         MOV    R5,#6         ;动态显示扫描次数
```

```
        MOV     R4,#01H         ;动态显示位扫描初值
        MOV     R0,#30H         ;显示缓冲区首地址送 R0
        MOV     30H,#0          ;显示缓冲区清 0
        MOV     31H,#0
        MOV     32H,#0
        MOV     33H,#0
        MOV     34H,#0
        MOV     35H,#0
        MOV     DPTR,#TAB       ;表首地址送 DPTR
        SETB    TR1             ;启动定时器 1
        SETB    TR0             ;启动定时器 0
        SJMP    $
;T0 中断服务程序
T0INT:  MOV     TL0,#00H        ;初值→T0
        MOV     TH0,#0EEH
        DJNZ    R5,T0INT1       ;一轮扫描结束否
        MOV     R5,#6           ;动态显示扫描次数
        MOV     R4,#01H         ;动态显示位扫描初值
        MOV     R0,#30H         ;显示缓冲区首地址
T0INT1: MOV     P1,#00H         ;关显示
        MOV     A,@R0           ;取显示缓冲区中的数据
        MOVC    A,@A+DPTR       ;查表取字形码
        MOV     P2,A            ;送段码
        MOV     P1,R4           ;送位码
        MOV     A,R4
        RL      A
        MOV     R4,A
        INC     R0
        RETI
;T1 中断服务程序
T1INT:  MOV     TL1,#30H        ;初值→T1
        MOV     TH1,#0F8H
        DJNZ    R7,T1INT0       ;1 s 时间不到,直接返回
        MOV     R7,#125         ;1 s 时间到,修改计数器的值
        INC     30H             ;秒个位单元加 1
        MOV     R3,30H
        CJNE    R3,#10,T1INT0
        MOV     30H,#0
        INC     31H             ;秒十位单元加 1
```

```
          MOV    R3,31H
          CJNE   R3,#6,T1INT0
          MOV    31H,#0
          INC    32H          ;分个位单元加 1
          MOV    R3,32H
          CJNE   R3,#10,T1INT0
          MOV    32H,#0
          INC    33H          ;分十位单元加 1
          MOV    R3,33H
          CJNE   R3,#6,T1INT0
          MOV    33H,#0
          INC    34H          ;时个位单元加 1
          MOV    R3,34H
          CJNE   R3,#4,T1INT1
          MOV    R3,35H
          CJNE   R3,#2,T1INT1
          SJMP   T1INT2
T1INT1:   CJNE   R3,#10,T1INT0
          MOV    34H,#0
          INC    35H          ;时十位单元加 1
          LJMP   T1INT0
T1INT2:   MOV    30H,#0
          MOV    31H,#0
          MOV    32H,#0
          MOV    33H,#0
          MOV    34H,#0
          MOV    35H,#0
T1INT0:   RETI
TAB: DB 3FH,06H,5BH,4FH,66H,6DH,7DH,07H,7FH,6FH
```

7.3.3 外脉冲计数器

学习目标:通过学习外脉冲计数器的完成方法,掌握单片机内部定时器作为计数器时的使用方法。

任务描述:用单片机监视一生产流水线,每通过 100 个工件(1 包)时,蜂鸣器以 500 Hz 的频率响 5 s,并用数码管显示工件个数和包数。

任务实施:

(1) 硬件电路设计

根据题意,可以用光电装置检测流水线上是否有工件通过,每通过一个工件,该装置就会产生一个脉冲。将该脉冲送至单片机的定时/计数器的输入端(P3.4 或 P3.5),通过定时/计数器记录脉冲的个数(工件的个数),并用 2 个数码管显示脉冲个数(工件数),1 个数码管显示包数。3 个数码管可以采用静态驱动方式,用 CD4511 实现字形到字形码的转换。外脉冲计数器的硬件电路图如图 7.8 所示。

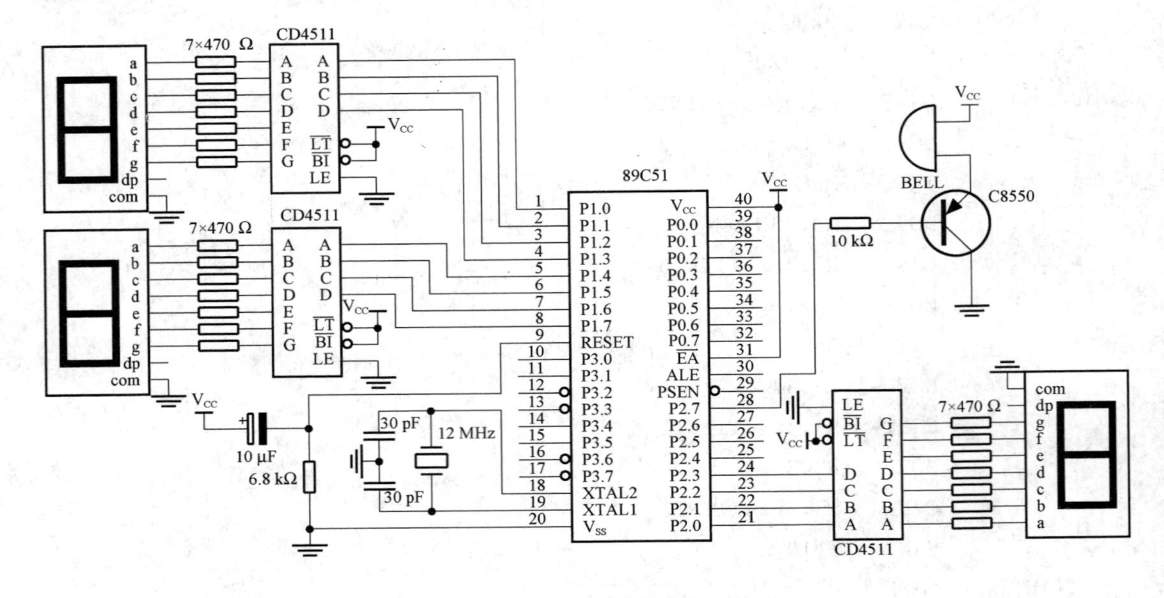

图 7.8　外脉冲计数器的硬件电路图

(2) 驱动程序设计

本任务中用定时器 T1 进行计数,令其工作在计数方式,当其计满 100 个脉冲时,提出中断请求,进入 T1 的中断服务程序。在 T1 的中断服务程序中,令蜂鸣器响,当 5 s 时间到,就关闭蜂鸣器,包数计数单元加 1 并显示。

程序如下:

```
        ORG   0000H
        LJMP  MAIN          ;跳转至主程序
        ORG   001BH         ;T1 中断服务程序入口地址
        LJMP  T1INT         ;跳转至 T1 的中断服务程序
MAIN:   MOV   SP,#70H       ;主程序:栈指针初始化
        MOV   TMOD,#61H     ;T1、T0 方式 1 定时
        MOV   TL1,#9CH      ;初值→T1
        MOV   TH1,#9CH
        MOV   IE,#88H       ;允许 T1 中断
        MOV   R2,#0         ;包数单元清 0
        MOV   P2,R2
        SETB  TR1           ;启动定时器 1
UP:     MOV   A,#00H        ;求工件个数
        CLR   C
        SUBB  A,TL1
```

```
        MOV    B,A
        MOV    A,#100
        CLR    C
        SUBB   A,B
        MOV    B,# 100          ;转换成 BCD 码
        DIV    AB
        MOV    A,B
        MOV    B,#10
        DIV    AB
        SWAP   A
        ORL    A,B
        MOV    P1,A             ;显示十位和个位数
        SJMP   UP
;T1 中断服务程序
T1INT:  MOV    R7,#25
T1INT1: MOV    R6,#200
T1INT0: CPL    P1.0
        LCALL  D1MS
        DJNZ   R6,T1INT0
        DJNZ   R7,T1INT1        ;5 s 时间到否
        INC    R2
        CJNE   R2,#10,T1INT2
        MOV    R2,#0
TIINT2: MOV    P2,R2
        RETI
```

7.3.4　简易电子琴

学习目标：通过学习简易电子琴的完成方法，掌握单片机内部定时器作为定时器（查询方式）时的使用方法，了解音符、频率与定时器初值的关系。

任务描述：用单片机控制一个蜂鸣器，使之在 8 个按键的作用下，可以分发出 8 个音符。

任务实施：

（1）硬件电路设计

根据题意，简易电子琴的硬件电路如图 7.9 所示。

（2）驱动程序设计

单片机演奏一个音符，是通过引脚周期性地输出一个特定频率的方波。单片机应该在半个周期内输出低电平、另外半个周期输出高电平，周而复始。每个音符对应着一个频率值。各个音符对应的频率值如表 7.2 所示。

周期为频率的倒数，可以通过音符的频率计算出半周期。演奏时，要根据音符频率的不同，把对应的、半个周期的定时时间初始值送入定时器，再由定时器按时输出高低电平。

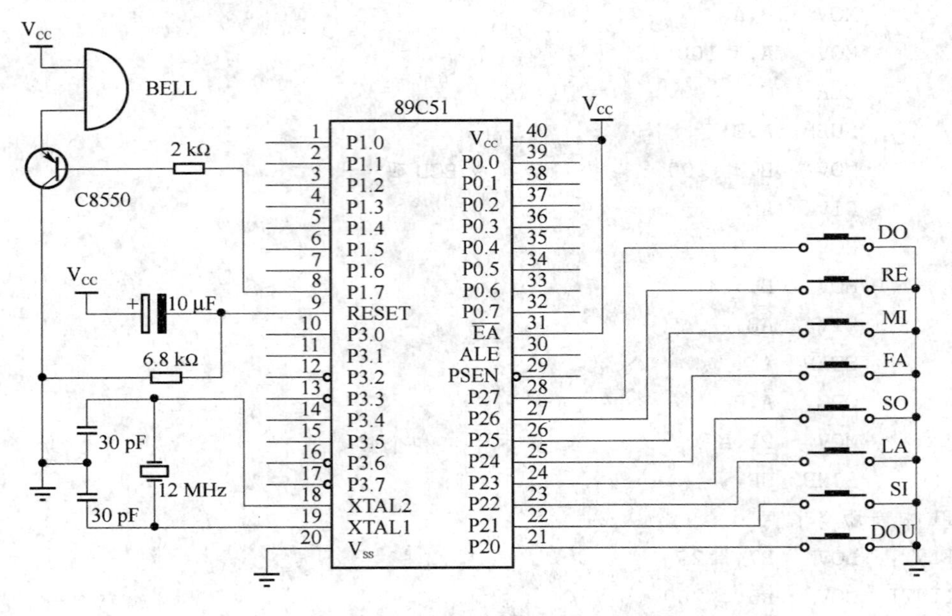

图 7.9　简易电子琴的电路图

表 7.2　各个音符对应的频率值

简谱	1	2	3	4	5	6	7	1
频率	523	587	659	698	784	880	987	1 046

程序如下：

```
      MOV    TMOD,#01H
      MOV    P2,#0FFH
UP:   JB     P2.0,N1          ;检测 DO 开关
      LCALL  DO               ;调用 DO 子程序
N1:   JB     P2.1,N2
      LCALL  RE
N2:   JB     P2.2,N3
      LCALL  MI
N3:   JB     P2.3,N4
      LCALL  FA
N4:   JB     P2.4,N5
      LCALL  SO
N5:   JB     P2.5,N6
      LCALL  LA
N6:   JB     P2.6,N7
      LCALL  SI
N7:   JB     P2.7,N8
      LCALL  HDO
```

```
N8: LJMP  UP
DO: MOV   TH0,#0F8H     ;DO子程序,DO的定时器初值为F888H
    MOV   TL0,#88H
    SETB  TR0           ;启动定时器
    JNB   TF0,$         ;检测是否到定时时间
    CLR   TF0           ;清除定时时间到的标志位,因为没有采用中断,所以TF0
                         不能自动清0
    CPL   P1.7          ;控制蜂鸣器的单片机引脚的电平切换
    JNB   P2.0,DO       ;若开关仍然按下则重复上述过程
    CLR   TR0           ;若开关抬起,则关闭定时器,单片机的引脚不再有电平的
                         切换
    RET
RE: MOV   TH0,#0F9H
    MOV   TL0,#59H
    SETB  TR0
    JNB   TF0,$
    CLR   TF0
    CPL   P1.7
    JNB   P2.1,RE
    CLR   TR0
    RET
MI: MOV   TH0,#0FAH
    MOV   TL0,#13H
    SETB  TR0
    JNB   TF0,$
    CLR   TF0
    CPL   P1.7
    JNB   P2.2,MI
    CLR   TR0
    RET
FA: MOV   TH0,#0FAH
    MOV   TL0,#68H
    SETB  TR0
    JNB   TF0,$
    CLR   TF0
    CPL   P1.7
    JNB   P2.3,FA
    CLR   TR0
    RET
SO: MOV   TH0,#0FBH
    MOV   TL0,#05H
```

```
      SETB  TR0
      JNB   TF0,$
      CLR   TF0
      CPL   P1.7
      JNB   P2.4,SO
      CLR   TR0
      RET
LA:   MOV   TH0,#0FBH
      MOV   TL0,#90H
      SETB  TR0
      JNB   TF0,$
      CLR   TF0
      CPL   P1.7
      JNB   P2.5,LA
      CLR   TR0
      RET
SI:   MOV   TH0,#0FCH
      MOV   TL0,#0BH
      SETB  TR0
      JNB   TF0,$
      CLR   TF0
      CPL   P1.7
      JNB   P2.6,SI
      CLR   TR0
      RET
HDO:  MOV   TH0,#0FCH
      MOV   TL0,#44H
      SETB  TR0
      JNB   TF0,$
      CLR   TF0
      CPL   P1.7
      JNB   P2.7,HDO
      CLR   TR0
      RET
```

习　　题

一、选择题

1. 若 TMOD=13H。则 T0 工作于(　　)。

A. 方式 0　　B. 方式 1　　C. 方式 2　　D. 方式 3

2. 89C51单片机的定时器1的中断入口地址为(　　)。

A. 000BH　　B. 001BH　　C. 0023H　　D. 0033H

3. 若89C51单片机的晶振频率为6 MHz,定时/计数器的外部输入最高计数频率为(　　)。

A. 2 MHz　　B. 1 MHz　　C. 500 kHz　　D. 250 kHz

4. 89C51单片机定时器工作方式0是指的(　　)工作方式。

A. 8位　　B. 8位自动重装　　C. 13位　　D. 16位

5. 使用定时器T1时,有(　　)工作方式。

A. 1种　　B. 2种　　C. 3种　　D. 4种

6. 89C51单片机内有(　　)个16位的定时/计数器,每个定时/计数器都有(　　)种工作方式。

A. 4,5　　B. 2,4　　C. 5,2　　D. 2,3

7. 关于定时器,若振荡频率为12 MHz,在方式1下最大定时时间为(　　)。

A. 8.192 ms　　B. 65.536 ms　　C. 0.256 ms　　D. 16.384 ms

8. 89C51定时/计数器共有4种操作模式,由TMOD寄存器中M1、M0的状态决定,当M1、M0的状态为01时,定时/计数器被设定为(　　)。

A. 13位定时/计数器

B. 16位定时/计数器

C. 自动重装8位定时/计数器

D. T0为2个独立的8位定时/计数器,T1停止工作

9. 定时器T0的溢出标志TF0,在CPU响应中断后(　　)。

A. 由软件清0　　B. 由硬件清0

C. 随机状态　　D. A、B都可以

10. 与定时工作方式0和1比较,定时工作方式2不具备的特点是(　　)。

A. 计数溢出后能自动重新加载计数初值

B. 增加计数器位数

C. 提高定时精度

D. 适于循环定时和循环计数应用

11. 启动T1运行的指令是(　　)。

A. SETB ET0　　B. SETB ET1

C. SETB TR0　　D. SETB TR1

二、填空题

1. 定时/计数器的工作方式3是将________拆成2个独立的______位计数器,而另一个定时/计数器通常只能作为______________使用。

2. 定时/计数器T0有______种工作方式,其工作方式由特殊功能寄存器__________决定,在________种工作方式下,T0作13位计数器使用。

3. 已知单片机系统晶振频率为12 MHz,若要求定时值为2 ms时,定时器T0工作在方式1时,TH0=______,TL0=________。

4. 定时器的计数方式是对来自T0、T1引脚的脉冲计数,输入的外部脉冲在__________

时有效，计数器加 1。定时功能也是通过计数器计数来实现的，定时功能下的计数脉冲来自______。

5. 当定时器 T0 工作在方式 3 时，要占用定时器 T1 的 TR1 和______两个控制位。

6. T0 和 T1 两引脚也可以作为外部中断输入脚，这时 TMOD 中的 C/T 位应当为______；若 M1、M0 置成 10B，则计数初值应当是 THx＝TLx＝______H。

7. 89C51 有两个 16 位可编程定时/计数器，其中定时作用是指对单片机______脉冲进行计数，而计数器作用是指对单片机______脉冲进行计数。

8. 89C51 有两个 16 位可编程定时/计数器，T0 和 T1。它们的功能可由控制寄存器______、______的内容决定，且定时的时间或计数的次数与______、______两个寄存器的初值有关。

三、简答题

1. 简述定时和计数的相同点和不同点。

2. 已知单片机系统晶振频率为 6 MHz，若要求定时值为 0.1 ms 时，定时器 T0 工作在方式 2 时，定时器 T0 对应的初值是多少？TMOD 的值是多少？TH0＝？TL0＝？（写出步骤）

3. 简述 89C51 单片机内部定时/计数器的几种工作方式。

4. 89C51 的定时/计数器做定时和计数时，其计数脉冲分别由谁提供？

5. 89C51 的定时/计数器的门控信号 GATE 设置为 1 时，定时器如何启动？

6. 89C51 片内有几个定时/计数器？它们由哪些特殊功能寄存器组成？

7. 89C51 的定时/计数器作定时器用时，其定时时间与哪些因素有关？作计数器时，对外界计数频率有何限制？

8. 当定时器 T0 工作于方式 3 时，如何使运行中的定时器 T1 停止下来？

9. 89C51 单片机定时器/计数器的门控信号 GATE 设置为 1 时，定时器如何启动？

10. 89C51 单片机内设有几个定时器/计数器？它们由哪些特殊功能寄存器组成？

11. 写出定时/计数器在 4 种不同工作模式下，每一种工作模式对应的最大计数值。如果单片机主振频率为 12 MHz，试分析其各自的最大定时间隔时间（计数器一次装载最大定时时间）。

12. 一个定时器的定时时间有限，如何实现两个定时器的串行定时，以满足较长定时时间的要求？

13. 使用一个定时器，如何通过软硬件结合的方法，实现较长时间的定时？

四、编程题

1. 若 89C51 单片机的时钟频率为 12 MHz，要求 T1 产生 20 ms 的定时；中断方式，试对 T1 初始化。

2. 若希望 89C51 的 T0 的定时值以片内 RAM 的 30H 单元的内容为条件而可变：当(30H)＝00H 时，定时值为 10 ms，当(30H)＝01H 时，定时值为 20 ms。请根据以上要求对 T0 初始化。设单片机晶振频率为 12 MHz。

3. 已知单片机系统晶振频率为 6 MHz，试编写程序，用定时器工作方式 1，使 P1.0 输出如下周期波形。周期为 0.1 s。

…

4. 用 T1 实现记录外界事件产生的脉冲的个数，计满 200 个脉冲时，引起中断。试对 T1 初始化。

5. 已知晶振频率为 12 MHz，请用 T0 的工作模式 1 定时及溢出中断方式编程，实现从 P1.0 引脚输出如下方波。要求先确定定时时间并给出定时初值的计算步骤，然后写程序。

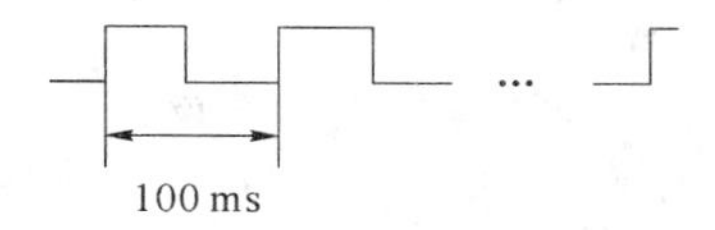

6. 89C51 单片机主振频率为 12 MHz，在 P1.0 引脚上接有一个发光二极管，如用 T0 定时，每一秒控制该灯亮一次，一直循环下去。试编制相关程序。

7. 有晶振频率为 6 MHz 的 80C51 单片机，使用定时器 0 以定时方法在 P1.0 输出周期为 400 μs，占空比为 10：1 的矩形脉以定时工作方式 1 编程实现。

8. 以定时/计数器进行外部事件计数。每计数 1 000 个脉冲后，定时/计数器转为定时工作方式，定时 10 μs 后，又转为计数方式，如此循环不止。假定单片机晶频为6 MHz，请使用工作方式 1 编程实现。

9. 以中断方法设计单片机秒、分脉冲发生器。假定 P1.0 每秒产生一个机器周期的正脉冲，P1.1 每分钟产生一个机器周期的正脉冲。

10. 每隔 1 s 读一次 P1.0，如果所读的状态为“1”，片内 RAM 10H 单元加 1，如果所读的状态为 “0”，则片内 RAM 11H 单元加 1。假定单片机晶振频率为 12 MHz，请以软、硬件结合的定时方式实现。

五、设计题

1. 现有一蜂鸣器，用 89C51 设计一单片机控制系统，使蜂鸣器周而复始地响 20 ms，停 20 ms。请设计该系统。要求用 T0 实现 20 ms 定时。

2. 某单片机控制系统有 1 个开关，8 个发光二极管，要求当开关每按动 10 次，8 个发光二极管轮流点亮一遍。试设计该系统。要求用 T1 记录开关按动的次数。

3. 某单片机控制系统有 8 个发光二极管，要求用定时器实现定时，使 8 个发光二极管先由左向右轮流点亮，再由右向左轮流点亮，不断循环。试设计该系统。

六、分析题

1. 该程序是信号灯控制程序，采用 P1 口控制 8 个发光二极管的亮与灭(设输出低电平时，对应发光二极管被点亮)。

```
        ORG     0000H
        AJMP    MAIN          ;转主程序
        ORG     001BH         ;该地址是(    )的地址
        AJMP    CONT          ;当出现(    )时，才会执行到该指令
        ORG     0100H
MAIN:   MOV     TMOD,＃10H    ;执行该指令的目的是(    )
        MOV     TH1,＃3CH     ;置 50 ms 定时初值
        MOV     TL1,＃0B0H    ;此时堆栈指针 SP 的内容是(    )
        SETB    EA            ;执行该指令前，EA 的初始值是(    )
        SETB    ET1           ;定时器 T1 开中断
```

```
        SETB    TR1         ;执行该指令的目的是(      )
        CLR     08H         ;清 1 s 计满标志位
        MOV     R3,#14H     ;置 50 ms 循环初值
DISP:   MOV     R2,07H
        MOV     A,#0FEH
NEXT:   MOV     P1,A        ;第 2 次执行完该指令后,对应(      )灯被点亮
        JNB     08H,$       ;查询 1 s 时间到否
        CLR     08H         ;清标志位
        RL      A
        DJNZ    R2,NEXT
        MOV     R2,#07H
NEXT1:  MOV     P1,A
        JNB     08H,$
        CLR     08H
        RR      A
        DJNZ    R2,NEXT1
        SJMP    DISP
CONT:   MOV     TH1,#3CH    ;程序执行到此处时,堆栈指针 SP 的内容是(      )
        MOV     TL1,#0B0H
        DJNZ    R3,EXIT     ;判 1 s 定时到否
        MOV     R3,#14H     ;重置 50 ms 循环初值
        SETB    08H         ;标志位置 1
EXIT:   RETI                ;该指令的功能是将(      )送至 PC
```

连续运行该程序时,观察二极管的变化规律是(　　)。

2. 以下为一个用 89C51 单片机设计的交通信号灯模拟控制系统的主程序。晶振为 12 MHz,0.5 s 的延时子程序已给定,其控制码如下表(低电平指示灯亮)。试分析程序并填空解释相应语句。说明程序运行时出现何现象。

P1.7	P1.6	P1.5	P1.4	P1.3	P1.2	P1.1	P1.0	P1 端口数据	状态说明
(空)	(空)	B线绿灯	B线黄灯	B线红灯	A线绿灯	A线黄灯	A线红灯		
1	1	1	1	0	0	1	1	F3H	A线放行,B线禁止
1	1	1	1	0	1	0	1	F5H	A线警告,B线禁止
1	1	0	1	1	1	1	0	DEH	A线禁止,B线放行
1	1	1	0	1	1	1	0	EEH	A线禁止,B线警告

```
        ORG     0000H
MAIN:   SETB    PX0         ;置外部中断 0 为高优先级中断
        MOV     TCON,#00H   ;置外部中断 0、1 为电平触发
        MOV     TMOD,#10H   ;置定时器 1 为方式(      )
        MOV     IE,#85H     ;开中断
```

```
DISP:   MOV     P1,#0F3H      ;A 线状态(     ),B 线状态(     )
        MOV     R2,#6EH       ;6E 的含义是(     )
DISP1:  ACALL   DELAY         ;调用 0.5 s 延时子程序
        DJNZ    R2,DISP1      ;55 s 不到继续循环
        MOV     R2,#06        ;置 A 绿灯闪烁循环次数
WARN1:  CPL     P1.2          ;执行该指令的目的是(     )
        ACALL   DELAY
        DJNZ    R2,WARN1      ;闪烁次数未到继续循环
        MOV     P1,#0F5H      ;A 黄灯警告,B 红灯禁止
        MOV     R2,#04H       ;04 的作用是(     )
YEL1:   ACALL   DELAY
        DJNZ    R2,YEL1       ;(     )秒未到继续循环
        MOV     P1,#0DEH      ;A 红灯,B 绿灯
        MOV     R2,#32H
DISP2:  ACALL   DELAY
        DJNZ    R2,DISP2      ;25 s 未到继续循环
        MOV     R2,#06H
WARN2:  CPL     P1.5          ;B 绿灯闪烁
        ACALL   DELAY
        DJNZ    R2,WARN2
        MOV     P1,#0EEH      ;A 红灯,B 黄灯
        MOV     R2,#04H
YEL2:   ACALL   DELAY
        DJNZ    R2,YEL2
        AJMP    DISP          ;循环执行主程序

DELAY:  MOV     R3,#0AH       ; 0.5 s 延时子程序
        MOV     TH1,#3CH
        MOV     TL1,#0B0H
        SETB    TR1           ;该指令的作用是(     )
LP1:    JBC     TF1,LP2
        SJMP    LP1
LP2:    MOV     TH1,#3CH
        MOV     TL1,#0B0H
        DJNZ    R3,LP1
        RET                   ;该指令的功能是(     )
        END
```

此程序运行时将出现(　　)现象。

3. 以下是分秒表的程序,T0 定时 2 ms、T1 定时 50 ms。请填写完整。通过程序获得相

关信息，画出此电子表的电路图。设晶振为 12 MHz。

```
        org ________ h
        ljmp main
        org ________ h
        ljmp AT0
        org ________ h
        ljmp BT1
main:   .________                 ;CPU 开中断
        ________                  ;中断源开中断
        ________                  ;中断源开中断
        ________                  ;给 TH0 赋值
        ________                  ;给 TL0 赋值
        ________                  ;给 TH1 赋值
        ________                  ;给 TL1 赋值
        mov r2,#0                 ;秒个位单元清零
        mov r3,#0                 ;秒十位单元清零
        mov r4,#0                 ;分个位单元清零
        mov r5,#0                 ;分十位单元清零
        mov r7,#20
        mov r6,#0
        MOVC DPTR,#TAB
        ________                  ;启动 T0
        ________                  ;启动 T1
        Sjmp $
AT0:    ________                  ;给 TH0 赋值
        ________                  ;给 TL0 赋值
        Mov P3,#0FFH
ATUP:   INC     R6
        CJNE    R6,#1,AT01
        MOV     A,R2
        MOVC    A,@A+DPTR
        MOV     P1,A
        MOV     P3,#01111111B
        RETI
AT01:   CJNE    R6,#2,AT02
        MOV     A,R3
        MOVC    A,@A+DPTR
        MOV     P1,A
        MOV     P3,#10111111B
```

```
        RETI
AT02:   CJNE    R6,#3,AT03
        MOV     A,R4
        MOVC    A,@A+DPTR
        MOV     P1,A
        MOV     P3,#11011111B
        RETI
AT03:   CJNE    R6,#4,AT04
        MOV     A,R5
        MOVC    A,@A+DPTR
        MOV     P1,A
        MOV     P3,#11101111B
        RETI
AT04:   MOV     R6,#0
        LJMP    ATUP
BT1:    ________                  ;给 TH1 赋值
        ________                  ;给 TL1 赋值
        DJNZ    R7,BT10
        inc     r2
        cjne    r2,#10,nn1
        mov     r2,#0
        inc     r3
        cjne    r3,#6,nn1
        mov     r3,#0
        inc     r4
        cjne    r4,#10,nn1
        mov     r4,#0
        inc     r5
        cjne    r5,#6,nn1
        mov     r5,#0
BT10:   ________
```

第8章 串行口及应用

单片机与外设交换数据的方式除了并行通信外，还常常使用串行通信的方式。当CPU与外设采用串行通信方式进行通信时，需要通过串行接口(以下简称串行口)来实现。80C51系列单片机配置了UART串行接口，此接口也可以用做同步移位寄存器方式下的串行扩展接口。本章主要介绍串行通信的概念和80C51系列单片机内部串行口的结构和工作原理，通过几个任务，对串行口的4种工作方式及波特率的设置和多机通信原理进行具体阐述。

8.1 串行通信概述

在实际应用中，不但计算机与外部设备之间常常需要进行信息交换，而且计算机与计算机之间也需要交换信息，所有这些信息的交换均称为通信。通信的基本方式可分为并行通信和串行通信两种。

并行通信一次可以传输8位数据，因此传送的速度快，但当传送的数据位数多且距离较远时，传输线成本急剧增加，此时不宜采用并行通信，而应采用串行通信的方式。串行通信是指数据一位一位串行地按顺序传送的通信方式。

当CPU与外设采用并行通信方式进行通信时，需要通过并行口来实现。80C51系列单片机内部的P0口、P1口、P2口、P3口就是并行口。例如，P1口作为输出口时，CPU执行MOV P1，#01H指令后，数据00000001通过引脚P1.7～P1.0并行地同时输出给外设；P1口作为输入口时，CPU执行MOV A，P1指令后，外设的数据通过引脚P1.7～P1.0同时输入到A中。

当CPU与外设采用串行通信方式进行通信时，需要通过串行口来实现。80C51系列单片机内部有一个串行口，可实现与外设的串行数据通信。

在串行通信中，信息传输线最少只需一根，并且可以利用电话线作为传输线，因此传输成本低，适用于远距离通信。但传送速度慢，如果并行传送N位数据需要的时间为T，则串行传送N位数据的时间至少是NT，而实际上总是大于NT。

8.1.1 串行通信的分类

按照串行数据的时钟控制方式，串行通信可分为同步通信和异步通信两类。

1. 异步通信

在异步通信中，数据通常是以字符为单位组成字符帧传送的。字符帧也称为数据帧，由起始位、数据位、奇偶校验位和停止位四部分组成，异步通信的字符帧格式如图 8.1 所示。

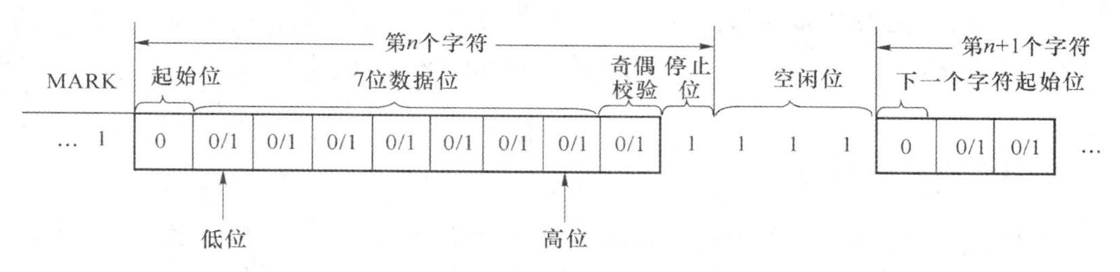

图 8.1 串行异步传送的字符格式

起始位位于字符帧开头，只占一位，规定为逻辑 0，低电平，用于通知接收设备，发送端开始发送一帧信息；数据位紧跟起始位之后，用户根据情况可取 5 位、6 位、7 位或 8 位，传送时低位在前，高位在后；奇偶校验位位于数据位之后，仅占 1 位，用来表征串行通信中采用奇校验还是偶校验，可要也可以不要，由用户决定；停止位位于字符帧最后，规定用信号“1”来表示字符的结束，即停止位为逻辑 1，高电平。通常可取 1 位、1.5 位或 2 位，用于向接收端表示一帧字符信息已经发送完，也为下一帧发送做准备。

在异步通信中，字符帧由发送端一帧一帧地发送，每一帧数据均是低位在前，高位在后，通过传输线被接收端一帧一帧地接收。一帧字符与一帧字符之间可以是连续的，也可以是间断的，这完全由发送方根据需要来决定。另外，在进行异步传送时，发送端和接收端可以由各自独立的时钟脉冲控制数据的发送和接收，这两个时钟彼此独立，互不同步。由于发送端不需要传送同步时钟到接收端，因此所需设备简单。但由于一帧字符中包含有起始位和停止位，故有效数据的传输效率降低。

2. 同步通信

同步通信是按数据块传送的，即将需要传送的各个字符顺序地连接起来，组成一个数据块，在数据块前加上特殊的同步字符作为起始符号，在数据块后加上校验字符，用于检验通信中的错误，同步字符、若干欲传送字符和校验字符构成一帧信息。同步传送的字符格式如图 8.2 所示，在这一组数据的开始处用同步字符 SYN 来加以指示。

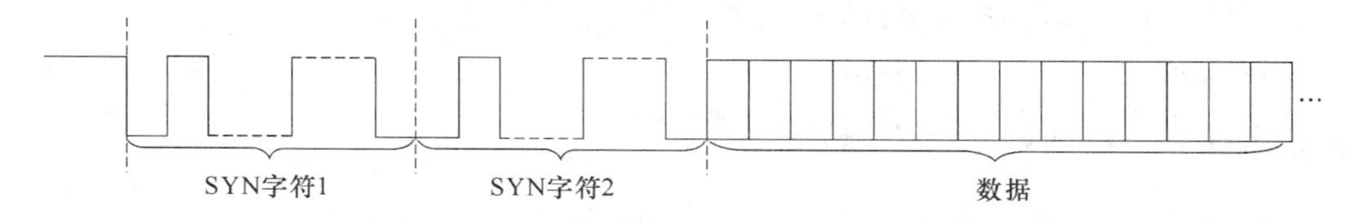

图 8.2 同步传送的字符格式

在同步通信中，CPU 与外设之间的信息交换就是一帧信息一帧信息地进行。由于一帧信息中包含有若干有效字符，故同步传送方式的有效数据的传输率较高。另外在同步传送时，为了保证接收正确无误，发送端除了发送数据外，还要把同步时钟脉冲发送到接收端。

8.1.2 串行通信的波特率

在串行通信中，数据是按位进行传送的，每秒传送二进制数的位数就是波特率，单位是位/秒，用 bit/s 表示。例如，某串行通信系统的波特率为 9 600 bit/s，就是说该串行通信系统每秒传送 9 600 个二进制位。如果每个字符格式包含 10 个代码位（1 个起始位和 1 个停止位、8 个数据位),则该串行通信系统每秒传送 960 个字符。

波特率是串行通信的重要指标,用于表征数据传输的速度。波特率越高,数据的传输速度越快。异步传送方式的波特率一般为 50～9 600 bit/s,同步传送方式的波特率可达 56 kbit/s或更高。

8.1.3 串行通信方式

在串行通信中数据是在两个站之间传送的,按照数据传送方向,串行通信可分为单工、半双工和全双工 3 种制式。图 8.3 所示为 3 种制式的示意图。在单工制式下,通信线的一端接发送器,一端接接收器,数据只能按照一个固定方向传送,如图 8.3(a)所示。

在半双工制式下,系统的每个通信设备都由一个发送器和一个接收器组成,如图 8.3(b)所示。在这种制式下,数据能从 A 站传送到 B 站,也可以从 B 站传送到 A 站,但是不能同时在两个方向上传送,即只能一端发送,一端接收。其收/发开关一般是由软件控制的电子开关。

全双工通信系统的每端都有发送器和接收器,可以同时发送和接收,即数据可以在两个方向上同时传送,如图 8.3(c)所示。

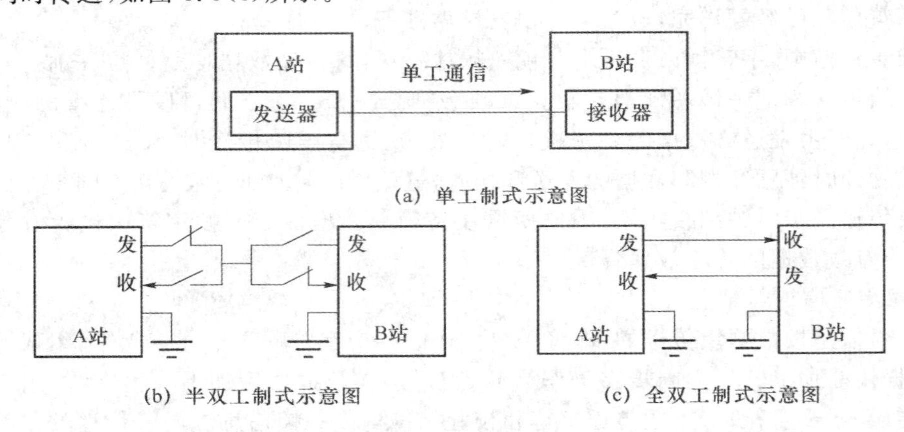

图 8.3 3 种串行通信制式的示意图

在实际应用中,尽管多数串行通信接口电路具有全双工功能,但一般情况下,只工作于半双工制式下,这种用法简单、实用。

8.1.4 串行通信协议

通信协议是指单片机之间进行信息传输时的一些约定,包括通信方式、波特率、双机之间握手信号的约定等。为了保证单片机之间能准确、可靠地通信,相互之间必须遵循统一的通信协议,在通信之前一定要设置好。

8.2 80C51 系列单片机内部串行口

80C51 系列单片机内部有一个可编程的全双工的异步串行通信接口,它通过数据接收引脚 RXD(P3.0)和数据发送引脚 TXD(P3.1)与外设进行串行通信,可以同时发送和接收数据。这个串行口既可以实现异步通信,又可以用于网络通信,还可以作为同步移位寄存器使用。其帧格式有8位、10位和11位,并能设置各种波特率。

8.2.1 串行口的结构

80C51系列单片机的串行口主要由发送电路、接收电路和串行口控制寄存器(SCON)组成。串行口的基本结构如图8.4所示。

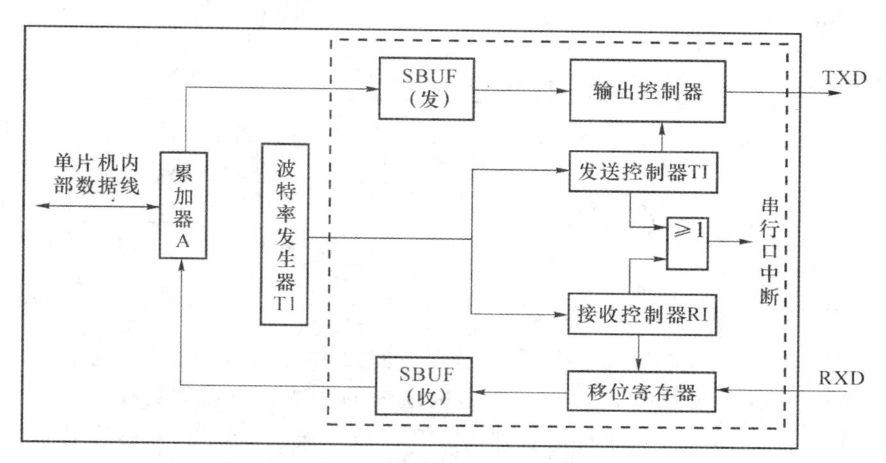

图8.4 串行口的基本结构

1. 发送电路

发送电路包括发送缓冲器SBUF、发送控制器和输出门电路等。在发送时,CPU执行一条以SBUF为目的操作数的指令(如MOV SBUF,A),就可以将欲发送的字符写入发送缓冲器SBUF中,然后发送控制器自动在发送字符的前、后分别添加起始位和停止位,并在发送脉冲控制下通过输出门电路一位一位地从TXD线上串行发送一帧字符。当一帧字符发送完后,发送控制器使标志位TI置1,以便通知CPU可以准备发送下一帧字符。

2. 接收电路

接收电路包括接收缓冲器SBUF、接收控制器和输入移位寄存器等。在接收时,CPU执行一条MOV A,SBUF指令,于是接收控制器在接收脉冲作用下,不断对RXD线进行检测,当确认RXD线上出现了起始位后,就连续接收一帧字符并自动去掉起始位,将有效字符逐位送到输入移位寄存器中,之后将数据送入接收缓冲器SBUF中,最后把接收到的字符送入累加器A中。与此同时,接收控制器使标志位RI置1,以便通知CPU处理收到的数据。

注意:发送缓冲器SBUF和接收缓冲器SBUF是两个独立的串行数据缓冲器:发送缓冲器SBUF只能写入,不能读出;接收缓冲器SBUF只能读出,不能写入。两个缓冲器都用符号SBUF表示,共用一个地址99H。CPU通过不同的操作命令,区别这两个寄存器,所以不会因为地址相同而产生错误。

3. 串行口控制寄存器

串行口控制寄存器(SCON)是一个可位寻址的特殊功能寄存器,用于串行通信的方式选择、接收和发送控制以及串行口的状态标志。单元地址为98H,位地址为9FH~98H,其格式如下:

D7	D6	D5	D4	D3	D2	D1	D0
SM0	SM1	SM2	REN	TB8	RB8	TI	RI
9FH	9EH	9DH	9CH	9BH	9AH	99H	98H

各位功能如下。

SM0 和 SM1:串行口工作方式选择位,用于设定串行口的工作方式。具体设定方法如表 8.1 所示。

表 8.1 串行口工作方式选择(表中 f_{osc} 为晶振频率)

SM0	SM1	工作方式	说 明	波特率
0	0	方式 0	同步移位寄存器	$f_{osc}/12$
0	1	方式 1	10 位异步通信	由 T1 溢出率决定
1	0	方式 2	11 位异步通信	$f_{osc}/32$ 或 $f_{osc}/64$
1	1	方式 3	11 位异步通信	由 T1 溢出率决定

SM2:多机通信控制位。因多机通信是在方式 2 和方式 3 下进行,因此 SM2 主要用于方式 2 和方式 3,仅用于接收时。若允许多机通信,则 SM2 应设置为 1,此时只有当接收到的第 9 位数据(RB8)为 1 时,才将接收到的前 8 位数据送入 SBUF,并置位 RI,否则将接收到的前 8 位数据丢弃,即从机依据接收到的第 9 位数据决定是否接收主机的信号。

REN:允许串行接收位。由软件使 REN 置 1,才能启动串行口的接收电路,开始检测 RXD 上的数据;用软件使 REN 为 0 时,禁止接收。

TB8:发送数据的第 9 位。在方式 2 和方式 3 中准备发送的第 9 位数据就存放在 TB8 位。若欲使发送第 9 位数据是 1,则使 TB8=1;若欲使发送第 9 位数据是 0,则使 TB8=0。

RB8:接收数据的第 9 位。在方式 2 和方式 3 中接收到的第 9 位数据就存放在 RB8 位。若 RB8=1,则说明接收到的第 9 位数据是 1;若 RB8=0,则说明接收到的第 9 位数据是 0。

TI:串行口发送中断标志位。在一帧字符发送完时,TI 被置位,用以通知 CPU 可以发送下一帧数据。串行口发送中断被响应后,TI 不会自动清 0,必须由软件清 0。

RI:串行口接收中断标志位。在接收到一帧字符后,由硬件置位,用以通知 CPU 可以读取接收到的数据。串行口接收中断被响应后,RI 不会自动清 0,必须由软件清 0。

4. 特殊功能寄存器

特殊功能寄存器(PCON)主要是为 CHMOS 型单片机的电源控制而设置的专用寄存器,单元地址为 87H,不能位寻址。其格式如下:

SMOD				GF1	GF0	PD	IDL

其中,低 4 位用于电源控制,与串行接口无关。最高位 SMOD 为串行口波特率选择位,当 SMOD=1 时,方式 1、2、3 的波特率加倍;当系统复位时,SMOD=0。在 HMOS 单片机中,该寄存器除最高位外,其他位都是虚设的。

8.2.2 串行口的工作方式

89C51 单片机的串行口有 4 种工作方式,分别是方式 0、方式 1、方式 2 和方式 3。这些工作方式由 SCON 中的 SM0、SM1 两位编码决定。

1. 方式 0

在方式 0 下，串行口作为同步移位寄存器用，以 8 位数据为一帧，先发送或接收最低位，每个机器周期发送或接收一位数据，所以方式 0 的波特率是固定的，为晶振频率的 1/12。波特率计算公式为

$$波特率=f_{osc}/12$$

式中，f_{osc}为晶振频率。若 $f_{osc}=12$ MHz，则波特率$=f_{osc}/12=12/12=1$ Mbit/s。

方式 0 下的串行数据由 RXD 引脚输出或输入，同步移位脉冲由 TXD 引脚送出。这种方式常用于扩展 I/O 口。串行口扩展并行输出口时，要有“串入并出”的移位寄存器配合（如 74LS164 或 CD4094）；串行口扩展并行输入口时，要有“并入串出”的移位寄存器配合（如 74LS165）。

方式 0 用于扩展 I/O 口输出的电路如图 8.5 所示。

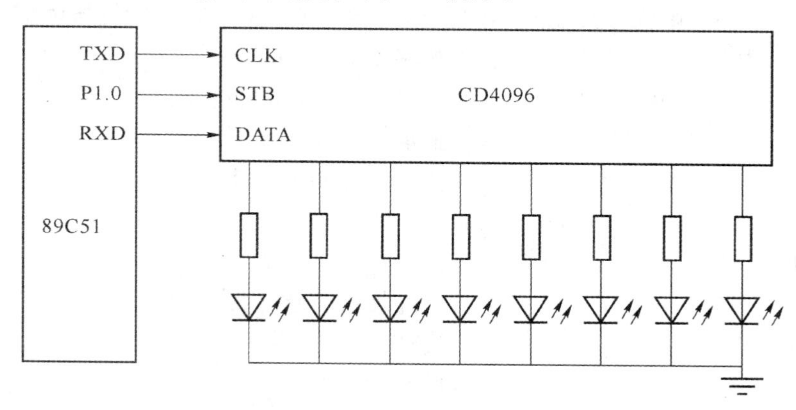

图 8.5　方式 0 用于扩展 I/O 口输出

当单片机执行 MOV SBUF,A 指令后，串行口将 A 中的 8 位数据以 $f_{osc}/12$ 的波特率从 RXD 引脚逐位输出（低位在前），同时从 TXD 引脚送出同步移位脉冲，此时，外接的串入并出寄存器 CD4096 在 TXD 端输出的移位脉冲控制下，逐位接收来自 RXD 端的数据。A 中的 8 位数据发送完成后，中断标志位 TI 置为 1，请求中断。在再次发送数据之前，必须由软件将 TI 清 0。

用如下程序可以实现流水灯的功能：

```
        MOV     SCON,#00H       ;置串行口工作方式0
        MOV     A,#80H          ;设定最高位灯先亮
        CLR     P1.0            ;关闭并行输出
OUT0:   MOV     SBUF,A          ;开始串行输出
        JNB     TI,$            ;输出完否
        CLR     TI              ;输出完了,清TI标志
        SETB    P1.0            ;打开并行口输出
        LCALL   DELAY           ;调用延时子程序延时
        RR      A               ;循环右移
        CLR     P1.0            ;关闭并行输出
```

```
        SJMP    OUT0                    ;循环
```

方式 0 用于扩展 I/O 口输入的电路如图 8.6 所示。

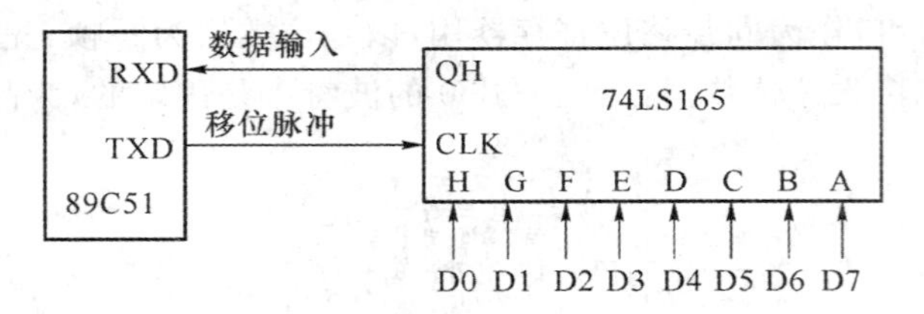

图 8.6 方式 0 用于扩展 I/O 口输入

在满足 REN=1 和 RI=0 的条件下，当单片机执行 MOV A ,SBUF 指令后，串行口将从 RXD 端以 $f_{osc}/12$ 的波特率输入数据（低位在前），即 RXD 线上的数据一位一位送入 A 中，同时 TXD 线送出同步时钟脉冲。此时，外接的并入串出寄存器 74LS165 在 TXD 端输出的移位脉冲控制下，逐位将其输入端的数据送到 RXD 端。当单片机接收完 8 位数据后，使 RI 置 1，请求中断。在再次接收数据之前，必须由软件将 RI 清 0。

用如下程序可以实现从扩展的输入口读入 20 个数据的功能：

```
      MOV     SCON,#10H         ;置串行口工作方式 0,并启动接收
      MOV     R7,#20            ;设置片内 RAM 指针
UP:   CLR     P1.0              ;允许并行置入数据
      SETB    P1.0              ;允许串行移位
      JNB     RI,$              ;等待接收 1 帧数据
      CLR     RI                ;清 RI 标志
      MOV     A,SBUF            ;取缓冲器数据
      MOV     @R0,A
      INC     R0
      DJNZ    R7,UP
      SJMP    $
```

SCON 中的 TB8 和 RB8 在方式 0 中未用。值得注意的是，每当发送或接收完 8 位数据后，硬件会自动置 RI 或 TI 为 1，CPU 响应 TI 或 RI 中断后，必须由用户软件清 0。方式 0 时，SM2 必须为 0。

2. 方式 1

在方式 1 下，串行口为 10 位异步通信方式。一帧字符包括 1 位起始位（逻辑 0），8 位数据位和 1 位停止位（逻辑 1）。当 CPU 执行 MOV SBUF,A 指令时启动一次发送。启动发送后，串行口自动地插入 1 位起始位，在 8 位字符结束前插入 1 位停止位，然后在发送移位脉冲的作用下，依次由 TXD 线送出。10 位数据发送完之后使 TI 置 1。

方式 1 的接收是在 REN=1 的前提下进行的。当 CPU 执行 MOV A,SBUF 指令时启动一次接收。之后，当接收控制电路检测到 RXD 线出现由 1 到 0 的跳变时，即认为收到一个字符的起始位，然后在接收移位脉冲的作用下，把收到的数据一位一位地移入输入寄存器，直到 9 位数据全部收齐。输入寄存器再把 8 位数据送入 SBUF，把第 9 位数据（停止位）送到 SCON 中的 RB8 中，同时接收控制电路使 RI 置 1。

在方式 1 下，发送移位脉冲和接收移位脉冲的频率（即波特率）由定时器 T1 的溢出信号经过 16 或 32 分频获得。此时定时器 T1 通常工作于方式 2，可以避免因重装初值而带来的定时误差。定时器 T1 的溢出信号是经过 16 分频还是经过 32 分频，由 PCON 中的 SMOD 位的取值决定：若 SMOD＝0，则为 32 分频；若 SMOD＝1，则为 16 分频。波特率计算公式如下：

$$\text{波特率}=(2^{\text{SMOD}}/32)\times(\text{定时器 T1 的溢出率})$$

式中，定时器 T1 的溢出率就是溢出周期的倒数，和所采用的定时器工作方式有关。当定时器 T1 作为波特率发生器使用时，通常选用工作方式 2，这是由于方式 2 可以自动装入定时时间常数（也即计数初值），可避免通过程序反复装入初值所引起的定时误差，使波特率更加稳定，因此，这是一种最常用的方法。

设计数的预置值（初始值）为 X，那么每过 $256-X$ 个机器周期，定时器溢出一次。为了避免因溢出而产生不必要的中断，此时应禁止 T1 中断。溢出周期为

$$(12/f_{\text{osc}})\times(256-X)$$

溢出率为溢出周期的倒数，所以

$$\text{波特率}=(2^{\text{SMOD}}/32)\times\frac{f_{\text{osc}}}{12\times(256-X)}$$

在实际使用时，总是先确定波特率，再计算定时器 T1 的计数初值（常在这种场合称其为时间常数），然后进行定时器的初始化。

表 8.2 给出了定时器 T1 工作于模式 2 时常用的波特率及计数初值。

表 8.2　定时器 T1 工作于模式 2 时常用的波特率及计数初值

常用波特率	f_{osc}/MHz	SMOD	TH1 初值
19 200	11.059 2	1	FDH
9 600	11.059 2	0	FDH
4 800	11.059 2	0	FAH
2 400	11.059 2	0	F4H
1 200	11.059 2	0	E8H
1 200	11.059 2	1	CCH

3. 方式 2

在方式 2 下，串行口为 11 位异步通信方式。一帧字符包括 1 位起始位（逻辑 0），9 位数据位和 1 位停止位（逻辑 1）。方式 2 的发送包括 9 位有效数据，必须在执行 MOV SBUF，A 指令前把要发送的第 9 位数据装入 SCON 的 TB8 位，发送过程与方式 1 相同。第 9 位数据起什么作用，串行口不作规定，完全由用户来安排。它可以是奇偶校验位，也可以是其他控制位。

方式 2 的接收与方式 1 的接收也基本相似，当 REN＝1 时，允许串行口接收数据。数据由 RXD 端输入，接收 11 位的信息。当接收器采样到 RXD 端的负跳变，并判断起始位有效后，开始接收一帧信息。当接收器接收到第 9 位数据后，若同时满足以下两个条件：RI＝0 和 SM2＝0，或接收到的第 9 位数据为 1，则接收数据有效，8 位数据送入 SBUF，第 9 位数据送入 RB8，并置位 RI＝1。若不满足上述两个条件，则信息丢失。

方式 2 的波特率为 $f_{\text{osc}}/32$ 或 $f_{\text{osc}}/64$，由 PCON 中的 SMOD 位决定。若 SMOD＝1，则

为 $f_{osc}/32$；若 SMOD=0，则为 $f_{osc}/64$。

4. 方式 3

在方式 3 下，串行口也为 11 位异步通信方式，收发数据的过程与方式 2 基本相同，只是方式 3 的波特率是受定时器 T1 控制的，方式 3 波特率的计算方法与方式 1 相同。

8.3 串行口的应用

80C51 系列单片机内部的串行口基本上是异步通信接口，只有方式 0 例外。

8.3.1 串行口初始化

89C51 单片机的串行口需初始化后，才能完成数据的输入、输出。其初始化过程如下：

(1) 按选定串行口的工作方式设定 SCON 的 SM0、SM1 两位二进制编码。

(2) 对于工作方式 2 或 3，应根据需要在 TB8 中写入待发送的第 9 位数据。

(3) 若选定的工作方式不是方式 0，还需设定接收/发送的波特率。

(4) 设定 SMOD 的状态，以控制波特率是否加倍。

(5) 若选定工作方式 1 或 3，则应对定时器 T1 进行初始化以设定其溢出率。

例 8.1 89C51 单片机的晶振频率为 11.059 MHz，波特率为 1 200 bit/s，要求串口发送数据为 8 位，编写它的初始化程序。

解：假定 SMOD=1，T1 工作在模式 2。初始化程序如下：

```
MOV   SCON,#50H       ;串口工作于方式 1
MOV   PCON,#80H       ;SMOD = 1
MOV   TMOD,#20H       ;T1 工作于模式 2 定时方式
MOV   TH1,#0CCH       ;设置时间常数(根据公式计算得来或查表)
MOV   TL1,#0CCH       ;自动重装时间常数
SETB TR1              ;启动 T1
```

8.3.2 双机通信

学习目标：通过学习双机通信的完成方法，了解串行通信的基本概念；掌握单片机串行口的使用方法。

任务描述：设有甲、乙两台单独供电的单片机，它们的串行口直接相连，晶振频率均为 12 MHz。每台单片机上有 1 个数码管。试画出硬件电路图，并编写甲机和乙机的通信程序，要求：甲机工作在倒计时状态，同时将倒计时结果在甲机和乙机上显示出来。即甲机显示 9s、8s、7s、6s、5s、4s、3s、2s、1s、0s、9s……不断循环，同时将结果发送给乙机，在乙机上显示出与甲机相同的结果。

任务实施：

(1) 硬件电路设计

89C51 单片机内部串行口的输入、输出均为 TTL 电平。由于 TTL 电平信号幅值低，易受干扰，故只能在很近的距离内实现通信。如果两个单片机之间的距离在几米以内，则它们的串行口可以直接相连，实现双机通信。

依题意,硬件电路如图 8.7 所示。

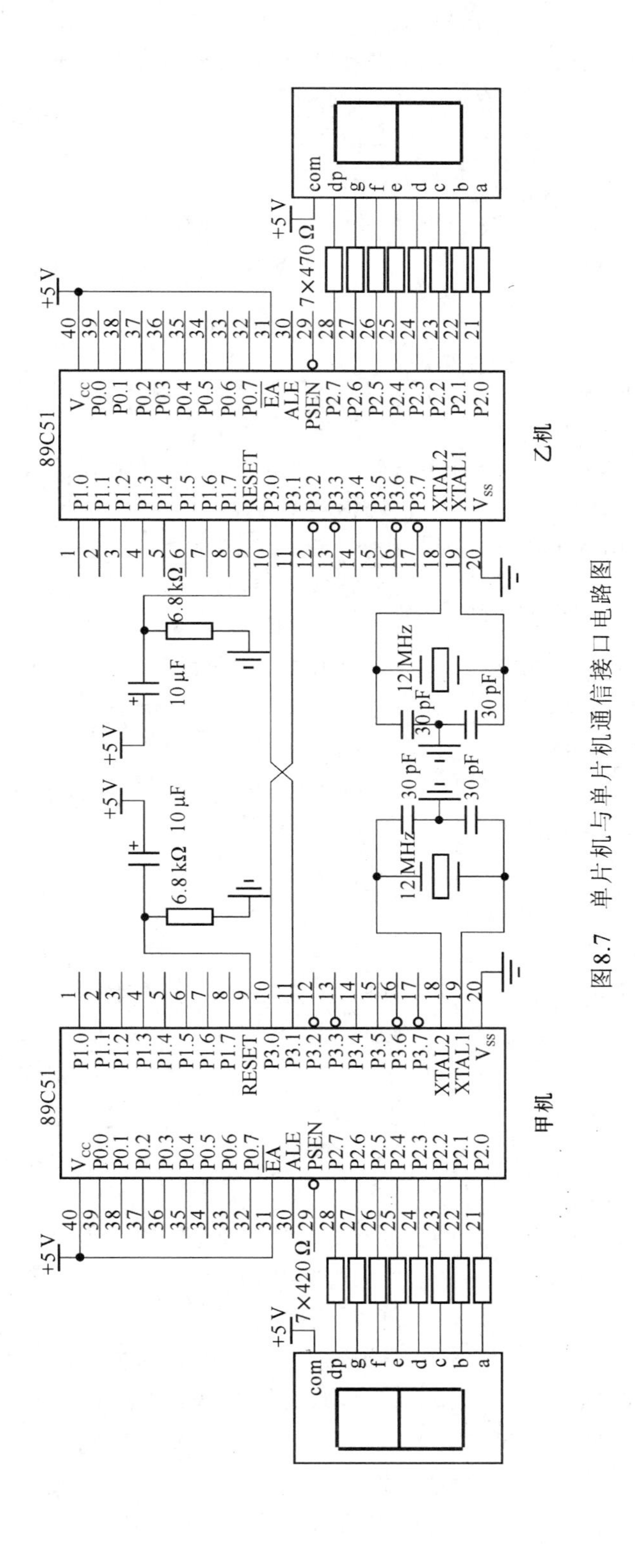

图 8.7　单片机与单片机通信接口电路图

(2) 软件设计

根据题意要求,甲机是主机,设置为:串行口工作于方式1;T1作波特率发生器使用,工作于方式2,波特率为1 200 bit/s,此TH1=TL1=0E8H;T0用于1 s定时,工作于方式1,定时时间为50 ms,此时TH0=4CH,TL0=00H。

甲机的程序清单如下:

```
        ORG    0000H
        LJMP   MAIN
        ORG    000BH
        LJMP   AT0
        ORG    0023H
        LJMP   SERILS
MAIN:   MOV    SP,#60H            ;设置堆栈
        MOV    SCON,#40H          ;串行口设为方式1,不允许接收
        MOV    PCON,#00H          ;波特率不倍增
        MOV    IE,#92H            ;允许串口和T0中断
        MOV    TL1,#0E8H          ;定时器T1初值
        MOV    TH1,#0E8H          ;8位重装值
        MOV    TMOD,#21H          ;定时器T1设为方式2,T0设为方式1
        MOV    TL0,#00H           ;定时器T0定时50 ms
        MOV    TH0,#4CH
        MOV    30H,#20            ;30H为计数单元,计够20次才到1 s
        MOV    R7,#0              ;R7为秒单元,先清0
        SETB   TR1                ;启动定时器T1
        MOV    A, #0C0H
        MOV    P2,A               ;在数码管上显示字型
        MOV    SBUF,A             ;向乙机发送0的字型码
        SETB   TR0                ;启动定时器T0
        SJMP   $                  ;CPU等待
```

T0中断服务子程序:

```
AT0:    MOV    TL0,#00H           ;定时器T0定时50 ms
        MOV    TH0,#4CH
        DJNZ   30H,AT00           ;1 s时间没有到,返回
        MOV    30H,#20            ;1 s时间到,则继续下一轮计数
        DEC    R7                 ;秒单元减1
        CJNE   R7,#0FFH,AT01      ;秒单元未减到0,则返回
        MOV    R7,#9              ;秒单元减到0则从9开始进行
AT01:   MOV    DPTR,#TAB          ;字型码表首地址送DPTR
        MOV    A,R7               ;偏移量送A
        MOVC   A,@A+DPTR          ;查表取待显示字型码
```

```
        MOV   P2,A              ;在数码管上显示字型
AT00:   RETI
```

串口中断服务子程序：

```
SERILS: JNB   TI,DOWN           ;若 TI = 0,则转到 DOWN
        CLR   TI                ;TI = 1,为发送中断,先使 TI 清 0
        MOV   SBUF,A            ;发送字型码
DOWN:   RETI                    ;返回
TAB:    DB    0C0H,0F9H,0A4H,0B0H,99H,92H,82H,0F8H,80H,90H
```

根据题意要求，乙机是从机，接收来自于甲机的信息(字型码)，将信息在数码管上显示出来，设置为：串行口工作于方式 1；T1 作波特率发生器使用，工作于方式 2，波特率为 1 200 bit/s，TH1=TL1=0E8H。

乙机的程序清单如下：

```
        ORG   0000H
        LJMP  MAIN
        ORG   000BH
        LJMP  AT0
        ORG   0023H
        LJMP  SERILS
MAIN:   MOV   SP,#60H           ;设置堆栈
        MOV   SCON,#40H         ;串行口设为方式 1,不允许接收
        MOV   PCON,#00H         ;波特率不倍增
        MOV   IE,#90H           ;允许串口中断
        MOV   TL1,#0E8H         ;定时器 T1 初值
        MOV   TH1,#0E8H         ;8 位重装值
        MOV   TMOD,#20H         ;定时器 T1 设为方式 2
        SETB  TR1               ;启动定时器 T1
        MOV   A,#0C0H
        MOV   P2,A              ;在数码管上显示字型
        SETB  REN               ;允许接收
        SJMP  $                 ;CPU 等待
```

串口中断服务子程序：

```
SERILS: JNB   RI,DOWN           ;若 RI = 0,则转到 DOWN
        CLR   RI                ;RI = 1,为接收中断,先使 RI 清 0
        MOV   A,SBUF            ;接收字型码
        MOV   P1,A              ;在数码管上显示字型
DOWN:   RETI                    ;返回
```

任务拓展：若甲机上增加 1 个 16 个键的 4×4 矩阵键盘，16 个键的键名分别是 0～F。要求：当甲机上的某一个开关按动时，乙机上首先显示键名，同时将结果发送给甲机，在甲机上显示出与乙机相同的结果。

本任务有 16 个按键，若每个键占用一条 I/O 线，则需要 16 条 I/O 口线。为了节省 I/O 口线，本任务的按键采用矩阵式排列。矩阵键盘的特点是键开关处于行、列线的交叉点上。每个键开关的一端与行线相连，另一端与列线相连，甲机硬件电路图如图 8.8 所示。

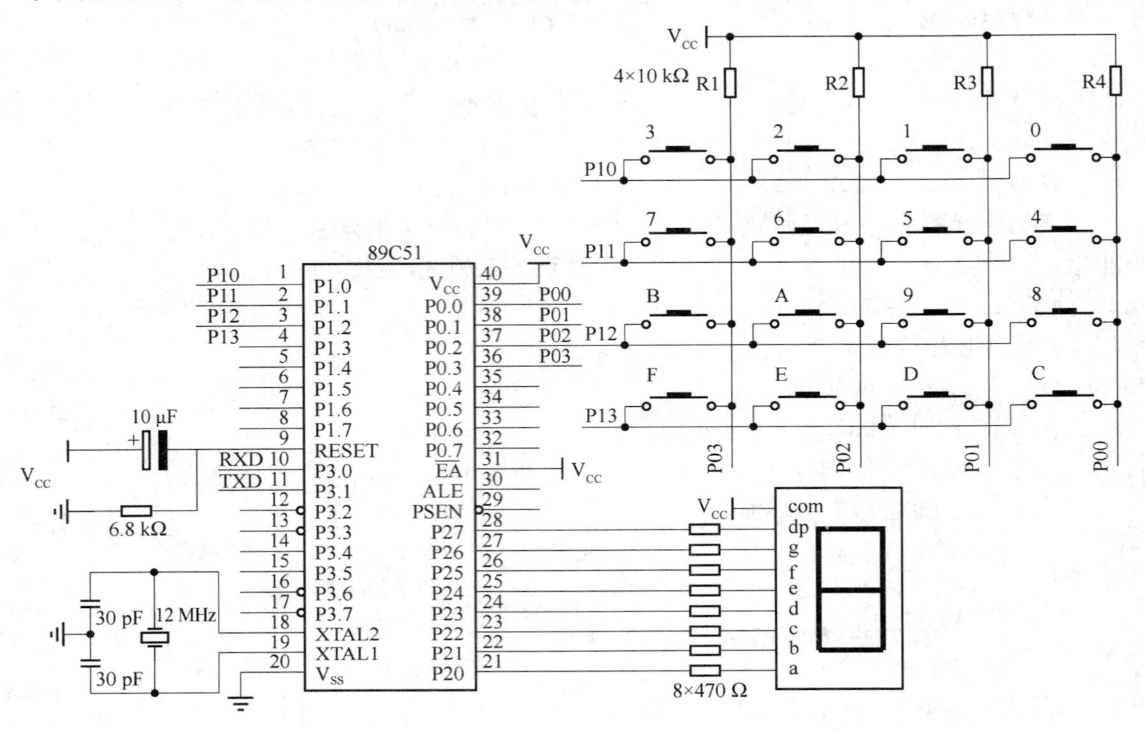

图 8.8 甲机电路图

图 8.8 的甲机中矩阵键盘的行线接到单片机的 P1.0～P1.3 上，列线接到 P1.4～P1.7 上，同时列线经上拉电阻接至＋5 V 电源上。

(2) 驱动程序设计

在矩阵键盘中，当键被按下时，它所在行线和列线被短接。如果预先使某行线输出低电平，则在读入列线状态时，若该行线上的 4 个按键中有键被按下，那么闭合键所在的列线状态为 0，其余列线状态为 1。据此可以确定闭合键的键代码。

在图 8.8 所示硬件电路的基础上，通过程序可以确定如下内容。

① 键盘中是否有键按下

方法是先使所有行线输出低电平，然后读所有列线的状态：若列线状态全为高电平，则说明没有键按下；若列线状态有低电平，则说明有键按下。

② 去除键的机械抖动

方法是在判别到键盘上有键按下后，延迟一段时间，再判别键盘状态，若仍有键按下，则认为键盘上有一个键处于稳定的闭合状态；否则认为是键抖动。

③ 如有键被按下，则寻找闭合键所在位置，求出其键代码

传统的方法是逐行扫描。扫描的方法是使 0 号行线输出低电平，其余行线为高电平，读取列线状态：若列线状态有 0，则闭合键处于该行和状态为 1 的列线的交叉点上，据此求出此键的键代码(键代码＝行号＋列号)；若列线状态为全 1，则表明闭合键不在此行，紧接着使 1

号行线输出低电平,其余行线为高电平,继续读列线状态。用同样方法,检查闭合键是否在此行,以此类推。

④ 根据键代码转到闭合键所对应的程序中去

常用的方法是设置一个转移指令表,表中每一条转移指令与一个键相对应,转移指令中的转移地址就是完成此键功能的子程序的入口地址。根据闭合键的键代码查转移指令表,就可以转到对应的键功能子程序去。

矩阵非编码键盘的键扫描和键处理如下。

甲机的程序清单如下:

```
        ORG     0000H
        LJMP    MAIN
        ORG     0023H
        LJMP    SERILS
MAIN:   MOV     SP,#60H          ;设置堆栈
        MOV     SCON,#40H        ;串行口设为方式1,不允许接收
        MOV     PCON,#00H        ;波特率不倍增
        MOV     IE,#90H          ;允许串口中断
        MOV     TL1,#0E8H        ;定时器T1初值
        MOV     TH1,#0E8H        ;8位重装值
        MOV     TMOD,#20H        ;定时器T1设为方式2
        SETB    TR1              ;启动定时器T1
;键扫描程序:
SCAN:   MOV     P1,#0F0H         ;使所有行输出0
        MOV     A,P0             ;读列线状态
        ANL     A,#0FH           ;屏蔽无用位
        CJNE    A,#0FH,NEXT1     ;列线全1吗?
        LJMP    SCAN
NEXT1:  LCALL   D10ms            ;延时10 ms去抖动
        MOV     A,P0             ;再读列线状态
        ANL     A,#0FH
        CJNE    A,#0FH,NEXT2     ;列线全1吗?
        LJMP    SCAN
NEXT2:  MOV     R2,#0FEH         ;行扫描初值送R2
        MOV     R3,#00H          ;行号初值送R3
        MOV     R7,#4            ;扫描次数送R7
UP1:    MOV     P1,R2            ;输出行扫描值
        MOV     A,P0             ;读列线状态
        ANL     A,#0FH
        CJNE    A,#0FH,NEXT3     ;列线有0吗?
        MOV     A,R2             ;修改行扫描值,准备扫描下一行
```

```
        RL      A
        MOV     R2,A
        MOV     A,R3            ;修改行号
        ADD     A,#4
        MOV     R3,A
        DJNZ    R7,UP1          ;各行都扫描一遍吗?
        LJMP    SCAN
NEXT3:  RLC     A               ;列线状态左移
        JNC     NEXT4           ;某条列线为 0?
        INC     R3              ;行号加 1,以求键代码
        SJMP    NEXT3
;键处理程序
NEXT4:  MOV     A,P0            ;读列线状态
        ANL     A,#0FH          ;屏蔽无用位
        CJNE    A,#0FH,NEXT4    ;列线全 1 吗? 以等待键释放
        MOV     DPTR,#TAB       ;转移指令表首地址送 DPTR
        MOV     A,R3            ;键代码是查表偏移量
        MOVC    A,@A+DPTR
        MOV     SBUF,A          ;向乙机发送键代码对应的字型码
        SETB    REN             ;启动接收
        LJMP    SCAN            ;继续扫描键盘
TAB: DB 0C0H,0F9H,0A4H,0B0H,99H,92H,82H,0F8H
     DB 80H,90H,88H,83H,0C6H,0A1H,86H,8EH
;甲机串口中断服务子程序:
SERILS:JNB      RI,S1           ;若 RI=0,则转到 S1
        CLR     RI              ;RI=1,为接收中断,先使 RI 清 0
        MOV     A,SBUF          ;读取收到的数据
        MOV     P2,A            ;显示
        CLR     REN             ;禁止接收
        SJMP    DOWN            ;返回
S1:     JNB     TI,DOWN         ;若 TI=0,则转到 DOWN
        CLR     TI              ;TI=1,为发送中断,先使 TI 清 0
DOWN:   RETI                    ;返回
```

乙机的程序清单如下:

```
        ORG     0000H
        LJMP    MAIN
        ORG     0023H
        LJMP    SERILS
```

```
MAIN:   MOV    SP,#60H         ;设置堆栈
        MOV    SCON,#40H       ;串行口设为方式 1,不允许接收
        MOV    PCON,#00H       ;波特率不倍增
        MOV    IE,#90H         ;允许串口中断
        MOV    TL1,#0E8H       ;定时器 T1 初值
        MOV    TH1,#0E8H       ;8 位重装值
        MOV    TMOD,#20H       ;定时器 T1 设为方式 2
        SETB   TR1             ;启动定时器 T1
        SETB   REN             ;允许接收
        SJMP   $               ;CPU 等待
;乙机串口中断服务子程序:
SERILS:JNB     RI,S1           ;若 RI=0,则转到 S1
        CLR    RI              ;RI=1,为接收中断,先使 RI 清 0
        MOV    A,SBUF          ;读取收到的数据
        CLR    REN             ;禁止接收
        MOV    P2,A            ;显示
        MOV    SBUF,A          ;发送
        SJMP   DOWN            ;返回
S1:     JNB    TI,DOWN         ;若 TI=0,则转到 DOWN
        CLR    TI              ;TI=1,为发送中断,先使 TI 清 0
        SETB   REN             ;发送完数据后,允许接收,以便再一次接收
        DOWN:  RETI            ;返回
```

上述键盘驱动程序没有考虑防串键问题。串键是指多个键同时按下时或前面键没有释放就按下新的键时所产生的问题。判别是否有串键的方法是在程序中,一定将所有行都扫描一次,而不是检测到列线状态有 0 时就结束。在所有行都扫描一遍之后,如果不止一次得到的列状态有 0,则说明出现了串键。解决串键的最简单的方法是这次扫描作废,再来一遍。实际上,由于扫描速度很快,真正找到两个键同时按下的情况是很少的。

8.3.3　单片机与 PC 的通信

学习目标:通过学习此任务的完成方法,进一步掌握单片机串行口的使用方法,掌握单片机与 PC 之间通信程序的编写方法。

任务描述:现有一台单片机和一台 PC,单片机能接收 PC 所发送的启动命令(启动命令的代码为 AAH),在收到正确的启动命令后,单片机开始将待发的数据传送给 PC。待发数据为"自信 自立 善学 善用"。

任务实施:

(1) 硬件电路设计

因为 PC 内配有 RS-232 串行标准接口,而单片机的串行口是 TTL 电平,所以当单片机与 PC 之间进行点到点的串行通信时,应该用 RS-232 串行标准接口进行数据传输,两者之

间的电平转换可以由 MAX232A 芯片完成。单片机与 PC 的通信接口电路如图 8.8 所示。

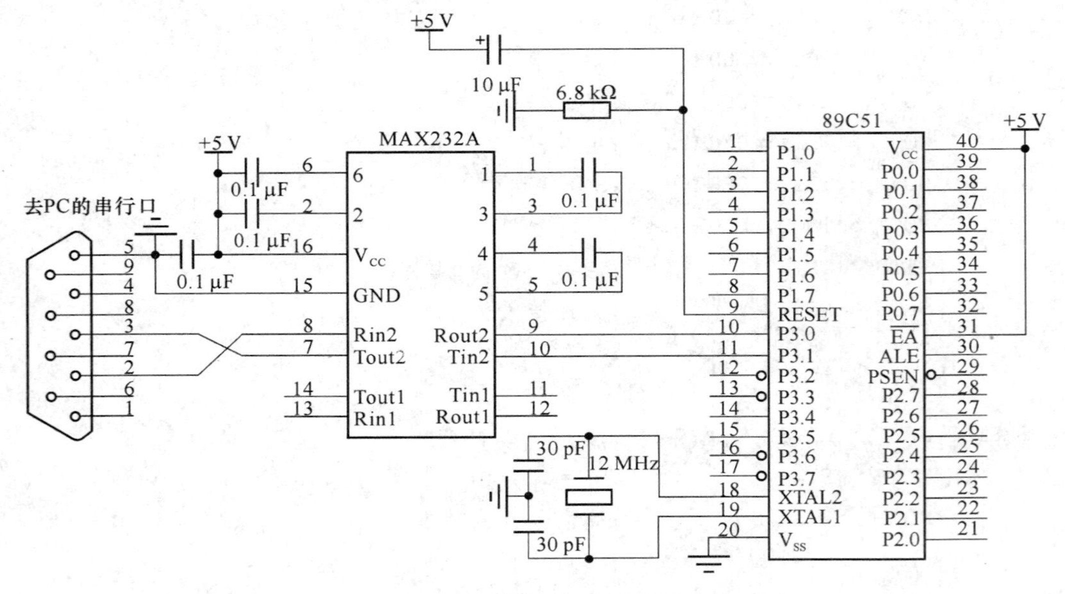

图 8.8　单片机与 PC 的通信接口电路

(2) 软件设计

单片机程序如下：

```
        ORG     0000H
        LJMP    MAIN
        ORG     0023H
        LJMP    SERILS
MAIN:   MOV     SP,#60H          ;设置堆栈
        MOV     SCON,#40H        ;串行口设为方式 1,不允许接收
        MOV     PCON,#00H        ;波特率不倍增
        MOV     IE,#90H          ;允许串口
        MOV     TL1,#0E8H        ;定时器 T1 初值
        MOV     TH1,#0E8H        ;8 位重装值
        SETB    TR1              ;启动定时器 T1
        SETB    REN              ;允许接收
        SJMP    $                ;CPU 等待
```

串口中断服务子程序：

```
SERILS: JNB     RI,S1            ;若 RI = 0,则转到 S1
        CLR     RI               ;RI = 1,为接收中断,先使 RI 清 0
        MOV     A,SBUF           ;读取收到的数据
        CJNE    A,#0AAH,DOEN     ;若不是启动代码 AAH 则返回
        CLR     REN              ;禁止接收;准备发送待发数据
        MOV     DPTR,#TAB        ;数据区首地址
```

```
        CLR    A
        MOVC   A,@A+DPTR                ;取第一个数
        MOV    SBUF,A                   ;发送
        SJMP   DOWN                     ;返回
S1:     JNB    TI,DOWN                  ;若 TI = 0,则转到 DOWN
        CLR    TI                       ;TI = 1,为发送中断,先使 TI 清 0
        INC    DPTR                     ;准备取下一个数
        CLR    A
        MOVC   A,@A+DPTR                ;取数
        CJNE   A,#0DH,S2                ;取出的数不是结束符,则发送
        SETB   REN                      ;发送完数据后,允许接收,以便再一次接收
        SJMP   DOWN                     ;收 PC 发来的启动代码
S2:     MOV    SBUF,A                   ;发送
DOWN:   RETI                            ;返回
TAB:    DB     0D7H,0D4H,0D0,0C5H       ;自信,20H 为空格的代码
               0D7H,0D4H,0C1,0A2H       ;自立
               0C9H,0C6H,0D1,0A7H       ;善学
               0C9H,0C6H,0D3,0C3H,20H   ;善用
```

PC 可以通过串口调试软件发送启动代码和接收来自于单片机的信息。串口调试软件很多,串口调试助手就是比较常用的一种。关于串口调试助手的使用,请读者参阅相关书籍。

习　　题

一、选择题

1. 用 89C51 单片机的串行口扩展并行口时,串行口工作方式应选择(　　)。
   A. 方式 0　　B. 方式 1　　C. 方式 2　　D. 方式 3
2. 控制串行接口工作方式的寄存器是(　　)。
   A. TCON　　B. PCON　　C. SCON　　D. TMOD
3. 当 89C51 单片机进行多机通信时,串行接口的工作方式应选择(　　)。
   A. 方式 0　　B. 方式 1　　C. 方式 2　　D. 方式 0 或方式 2
4. 通过串行口发送和接收数据时,应该使用的指令是(　　)。
   A. MOV　　B. MOVC　　C. MOVX　　D. XCH
5. 串行口工作方式 1 的波特率是(　　)。
   A. 固定的,为时钟频率的 1/12　　B. 固定的,为时钟频率的 1/32
   C. 可变的,为时钟频率的 1/12　　D. 可变的,通过定时器 1 的溢出率设定

二、填空题

1. TI是＿＿＿＿＿＿标志位，TI=1表示＿＿＿＿＿。

2. 要89C51单片机的串行口为10位UART，工作方式应该选择为＿＿＿＿＿＿＿＿。

3. 在89C51串行通信中一帧数据有＿＿＿位或＿＿＿＿位。

4. 89C51的＿＿＿作为串行口方式1和方式3的波特率发生器。

5. 在多机通信中，若字符传送率为100 bit/s，则波特率等于＿＿＿＿＿。

6. 在多机通信中，主机发送从机地址呼叫从机时，其TB8位为＿＿＿＿，各从机此前必须将SCON中的REN位和＿＿＿＿位设置成1。

7. 89C51的异步串行通信中，按传送数据字长可分为＿＿＿位和＿＿＿位两种。

三、简答题

1. 试述串行通信与并行通信的优缺点。

2. 试述在89C51单片机串行通信中，SCON中的SM2、RB8、TB8的作用。

3. 89C51单片机串口有几种工作方式？波特率如何确定？

4. 叙述单工、半双工、全双工的意义。

5. 89C51的串行通信方式有几种？各有什么特点？

6. 89C51串行通信方式0与方式1的本质区别。

7. 刚进入串行中断程序时，第一条指令就将中断标志TI、RI清0，可以吗？为什么？

8. 什么是波特率？如何计算和设置80C51系列单片机的波特率？

9. 若f_{osc}=6 MHz，试求T1在方式2下可能产生的波特率。

10. 计算f_{osc}=11.059 2 MHz，串行工作方式1，波特率为9 600 bit/s，T1的初值。

四、编程题

1. 两片单片机点对点异步通信，晶振频率6 MHz，串行工作方式1，波特率为2 400 bit/s。A机将首地址为30H，长度为16字节的数据通过串行口发送到B机。B机收到后存放于40H为首地址的单元。

2. 通过串行口用74HC164扩展并行口，74HC164的并行口输出端接8个LED：L1～L8，LED阴极接地。74HC164的串行输入端接单片机的串行口。编程使L1～L8循环点亮，每次只亮一个LED。

3. 单片机的晶振为11.059 MHz，串行口工作于方式3，波特率为2 400 bit/s时，T1工作于模式2，作为波特率发生器，试计算定时器T1的时间常数，并编写初始化程序。

4. 请编写串行通信的数据发送程序，发送片内RAM 50H～5FH的16 B数据，串行接口设定为方式2，采用偶校验。设f_{osc}=6 MHz。

5. 请编写串行通信的数据接收程序，将接收的16 B数据送入片内RAM 58H～5FH中，串行接口设定为方式3，波特率为1 200 bit/s。设f_{osc}=6 MHz。

6. 按下列要求，单片机主频f_{osc}为11.059 MHz，编写串口的接收程序。

① 串口工作于方式1，波特率为1 200 bit/s。

② 向对方发出呼叫信号“00H”。

③ 发送完呼叫信号后，等待接收对方应答，如对方未应答，再次呼叫。

④ 收到对方应答信号后，检查是否为“AAH”：如是，则结束通信；如不是，再次呼叫。

第9章 单片机的扩展技术

单片机内部具有一定的程序存储器(ROM)、数据存储器(RAM)及必要的接口,如果给单片机接上工作时所需要的电源、复位电路和晶体振荡电路,利用集成在单片机芯片内部的中断系统、定时/计数器、并行接口、串行接口就可以对外设进行检测控制,组成完整的单片机系统。这种维持单片机运行的最简单配置的系统,称为最小应用系统。

单片机最小应用系统具有结构简单、成本低、并行口线都可供输入/输出使用的优点。随着单片机内部存储容量的不断扩大和内部功能的不断完善,单片机“单片”应用的情况更加普遍,这也是单片机发展的一种趋势。但是由于控制对象的多样性和复杂性,有时最小应用系统不能满足应用系统的要求,因此在系统设计时首先要解决系统扩展问题。

单片机系统扩展主要包括:程序存储器扩展、数据存储器扩展、输入/输出接口(I/O 口)扩展、模/数(A/D)和数/模(D/A)转换器扩展等。本章将主要介绍程序存储器、数据存储器、并行 I/O 接口的扩展以及模/数和数/模转换器的扩展。

9.1 单片机系统扩展概述

单片机的系统扩展方法主要有并行扩展和串行扩展两种。

并行扩展法是利用单片机的三总线(地址总线、控制总线和数据总线)进行系统扩展。并行扩展法的信息传输速度快,但占用的引脚数较多,硬件连线较复杂。80C51 系列单片机有很强的并行扩展功能,扩展电路和扩展方法都非常典型、规范,外围扩展芯片大多是一些常规芯片,用户很容易通过标准的扩展电路来构成较大规模的应用系统。

由于并行扩展采用三总线形式,要占用较多的 I/O 口,线路较复杂,为了能进一步缩小单片机体积及其外围芯片的体积,降低价格,简化连线,近年来,各制造厂商先后推出了专门用于串行数据传输的各类接口器件和接口总线,如 I^2C 总线、单总线、UART 串行接口、SPI 串行接口和 MICROWIRE 串行接口等。串行扩展法占用引脚数少(2～4 条),连接较简单,但传输速度慢,通信对象之间的软件较为复杂。80C51 系列单片机内部有一个 UART 串行接口,可以实现 UART 串行扩展。

本章重点介绍的是 80C51 系列单片机的并行扩展法。

9.1.1 80C51 系列单片机的并行扩展总线

80C51 系列单片机由于受引脚条数的限制,没有单独设立外部三总线。当进行单片机系统的扩展时，为了便于与各种并行接口芯片相连接，应把单片机的引脚变成三总线结构。80C51 系列单片机三总线形成的电路图如图 9.1 所示。

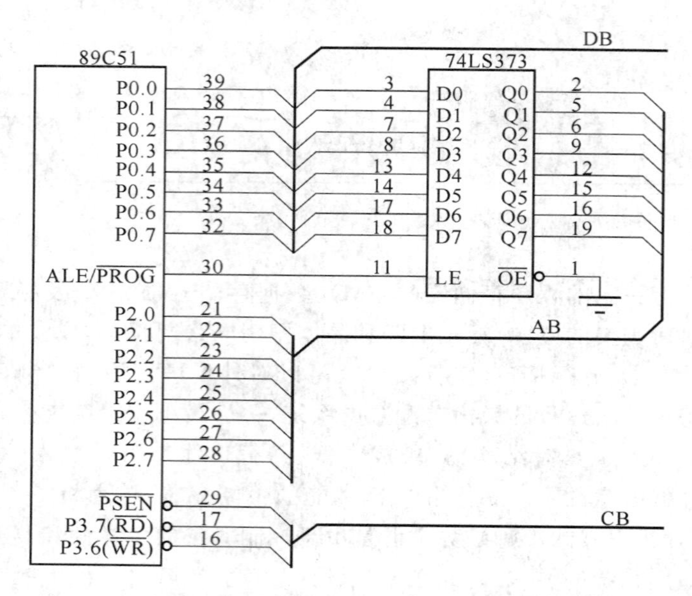

图 9.1　80C51 系列单片机三总线形成的电路图

1. 地址总线 AB

地址总线由 P0 口和 P2 口共同提供，P2 口提供高 8 位地址线，P0 口提供低 8 位地址线。由于 P0 口是地址、数据分时使用的端口，为了分离地址和数据信号，需要在 P0 口加一个地址锁存器，该锁存器可以锁存低 8 位的地址信息。通常用做地址锁存器的芯片有两类：一类是 8D 触发器，如 74LS273、74LS377 等；另一类是 8 位锁存器，如 74LS373、8282 等。图 9.1采用 74LS373 作为地址锁存器，用单片机的 ALE 正脉冲信号的下降沿控制锁存器的锁存时刻。

P0 口作为地址线使用时是单向的。

2. 数据总线

数据总线(DB)由 P0 口提供。P0 口作为数据线使用时是双向的。

3. 控制总线

控制总线(CB)包括片外程序存储器读选通信号$\overline{PSEN}$、片外数据存储器的读写控制信号$\overline{WR}$和$\overline{RD}$。当单片机执行片外程序存储器读操作或执行 MOVC 指令时，自动由$\overline{PSEN}$引脚送出低电平；当单片机执行 MOVX A，@DPTR 指令时，自动由$\overline{RD}$引脚送出低电平；当单片机执行 MOVX @DPTR，A 指令时，自动由$\overline{WR}$引脚送出低电平。

9.1.2　80C51 系列单片机的总线驱动能力

80C51 系列单片机可以扩展程序存储器、数据存储器、输入/输出接口(I/O 口)、模/数(A/D)和数/模(D/A)转换器等外围接口芯片。80C51 系列单片机的并行扩展系统结构图如图 9.2 所示。

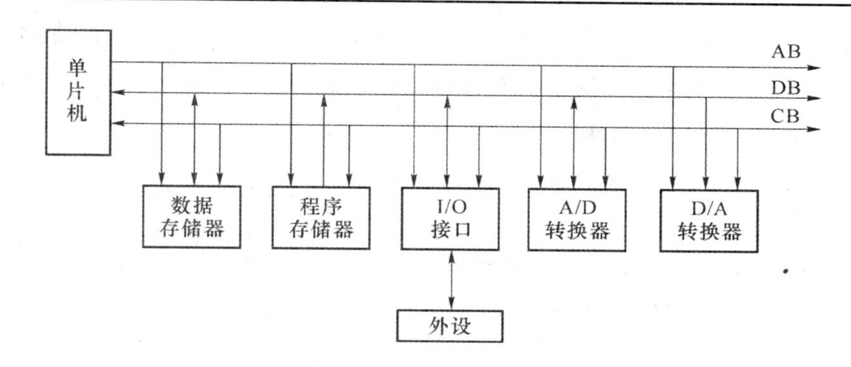

图 9.2 80C51 系列单片机的并行扩展系统结构图

80C51 系列单片机的 P0 口是作为地址/数据复用总线使用的，其负载能力为 8 个 LSTTL电路。当 P0 口外接的芯片数超过 8 片时，就必须增加总线驱动器，如三态双向驱动器 74LS245 等。80C51 系列单片机的 P2 口是作为地址总线使用的，其负载能力为 4 个 LSTTL 电路，它是单向的，当 P2 口外接的芯片数超过 4 片时，也必须增加总线驱动器，此时可加接单向总线驱动器，如 74LS244 等。

9.1.3 系统扩展常用芯片

在进行系统扩展时根据不同的用途，所涉及的集成电路芯片很多，这里介绍几种在系统扩展时常用的数字电路芯片。

1. 锁存器

锁存器在并行扩展中的作用是锁存地址或数据。地址锁存器一般使用带三态缓冲器的 8D 锁存器 74LS373。74LS373 的引脚图如图 9.3 所示。

图 9.3 中 D0～D7 为数据输入端；Q0～Q7 为数据输出端；$\overline{OE}$为使能控制端，当$\overline{OE}$为低电平时，其内部的三态门打开，当$\overline{OE}$为高电平时，其内部的三态门处于高阻态；LE 为锁存控制端，当 LE 为低电平时，其内部的 D 触发器处于锁存状态，当 LE 为高电平时，其内部的 D 触发器处于送数状态。

74LS373
3 D0 Q0 2
4 D1 Q1 5
7 D2 Q2 6
8 D3 Q3 9
13 D4 Q4 12
14 D5 Q5 15
17 D6 Q6 16
18 D7 Q7 19
1 $\overline{OE}$
11 LE

图 9.3 74LS373 的引脚图

74LS373 有以下 3 种工作状态。

(1) 当$\overline{OE}$为低电平，LE 为高电平时，输入端的数据传送到输出端，实现送数的功能。

(2) 当$\overline{OE}$为低电平，LE 为低电平时，内部的 D 触发器处于锁存状态，所以输入端的数据不会传送到输出端，实现锁存的功能。

(3) 当$\overline{OE}$为高电平时，内部的三态门处于高阻态，输入端与输出端隔离，实现隔离的功能。此时输入端的数据不会传送到输出端。

当 74LS373 作为地址锁存器时，将$\overline{OE}$置成低电平，LE 受控于单片机的 ALE 信号，当单片机送出低 8 位地址信号的时候，ALE 引脚送出高电平信号，这个信号使 74LS373 处于送数状态，所以低 8 位地址信息传送到锁存器的输出端；在低 8 位地址信息消失的前一时刻，ALE 引脚送出低电平信号，使地址锁存器处于锁存状态，这样，就保存了低 8 位的地址信息。

2. 74LS244

74LS244 是 8 位同相三态数据缓冲/驱动器。它在并行扩展中的作用是实现数据缓冲隔离和总线驱动。74LS244 的输入阻抗较高，输出阻抗较低，最大吸收电流为 24 mA。74LS244 的引脚图如图 9.4 所示。

74LS244 内部有 8 个三态门，分为 2 组，每组 4 个三态门。图 9.4 中 1A1～1A4 为第 1 组三态门的数据输入线，1Y1～1Y4 为数据输出线，1 $\overline{G}$为使能控制端，2A1～2A4 为第 2 组三态门的数据输入线，2Y1～2Y4 为数据输出线，2 $\overline{G}$为使能控制端。当使能控制端为低电平时，三态门打开，处于送数状态；当使能控制端为高电平时，三态门处于高阻态，实现隔离作用。

一般应用时是将 74LS244 作为 8 线并行输入/输出接口器件，因此常将 1 $\overline{G}$和 2 $\overline{G}$连接在一起。

3. 74LS245

74LS245 是 8 位同相三态双向数据缓冲/驱动器。它与 74LS244 的不同之处在于可以双向输入/输出，因此在并行扩展中 74LS245 很适合做单片机数据总线的收发器。74LS245 的引脚图如图 9.5 所示。

74LS244

引脚	左	右	引脚
1	1$\overline{G}$	V_{CC}	20
2	1A1	2$\overline{G}$	19
3	2Y4	1Y1	18
4	1A2	2A4	17
5	2Y3	1Y2	16
6	1A3	2A3	15
7	2Y2	1Y3	14
8	1A4	2A2	13
9	2Y1	1Y4	12
10	GND	2A1	11

图 9.4　74LS244 的引脚图

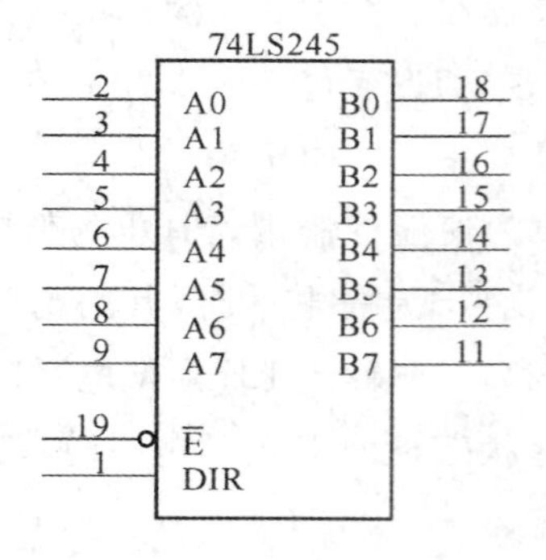

图 9.5　74LS245 的引脚图

74LS245 内部有 16 个三态门，分为 2 组，每组 8 个三态门。图 9.5 中$\overline{E}$为使能控制端，DIR 为数据流方向控制端，A0～A7 和 B0～B7 为数据线。当使能控制端$\overline{E}$为高电平时，16 个三态门处于高阻态，实现隔离作用；当使能控制端$\overline{E}$为低电平且 DIR 为高电平时，一组三态门打开，A0～A7 为数据输入线，B0～B7 为数据输出线，数据传送方向为 A→B；当使能控制端 E 为低电平且 DIR 也为低电平时，另一组三态门打开，B0～B7 为数据输入线，A0～A7 为数据输出线，数据传送方向为 B→A。

在单片机系统中，74LS245 作为数据总线收发器使用时，通常将 DIR 与读信号或写信号相连,以实现数据流方向的控制。

9.2 程序存储器的扩展

在80C51系列单片机应用系统中,如果单片机内部程序存储器不够用,则必须外扩程序存储器。程序存储器容量的扩展可根据实际需要在64 KB范围内选择。

9.2.1 程序存储器简介

可以作为程序存储器的器件类型较多,通常简称为只读存储器(ROM),ROM中的信息是用写录器写入的,一旦写入,其上的信息就不能随意更改。掉电后其上的信息不消失,常常用于存储程序和固定的数据表格。ROM按存储信息的方法可以分为以下5类。

(1) 掩膜ROM(MASK ROM)

掩膜ROM是芯片制造厂根据ROM要存储的信息,设计固定的半导体掩膜板进行生产的。由于程序在芯片封装过程中用掩膜工艺制作到ROM单元中,所以一旦制出成品之后,其存储的信息即可读出使用,但不能改变。这种ROM常用于批量生产。

(2) 一次性可编程ROM(OTP ROM)

为了使用户能够根据自己的需要向ROM单元写入信息,厂家生产了一种OTP ROM,允许用户对其进行一次编程,即用写录器一次性写入数据或程序。一旦编程之后,信息就永久性地固定下来。用户可以读出和使用其中的信息,但再也无法改变其内容。

(3) 紫外线擦除可改写ROM(EPROM)

EPROM芯片的内容,可由用户用写录器写入,且允许反复擦除重新写入。EPROM是用电信号编程而用紫外线整片擦除的只读存储器芯片。在芯片外壳上方的中央有一个圆形窗口,通过这个窗口照射紫外线就可以擦除原有的信息。由于阳光中有紫外线的成分,所以程序写好后要用不透明的标签封窗口,以避免因阳光照射而破坏程序。典型EPROM芯片有2764、27128、27256等。一般情况下,EPROM芯片中的内容可以改写几十次。由于它擦写次数少,且速度慢,现在已经基本不使用了。

(4) 电擦除可改写ROM(EEPROM或E^2PROM)

这是一种用电信号编程也用电信号擦除的ROM芯片,用户可以用写录器通过读写操作进行逐个存储单元读出和写入,且读写操作与RAM几乎没有什么差别,所不同的只是写入速度慢一些,但断电后却能保存信息,因此使用比EPROM方便。典型E^2PROM芯片有28C16、28C17、2817A等。E^2PROM保存的数据至少可达10年,可擦写1 000次以上。

(5) 快速擦写ROM(Flash ROM)

E^2PROM虽然具有既可读又可写的特点,但写入的速度较慢。而Flash ROM是在EPROM和E^2PROM的基础上发展起来的一种只读存储器,读写速度都很快,存取时间可达70 ns,存储容量可达16～128 MB。这种芯片可改写次数可达1万次到100万次,保存数据的年限为10～20年。典型Flash ROM芯片有28F256、28F516、AT89等。

9.2.2 程序存储器的并行扩展

目前单片机系统中使用最多的 ROM 芯片是快速擦写 ROM 芯片,EPROM 系列芯片已经基本不用了。常用的 E^2PROM 芯片有 28F 系列,Flash ROM 芯片有 AT29 系列等。随着集成电路技术的发展,大容量芯片价格日趋便宜,所以在满足容量要求时,尽可能选择大容量芯片,以减少芯片组合数量,简化扩展电路结构。

按存储容量不同,每个系列都有多种型号。例如,28F 系列有 ROM 28F64、28F128、28F256、28F512 等,AT29 系列有 AT29C256(32 KB×8)、AT29C256(64 KB×8)、AT29C010(128 KB×8)、AT29C010 128 KB×8、AT29C020(256 KB×8)、AT29C1024(1 024 KB×8)等,型号名称后的数字表示其存储容量。存储器芯片的存储容量通常用芯片上有多少个存储单元,每个存储单元可以存储多少个二进制位来表示。例如,AT29C256(32 KB×8)的容量为 32 KB×8 bit,即它有 32K 个单元(1 K=1024),每个单元可以存储 8 位(一个字节)数据信息。下面以 AT29C256 为例,说明程序存储器的并行扩展方法。

AT29C256 是 Flash ROM 存储器,读取时间仅为 70 ns,单一+5 V 电源,低功耗,待机时功耗为 300 μA,启动工作时为 50 mA,10 000 次擦写次数,输入/输出全兼容 CMOS 和 TTL 电路。

AT29C256 的引脚逻辑图如图 9.6 所示。

AT29C256

引脚	名称	名称	引脚
1	$\overline{WE}$	V_{CC}	28
2	A12	A14	27
3	A7	A13	26
4	A6	A8	25
5	A5	A9	24
6	A4	A11	23
7	A3	$\overline{OE}$	22
8	A2	A10	21
9	A1	$\overline{CE}$	20
10	A0	D7	19
11	D0	D6	18
12	D1	D5	17
13	D2	D4	16
14	GND	D3	15

图 9.6 AT29C256 的引脚逻辑图

图中各符号含义如下。

A0~A14:地址输入线。

D0~D7:数据线,三态双向,读时为输出线,编程时为输入线,禁止时为高阻态。

$\overline{CE}$:片选信号输入线,低电平有效。

$\overline{OE}$:读选通信号输入线。当它为低电平时,芯片中的数据可由 D7~D0 输出。

$\overline{WE}$:写信号输入线。当对 Flash ROM 编程或写入信息时,$\overline{WE}$应为低电平;读时$\overline{WE}$应为高电平。

V_{CC}:工作电源,一般为+5 V。

GND:地线。

例 9.1 某 89C51 单片机系统扩展一片 AT29C256,试将 AT29C256 与 89C51 进行连接。

解:AT29C256 的容量为 32 KB×8,由 1 片 AT29C256 构成的存储器系统的 ROM 容量为 32 KB。AT29C256 的地址线、数据线和控制线与 89C51 单片机的三总线的连接方法如下。

- 先将 AT29C256 芯片的 15 条地址线按引脚名称逐根接至系统地址总线的低 15 条,即 AB0~AB14。
- 将 AT29C256 芯片的 8 位数据线依次接至系统数据总线的 DB0~DB7。
- AT29C256 芯片的$\overline{OE}$端接至系统控制总线的程序存储器读信号($\overline{PSEN}$)。
- 因为系统中只有 1 片 AT29C256,所以 AT29C256 的片选线$\overline{CE}$可以接地。当总线上挂接多个芯片时,在某一时刻只能有一个芯片占用总线。当某个芯片的片选信号有效时,该芯片可以占用总线。

AT29C256与89C51的连接图如图9.7所示。

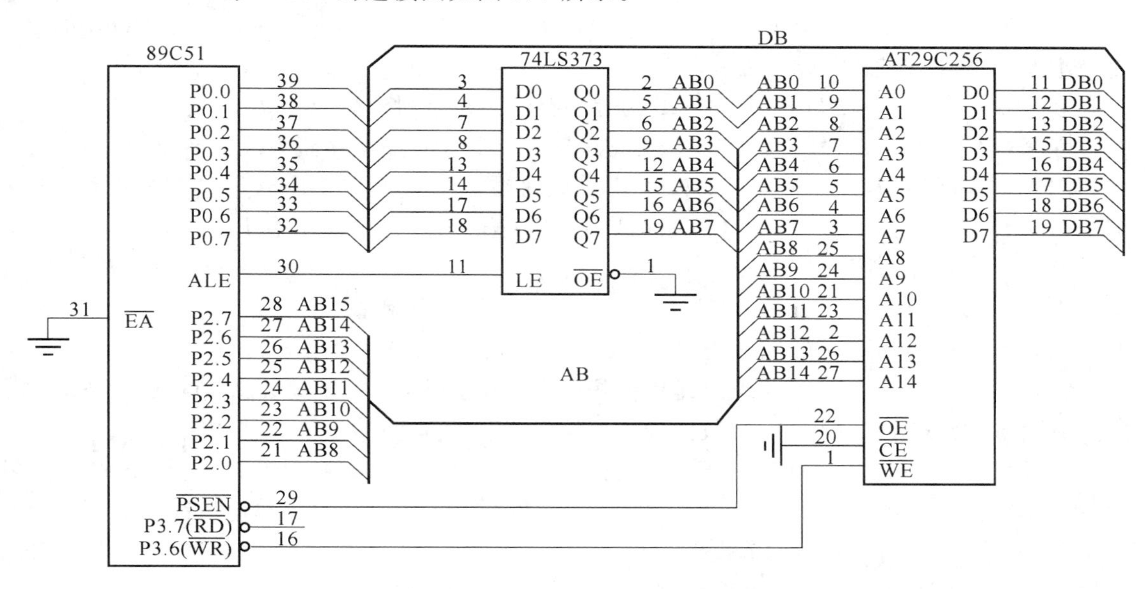

图9.7 一片AT29C256扩展32 KB程序存储器的连接图

根据硬件连线图,可以分析出该存储器芯片的地址分配范围。先计算AT29C256每个单元的地址,从而确定该芯片的地址范围。计算AT29C256每个单元的地址,也就是分析89C51通过地址线送出何种地址码时选中该单元。89C51从AT29C256中读取信息的过程如下。

- 89C51发出地址码,低8位地址由P0.0~P0.7送出,与此同时ALE送出高电平,使74LS373送数,传送到74LS373输出端的地址经过低8位地址总线AB0~AB7传送至AT29C256的A0~A7。高8位地址由P2.0~P2.7送出,经过高8位地址总线AB8~AB15传送至外界,其中AB8~AB12传送至AT29C256的A8~A14;AB15未与其他引脚连接,其上输出的信息自然丢失。
- 89C51发读ROM信号,即由$\overline{\text{PSEN}}$送出低电平,经控制总线CB传送至AT29C256的$\overline{\text{OE}}$端。
- AT29C256将选中单元的内容送出,经过数据总线DB0~DB7传送至89C51的P0.0~P0.7,并由P0.0~P0.7传送到单片机内部进行处理。

由上述传送过程可以得出:欲选中AT29C256的第一个单元,AT29C256的A14~A0应该全为0,根据连线关系,89C51应该由P2.0~P2.6、P0.0~P0.7全送出0,而P2.7送出0或1都可以(因为它们没有与AT29C256连接),所以AT29C256的第一个单元的地址码有2个,分别是0000H和8000H,其中0000H称做基本地址。同理,可以计算出AT29C256上每个单元的地址。AT29C256的最后一个单元的地址为7FFFH和FFFFH。由此得出,AT29C256的地址范围是0000H~7FFFH和8000H~FFFFH,其中AT29C256的基本地址范围是0000H~7FFFH。

在连接单片机与存储器的过程中,会出现每个单元有多个地址码的现象,这种现象称做地址重叠。

注意：本例中的单片机是 89C51，其片内有 ROM，若用户不使用内部的 ROM，则引脚 EA 也应该接地；若用户使用内部的 ROM，则引脚 EA 应该接高电平，并且外扩 ROM 的起始地址应该安排在片内 ROM 之后。

例 9.2　用 AT29C256 构成 64 KB 的程序存储系统，试将它们与 89C51 进行连接。

解：AT29C256 的容量为 32 KB×8，为了满足 64 KB 的程序存储系统的要求，需要 2 片 AT29C256 串联使用，即 2 片 AT29C256 不能同时被选中。因为 2 片 AT29C256 的数据线都接在 8 位数据总线 DB0～DB7 上，当两者同时被选中时，会出现争占 DB 的现象。这时，需要考虑片选问题。

片选信号有两种产生方法：线选法和译码法。本例仅介绍全译码法。

AT29C256 与 89C51 的地址线、数据线和控制线的连接方法如下。

- 先将每个 ROM 芯片的 15 条地址线按引脚名称逐根接至系统地址总线的低 15 条上。
- 将每个 ROM 芯片的 8 位数据线依次接至系统数据总线的 DB0～DB7。
- 两个 ROM 芯片的 $\overline{\text{OE}}$ 端并联在一起后接至系统控制总线的存储器读信号 $\overline{\text{PSEN}}$。
- 它们的 $\overline{\text{CE}}$ 引脚采用全译码连接法。全译码法就是将剩余的全部地址线作为译码器的输入线，而译码器的输出作为片选信号。因为译码器在某一时刻只有 1 条输出线有效，所以保证了在某一时刻只有 1 个芯片被选中的要求。

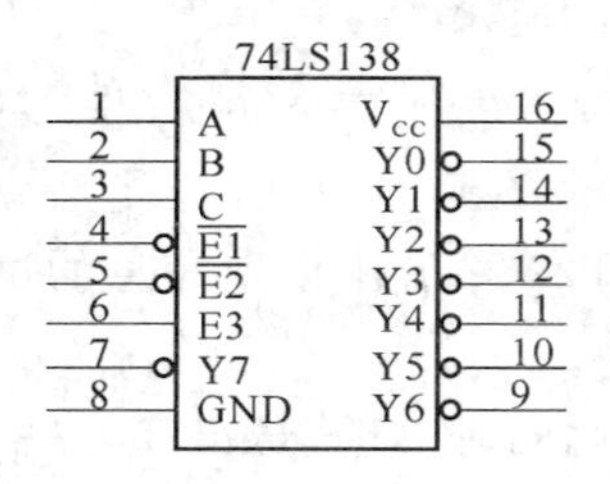

图 9.8　74LS138 的引脚图

常用的译码器有 74LS138、74LS139 等。74LS138 的引脚如图 9.8 所示。

74LS138 具有 3 个译码输入端，对应 8 个译码输出端，低电平有效。同时，74LS138 还具有 3 个使能端 E3、$\overline{\text{E2}}$、$\overline{\text{E1}}$，当 E3、$\overline{\text{E2}}$、$\overline{\text{E1}}$ 分别为 1、0、0 时，译码器才处于译码状态，此时译码器的输出由输入信号决定；否则译码器输出全无效（即全为 0）。表 9.1 列出了 74LS138 译码器的逻辑功能。

表 9.1　74LS138 译码器的逻辑功能真值表

输入						输出							
使能			选择			Y0	Y1	Y2	Y3	Y4	Y5	Y6	Y7
E3	$\overline{\text{E2}}$	$\overline{\text{E1}}$	C	B	A								
1	0	0	0	0	0	0	1	1	1	1	1	1	1
1	0	0	0	0	1	1	0	1	1	1	1	1	1
1	0	0	0	1	0	1	1	0	1	1	1	1	1
1	0	0	0	1	1	1	1	1	0	1	1	1	1
1	0	0	1	0	0	1	1	1	1	0	1	1	1
1	0	0	1	0	1	1	1	1	1	1	0	1	1
1	0	0	1	1	0	1	1	1	1	1	1	0	1
1	0	0	1	1	1	1	1	1	1	1	1	1	0
0	×	×	×	×	×	1	1	1	1	1	1	1	1
×	1	×	×	×	×	1	1	1	1	1	1	1	1
×	×	1	×	×	×	1	1	1	1	1	1	1	1

采用 74LS138 译码器扩展 2 片程序存储器芯片 AT29C256 的电路图，如图 9.9 所示。

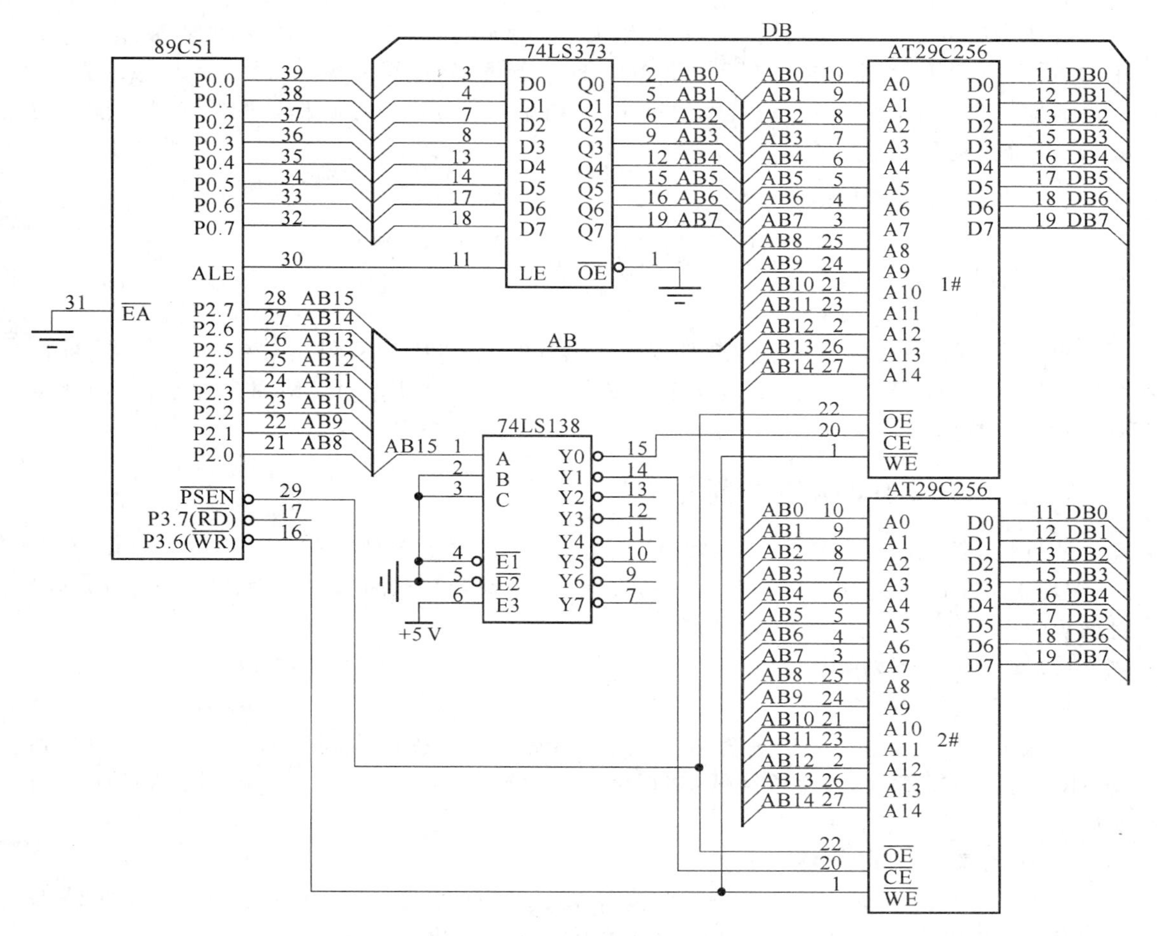

图 9.9　全译码法扩展 2 片 AT29C256 的电路图

当 AB15 输出 0 时，74LS138 的 Y0 输出 0，1＃AT29C256 被选中，其地址范围的计算如表 9.2 所示。1＃AT29C256 的地址范围是 0000H～7FFFH。

表 9.2　1＃AT29C256 的地址范围

P2.7	P2.6	P2.5	P2.4	P2.3	P2.2	P2.1	P2.0	P0.7	P0.6	P0.5	P0.4	P0.3	P0.2	P0.1	P0.0
0	0	0	0	0	0	0	0	0	0	0	0	0	0	0	0
…															
0	1	1	1	1	1	1	1	1	1	1	1	1	1	1	1

当 AB15 输出 1 时，74LS138 的 Y1 输出 0，2＃AT29C256 被选中，其地址范围的计算如表 9.3 所示。2＃AT29C256 的地址范围是 8000H～FFFFH。

表 9.3　2＃AT29C256 的地址范围

P2.7	P2.6	P2.5	P2.4	P2.3	P2.2	P2.1	P2.0	P0.7	P0.6	P0.5	P0.4	P0.3	P0.2	P0.1	P0.0
1	0	0	0	0	0	0	0	0	0	0	0	0	0	0	0
…															
1	1	1	1	1	1	1	1	1	1	1	1	1	1	1	1

全译码法可充分利用地址资源，不会出现地址重叠（即各存储单元的地址码唯一），可使单片机外部程序存储器的扩展真正达到 64 KB 的空间。

需要注意的是，随着单片机技术的进步，目前单片机片内程序存储器的容量基本能满足要求，因而一般无须再扩展程序存储器。

9.3 数据存储器的扩展

由于 80C51 系列单片机芯片内部仅有 128 B 的 RAM，它们可以作为工作寄存器、堆栈和数据缓冲器使用。当控制系统需要暂存的数据量较大时，片内 RAM 往往不够用，因此需要进行片外数据存储器的扩展。

9.3.1 数据存储器芯片简介

RAM 是随机读写存储器，其中的信息由 CPU 通过指令读写（MOVX @DPTR，A 和 MOVX A，@DPTR）。RAM 一般具有易失性，即掉电后其上的信息消失，故用于存储临时性数据。

RAM 分为以下两类。

1. 双极型 RAM

双极型 RAM 的主要特点是存取时间短，通常为几纳秒（ns）到几十纳秒。与下面提到的 MOS 型 RAM 相比，其集成度低、功耗大，而且价格也较高。因此，双极型 RAM 主要用于要求存取时间短的单片机系统中。

2. 金属氧化物（MOS）RAM

用 MOS 器件构成的 RAM 又分为静态读写存储器（SRAM）、动态读写存储器（DRAM）、集成 RAM（IRAM）和非易失性 RAM（NVRAM）。

（1）静态 RAM

静态 RAM（SRAM）的基本存储单元是 MOS 双稳态触发器。一个触发器可以存储1 位二进制信息。静态 RAM 的主要特点是，存取时间为几十纳秒到几百纳秒，集成度比较高。目前常用的静态存储器芯片，每片的容量为几千字节到几十千字节。SRAM 的功耗比双极型 RAM 低，价格也比较便宜。典型 SRAM 芯片有 6116（2 KB×8）、6264（8 KB×8）、62256（32 KB×8）等。

（2）动态 RAM

动态 RAM（DRAM）的存取速度与 SRAM 的存取速度差不多。其最大的特点是集成度特别高。功耗比 SRAM 低，价格也比 SRAM 便宜。DRAM 在使用中需特别注意的是，它是靠芯片内部的电容来存储信息的。由于存储在电容上的信息总是要泄露的，所以，每隔 2～4 ms就要对 DRAM 存储的信息刷新一次，为此需要在 DRAM 外接一个刷新电路。

（3）集成 RAM

集成 RAM（Integrated RAM，IRAM）是一种带刷新逻辑电路的 DRAM。由于它自带刷新逻辑，因而简化了与单片机的连接电路，使用它和使用 SRAM 一样方便。

（4）非易失性 RAM

非易失性 RAM（Non-Volatile RAM，NVRAM），其存储体由 SRAM 和E^2PROM两部分

组合而成。正常读写时，SRAM 工作；当要保存信息时(如电源掉电)，控制电路将 SRAM 的内容复制到 E^2PROM 中保存。而且在需要的时候，存入 E^2PROM 中的信息又能够恢复到 SRAM 中。NVRAM 既能随机存取，又具有非易失性，适合用于需要掉电保护的场合。

NVRAM 从原理上看属于 ROM。但从功能上看，它们又可以随时改写信息，作用相当于 RAM。随着存储器技术的发展，过去传统意义上的易失性存储器、非易失性存储器的概念已经发生变化，所以 ROM、RAM 的定义和划分已不是很严格。但是由于 NVRAM 的写速度还是慢于一般的 RAM，所以在单片机中主要还是用做 ROM，只是当需要重新编程或某些数据修改后需要保存时，采用这种存储器十分方便。

9.3.2　典型的 SRAM 扩展电路

SRAM 具有存取速度快、使用方便、不需要刷新电路，接口简单等优点，缺点是系统一旦掉电，内部所存数据便会丢失。下面以 6264 为例说明 SRAM 的扩展方法。

6264(8 KB×8)芯片的引脚如图 9.10 所示。

图中各引脚的含义如下。

A0～A12：地址输入线。

D0～D7：双向三态数据线。

$\overline{CS1}$：片选信号输入线，低电平有效；

CS2：片选信号输入线，高电平有效；

$\overline{RD}$：读选通信号输入线，低电平有效。

$\overline{WR}$或$\overline{WE}$：写选通信号输入线，低电平有效。

V_{CC}：工作电源，+5 V。

GND：地线。

引脚	名称	名称	引脚
1	NC	V_{CC}	28
2	A12	$\overline{WE}$	27
3	A7	CS2	26
4	A6	A8	25
5	A5	A9	24
6	A4	A11	23
7	A3	$\overline{OE}$	22
8	A2	A10	21
9	A1	$\overline{CS1}$	20
10	A0	D7	19
11	D0	D6	18
12	D1	D5	17
13	D2	D4	16
14	GND	D3	15

图 9.10　6264 芯片的引脚图

例 9.3　用一片 6264 扩展 8 KB 的数据存储器，试将其与 89C51 进行连接。

解：6264 的容量为 8 KB×8，1 片 6264 能提供 8 K 个 RAM 存储单元，该存储器系统的 RAM 容量为 8 KB。6264 与 89C51 的地址线、数据线和控制线的连接方法如下。

- 先将芯片的 13 位地址线按引脚名称逐根接至系统地址总线的低 13 位。
- 将芯片的 8 位数据线依次接至系统数据总线的 D0～D7。
- 芯片的$\overline{OE}$端接至系统控制总线的存储器读信号(P3.7)，芯片的$\overline{WE}$端接至系统控制总线的存储器写信号(P3.6)。
- 因为系统中只有 1 片 6264，所以 6264 的片选线$\overline{CS1}$可以接地。

一片 6264 扩展 8 KB 数据存储器的连接图如图 9.11 所示。

根据硬件连线图，可以分析出该存储器芯片的地址分配范围。

当 89C51 执行指令 MOVX A，@DPTR 时，从 6264 中读取信息，该指令的具体过程如下。

- 89C51 发出地址码，低 8 位地址由 P0.0～P0.7 送出，与此同时 ALE 送出高电平，使 74LS373 送数，传送到 74LS373 输出端的地址经过低 8 位地址总线 AB0～AB7 传送至 6264 的 A0～A7。高 8 位地址由 P2.0～P2.7 送出，经过高 8 位地址总线 AB8～AB15 传送至外界，其中 AB8～AB12 传送至 6264 的 A8～A12，AB13～AB15 未与其他引脚连接，信息自然丢失。

- 89C51 发读 RAM 信号，即由$\overline{\mathrm{RD}}$(P3.7)送出低电平，经控制总线(CB)传送至 6264 的$\overline{\mathrm{OE}}$端。
- 6264 将选中单元的内容送出，经过数据总线 DB0～DB7 传送至 89C51 的 P0.0～P0.7，单片机从 P0.0～P0.7 获取信息并传送到单片机内部的 A 中。

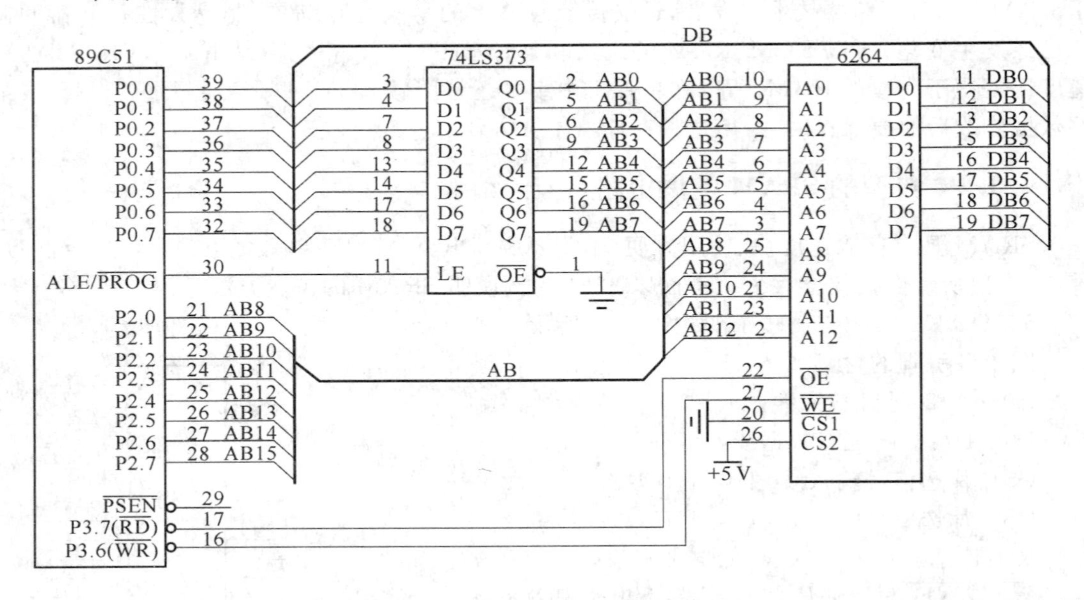

图 9.11 一片 6264 扩展 8 KB 数据存储器的连接图

当 89C51 执行指令 MOVX @DPTR,A 时，单片机向 6264 中写入信息，该指令的具体过程如下。

- 89C51 发出地址码，低 8 位地址由 P0.0～P0.7 送出，与此同时 ALE 送出高电平，使 74LS373 送数，传送到 74LS373 输出端的地址经过低 8 位地址总线 AB0～AB7 传送至 6264 的 A0～A7。高 8 位地址由 P2.0～P2.7 送出，经过高 8 位地址总线 AB8～AB15 传送至外界，其中 AB8～AB12 传送至 6264 的 A8～A12，AB13～AB15 未与其他引脚连接，信息自然丢失。
- 89C51 将 A 中的数据传送到 P0.0～P0.7，经过数据总线 DB0～DB7 传送至 6264 的数据端。
- 89C51 发写 RAM 信号，即由$\overline{\mathrm{WR}}$(P3.6)送出低电平，经控制总线(CB)传送至 6264 的$\overline{\mathrm{WE}}$端，于是已经传送到 6264 的数据端的数据送至选中的 6264 单元中。

由上述传送过程可以得出：6264 的地址范围是 0000H～1FFFH，2000H～3FFFH，4000H～5FFFH，6000H～7FFFH，8000H～9FFFH，A000H～BFFFH，C000H～DFFFH，E000H～FFFFH。其中，6264 的基本地址范围是 0000H～1FFFH。

例 9.4 用 6264 构成 16 KB 的数据存储系统。试将它们与 89C51 进行连接。

解：6264 的容量是 8 KB×8，为了满足存储系统的 RAM 容量的要求，需要 2 片 6264 串联使用。这时，需要考虑片选问题。片选信号有两种产生方法：线选法和译码法。下面结合具体的连接进行说明。

6264 与 89C51 的地址线、数据线和控制线的连接方法如下。

- 先将每个芯片的 13 位地址线按引脚名称逐根接至系统地址总线的低 13 位。
- 将每个芯片的 8 位数据线依次接至系统数据总线的 D0～D7。
- 两个芯片的$\overline{OE}$端并联在一起后接至系统控制总线的存储器读信号(P3.7),两个芯片的$\overline{WE}$端并联在一起后接至系统控制总线的存储器写信号(P3.6)。
- 它们的$\overline{CE}$引脚可以有以下两种连接方法:线选法和译码法。

线选法就是用剩余的高位地址线作片选信号,即把剩余的高位地址线直接与存储器芯片的片选端连接。采用线选法扩展数据存储器的电路图如图 9.12 所示。

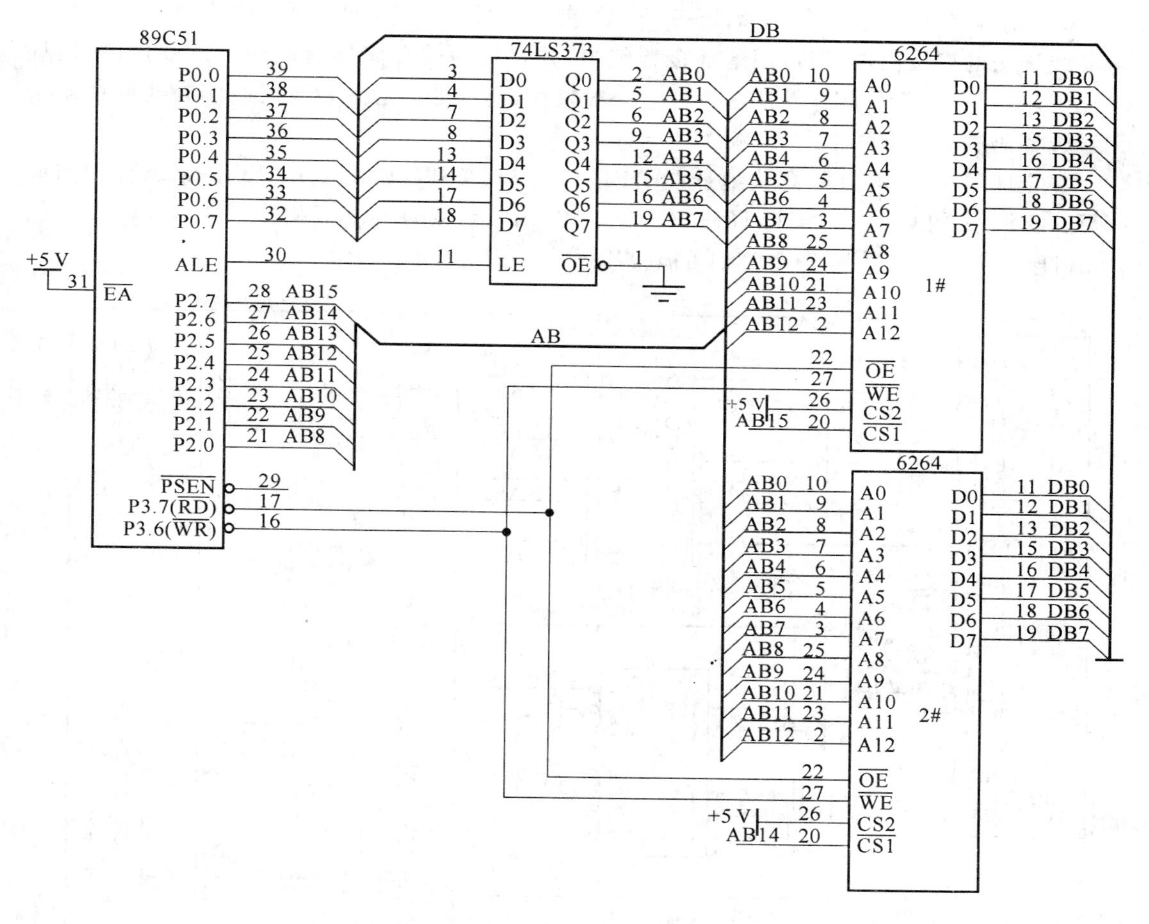

图 9.12　线选法扩展 2 片 6264 的电路图

1＃6264 地址范围的计算如表 9.4 所示。

表 9.4　1＃6264 地址范围的计算

P2.7	P2.6	P2.5	P2.4	P2.3	P2.2	P2.1	P2.0	P0.7	P0.6	P0.5	P0.4	P0.3	P0.2	P0.1	P0.0
0	1	*	0	0	0	0	0	0	0	0	0	0	0	0	0
							…								
0	1	*	1	1	1	1	1	1	1	1	1	1	1	1	1

1＃6264 的地址范围是 0400H～5FFFH 或 6000H～7FFFH。

2＃6264 地址范围的计算如表 9.5 所示。

表 9.5　2＃6264 地址范围的计算

P2.7	P2.6	P2.5	P2.4	P2.3	P2.2	P2.1	P2.0	P0.7	P0.6	P0.5	P0.4	P0.3	P0.2	P0.1	P0.0
1	0	*	0	0	0	0	0	0	0	0	0	0	0	0	0
								…							
1	0	*	1	1	1	1	1	1	1	1	1	1	1	1	1

2＃6264 的地址范围是 8000H～9FFFH 或 A000H～BFFFH。

线选法的连接简单，但占用地址资源较多，并且扩展的存储器的地址不连续，有些地址不能用。但是，由于目前存储器芯片容量一般较大，所需外扩芯片较少，因此，在实际中多采用线选译码法。

在全译码法下，剩余的高位地址线 AB15(P2.7)、AB14(P2.6)、AB13(P2.5) 分别与译码器 74LS138 的 C、B、A 相连，译码器的输出 $\overline{Y0}$ 与 1＃6264 的 $\overline{CS1}$ 相连，$\overline{Y1}$ 与 2＃6264 的 $\overline{CS1}$ 相连。全译码法扩展 2 片 6264 的电路图如图 9.13 所示。

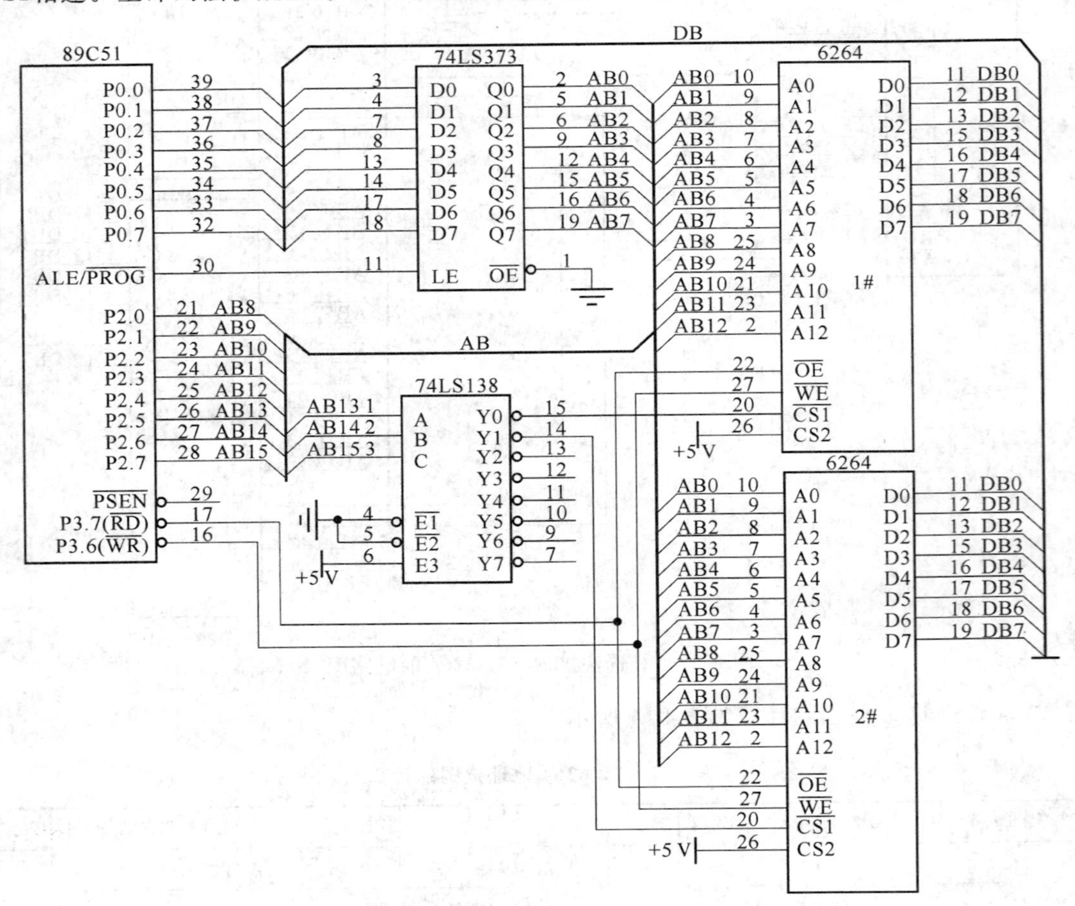

图 9.13　全译码法扩展 2 片 6264 的电路图

1＃6264 地址范围的计算如表 9.6 所示。

表 9.6 1＃6264 地址范围的计算

P2.7	P2.6	P2.5	P2.4	P2.3	P2.2	P2.1	P2.0	P0.7	P0.6	P0.5	P0.4	P0.3	P0.2	P0.1	P0.0
0	0	0	0	0	0	0	0	0	0	0	0	0	0	0	0
								…							
0	0	0	1	1	1	1	1	1	1	1	1	1	1	1	1

1＃6264 的地址范围是 0000H～1FFFH。

2＃6264 地址范围的计算如表 9.7 所示。

表 9.7 2＃6264 地址范围的计算

P2.7	P2.6	P2.5	P2.4	P2.3	P2.2	P2.1	P2.0	P0.7	P0.6	P0.5	P0.4	P0.3	P0.2	P0.1	P0.0
0	0	1	0	0	0	0	0	0	0	0	0	0	0	0	0
								…							
0	0	1	1	1	1	1	1	1	1	1	1	1	1	1	1

2＃6264 的地址范围是 2000H～3FFFH。

例 9.5 某 89C51 单片机应用系统需要 32 KB 的程序存储器和 64 KB 的数据存储器。试设计该单片机系统中的存储器系统。

解：根据题意，该单片机系统需要 32 KB 的 ROM 和 64 KB 的 RAM，这里选择 AT29C256 作为 ROM，因为 AT29C256 的容量都是 32 KB×8，已经满足系统要求，所以可以不使用单片机内部的 ROM，89C51 的 $\overline{EA}$ 脚接地即可；选择 62256 作为 RAM 是因为 62256 的容量都是 32 KB×8，所以应该选择 2 片 62256 以满足系统要求。

AT29C256 和 62256 与 89C51 的地址线、数据线和控制线的连接方法如下。

- 先将各个芯片的 15 条地址线按引脚名称一一并联，然后按次序逐根接至系统地址总线的低 15 条上。
- 将各个芯片的 8 条数据线依次接至系统数据总线的 D0～D7。
- RAM 芯片的 $\overline{OE}$ 端接至系统控制总线的存储器读信号(P3.7)，芯片的 $\overline{WE}$ 端接至系统控制总线的存储器写信号(P3.6)，ROM 芯片的 $\overline{OE}$ 端接至系统控制总线的存储器读信号($\overline{PSEN}$)。
- 因为 89C51 通过控制线 $\overline{PSEN}$ 和 $\overline{RD}$ 区分 ROM 和 RAM，所以 ROM 和 RAM 芯片可以同时被选中，而且不会出现争占数据总线的现象。因该系统只有一片 ROM，即 AT29C256，所以 AT29C256 的片选可以直接接地。考虑到系统可能还需要扩展其他外围芯片，所以 AT29C256 和 62256 的片选信号采用全译码法产生。

该单片机系统中的存储器系统的连接如图 9.14 所示。

AT29C256 和左边的 62256 的地址范围均为 0000H～7FFFH，右边的 62256 的地址范围均为 8000H～FFFFH。当单片机执行指令 MOVC 时，$\overline{\text{PSEN}}$信号有效，将从 AT29C256 的某一单元读取信息；当单片机执行指令 MOVX A,@DPTR 时，$\overline{\text{RD}}$信号有效，将从 62256 的某一单元读取信息；当单片机执行指令 MOVX @DPTR,A 时，$\overline{\text{WR}}$信号有效，将向 62256 的某一单元写入信息。

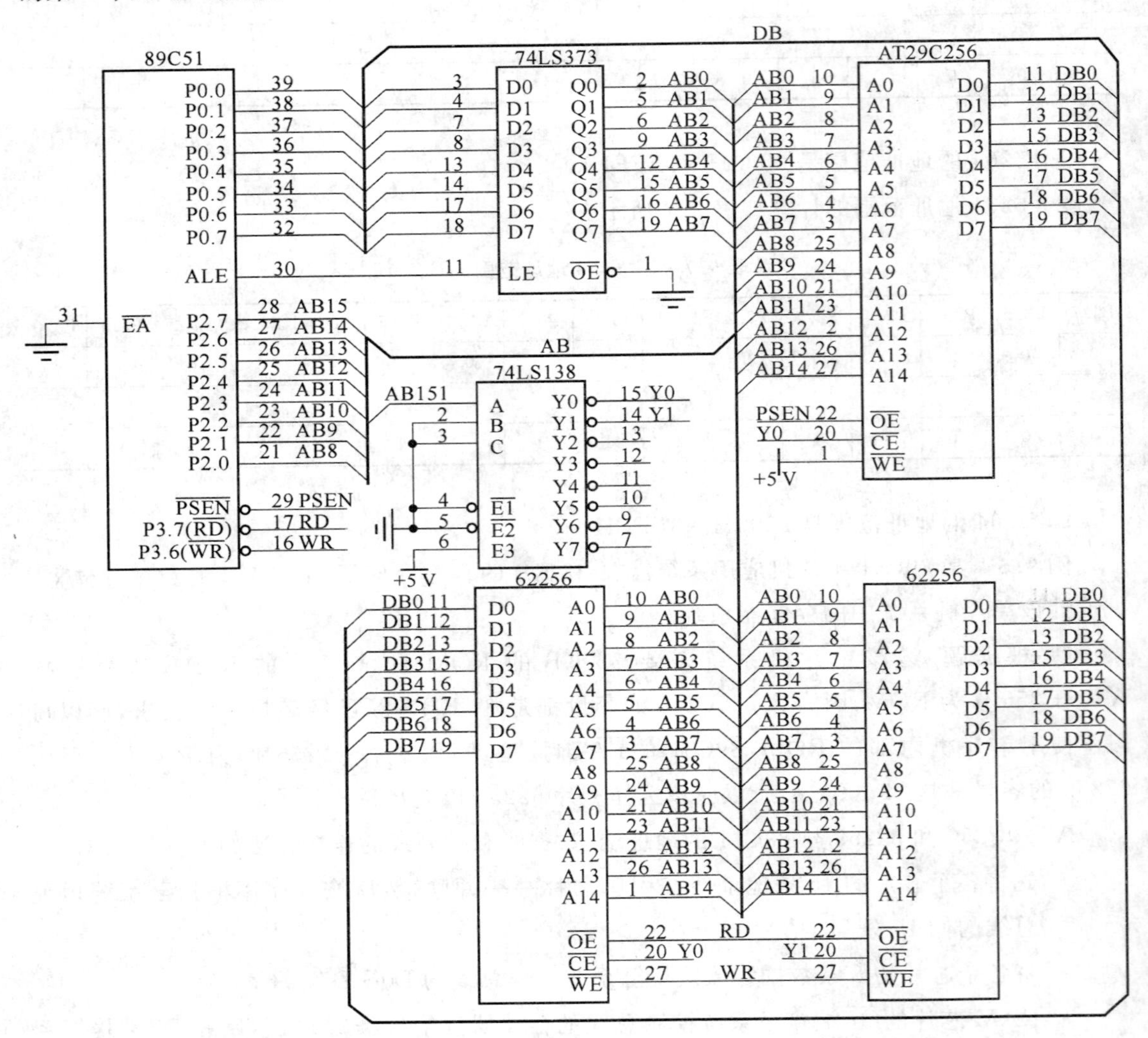

图 9.14　扩展 64 KB RAM 和 32 KB ROM 的存储器系统的连接图

9.4　80C51 系列单片机并行口的扩展

80C51 系列单片机内部有 4 个并行口，分别是 P0、P1、P2 和 P3。当单片机内部并行口不够用时，必须进行外部扩展。此时，P0 口作为地址线的低 8 位和数据线使用；P2 口作为地址线的高 8 位使用；P3 是一个双功能口，其第二功能是一些很重要的控制信号，如数据存储器的读写信号就是 P3.7、P3.6 等。这样供用户使用的 I/O 口线就很少了,因此在实际使用中不得不使用扩展的方法来增加 I/O 口的数量,增强 I/O 口的功能。

可以扩展的并行口芯片很多,一般分成两类:一类是 TTL、COMS 锁存器和缓冲器电路芯片,在这里称之为简单 I/O 口芯片;另一类是单片机专用的可编程 I/O 口芯片。

I/O 口的扩展方式主要有并行总线扩展法和串行口扩展法。本节介绍简单并行I/O口芯片的扩展方法。

9.4.1　简单并行口芯片的扩展

当应用系统需要扩展的 I/O 口数量较少且功能单一时,一般采用锁存器、三态门等集成电路芯片构成简单的 I/O 口。最常用的是 74 系列 TTL 电路或 4000 系列 MOS 电路芯片,如常用 8 位三态缓冲器 74LS244 组成输入口,采用 8D 锁存器 74LS273、74LS373、74LS377 组成输出口。这种接口通过 P0 口进行扩展,由于 P0 口是数据/地址总线,因此扩展的输入口面向总线,必须是三态的;扩展的输出口连接外部设备,应具有锁存功能。若输入口用于瞬态量的输入,则应具有锁存功能。因此,扩展简单并行口芯片的选择器件的原则是"输入三态,输出锁存"。

80C51 系列单片机把外扩 I/O 口和片外 RAM 统一编址,每个扩展的接口相当于一个扩展的外部 RAM 单元,访问外部接口就像访问外部 RAM 一样,用的都是 MOVX 指令,并产生$\overline{RD}$(或$\overline{WR}$)信号。用$\overline{RD}$/$\overline{WR}$作为输入/输出控制信号。

图 9.15 给出了一种简单的输入/输出口扩展电路。

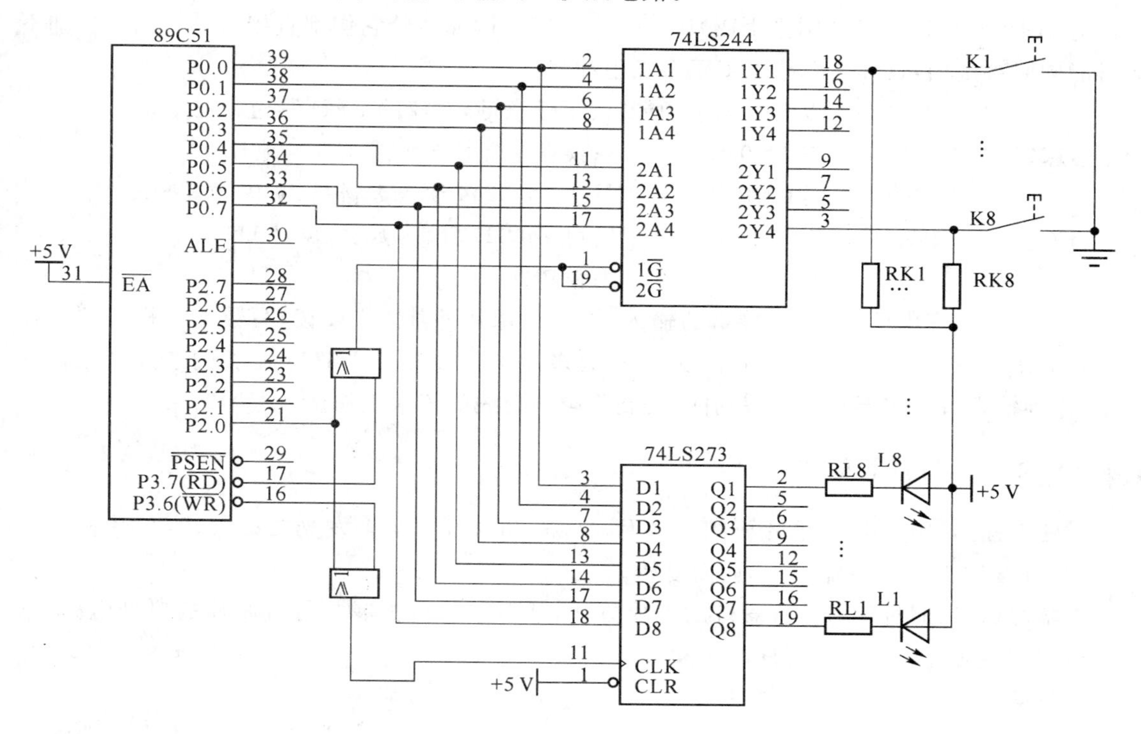

图 9.15　简单的输入/输出口扩展电路

图 9.15 中用 74LS273 扩展单片机输出口，用 74LS244 扩展单片机输入口。

74LS273 是带清除端的 8D 触发器，上升沿触发，具有锁存功能。74LS273 的 CLR 端固定接高电平，使之无效；89C51 的 P2.0 和 $\overline{WR}$ 经或门接到 74LS273 的 CLK 端。74LS273 的地址为 0FEFFH(P2.0=0，假设其余地址线为 1)。当单片机向 74LS273 输出数据时，先把要输出的数据放在累加器 A 中，然后执行一次以 0FEFFH 为目的地址的传送操作，这时 P2.0=0，在 $\overline{WR}$ 脉冲的作用下，CLK 端得到一个正脉冲，使得经 P0 口输出的数据被锁存在 74LS273 输出端，其输出控制发光二极管 LED，当某线输出低电平时，该线上的 LED 发光。操作指令如下：

```
MOV    DPTR,#0FEFFH
MOV    A,#data
MOVX   @DPTR,A
```

74LS244 是 8 位三态门电路，无锁存功能，常用做并行输入口和总线驱动器。$\overline{G}$ 为三态门控制端，低电平有效。89C51 的 P2.0 和 $\overline{RD}$ 经或门接到 74LS244 的 $\overline{G}$ 端。当 P2.0 和 $\overline{RD}$ 都为 0 时，“或”门输出 0，选通 74LS244，将外部信号输入到总线。74LS244 的地址为 0FEFFH。图 9.15 中当无键按下，输入为全 1；若按下某键，则所在线输入为 0。操作指令如下：

```
MOV    DPTR,#0FEFFH
MOVX   A,@DPTR
```

从图 9.15 中可知，输入、输出都是在 P2.0 为低电平时有效，74LS244、74LS273 的地址都为 0FEFFH，但由于分别是由 $\overline{RD}$ 和 $\overline{WR}$ 信号控制，因而尽管它们都直接与 P0 口相接，却不可能同时被选中，这样在总线上就不会发生冲突。

利用图 9.12 电路可以实现如下功能：按下任意键，对应的 LED 发光。程序如下：

```
LOOP:  MOV    DPTR,#0FEFFH    ;数据指针指向扩展 I/O 口地址
       MOVX   A,@DPTR         ;从 74LS244 读入数据，检测按键
       MOVX   @,DPTR,A        ;向 74LS273 输出数据，驱动 LED
       SJMP   LOOP            ;循环
```

从上述程序中可知，对于接口的输入/输出就像从外部 RAM 读/写数据一样方便。在实际应用中，扩展 2 片 I/O 芯片不够，可扩展多片 74LS244、74LS273 之类的芯片。在扩展中，作为输入口一定要求有三态功能，否则将影响总线的正常工作。

9.4.2 节日彩灯

任务描述：用 89C51 单片机扩展 3 片 74LS273，控制 24 个发光二极管，当单片机上电时，24 个发光二极管轮流点亮，周而复始。

学习目标：通过学习节日彩灯的完成方法，掌握单片机扩展并行口芯片的典型电路，学习外部扩展芯片输入输出程序的驱动方法。

任务实施：

(1) 硬件电路设计

根据题意，节日彩灯的硬件电路图如图 9.16 所示。

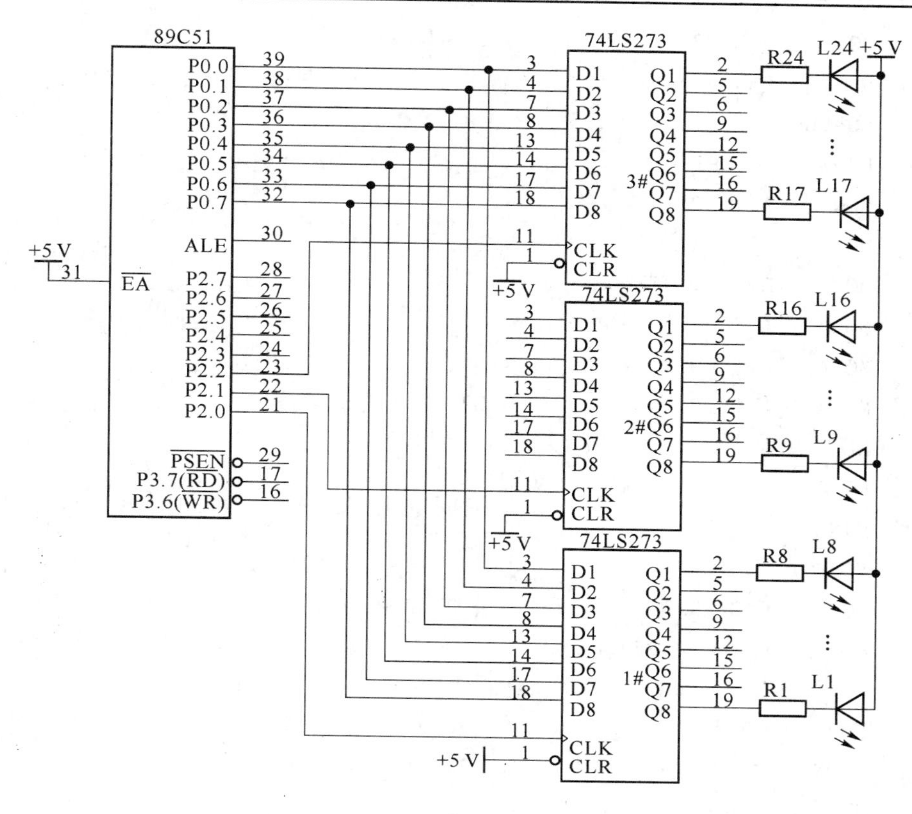

图 9.16　节日彩灯电路图

图 9.16 中 3 片 74LS273 的 CLR 端固定接高电平，使之无效；89C51 的 P2.0、P2.1、P2.2 分别接到 3 片 74LS273 的 CLK 端，当单片机的 P2.0 输出低电平时，1＃74LS273 处于送数状态，所以它的地址为 FFFEH，同理，2＃74LS273 和 3＃74LS273 的地址分别为 FFFDH 和 FFFBH。

(2) 驱动程序设计

为了使 24 个发光二极管轮流点亮，必须保证 3 片 74LS273 的输出线中只有 1 条输出低电平，其余均为高电平，并且轮流输出低电平。

程序如下：

```
        MOV     DPTR,＃0FFFEH
        MOV     A,＃0FFH
        MOVX    @DPTR,A             ;关灯 L1～L8
        MOV     DPTR,＃0FFFDH
        MOVX    @DPTR,A             ;关灯 L9～L16
        MOV     DPTR,＃0FFFBH
        MOVX    @DPTR,A             ;关灯 L17～L24
UP:     MOV     DPTR,＃0FFFEH
        MOV     A,＃0FEH
        MOV     R7,＃8
```

```
UP1:  MOVX   @DPTR,A          ; L1～L8 轮流点亮
      RL     A
      LCALL  D2S
      DJNZ   R7,UP1
      MOV    A,＃0FFH
      MOVX   @DPTR,A          ;关灯 L1～L8
      MOV    DPTR,＃0FFFDH
      MOV    A,＃0FEH
      MOV    R7,＃8
UP2:  MOVX   @DPTR,A          ; L9～L16 轮流点亮
      RL     A
      LCALL  D2S
      DJNZ   R7,UP2
      MOV    A,＃0FFH
      MOVX   @DPTR,A          ;关灯 L9～L16
      MOV    DPTR,＃0FFFBH
      MOV    A,＃0FEH
      MOV    R7,＃8
UP3:  MOVX   @DPTR,A          ; L17～L24 轮流点亮
      RL     A
      LCALL  D2S
      DJNZ   R7,UP3
      MOV    A,＃0FFH
      MOVX   @DPTR,A          ;关灯 L71～L24
      LJMP   UP
D2S : MOV    R7,＃ 5
D2S1: MOV    R6,＃200
D2S2: MOV    R5,＃250
      DJNZ   R5,$
      DJNZ   R6,D2S1
      DJNZ   R7,D2S2
      RET
```

9.5 A/D 转换器及其与 80C51 系列单片机的接口和应用

在工业控制和智能化仪器仪表中，被控对象往往是一些连续变化的模拟量，如温度、压力、形变、位移、流量等。由于单片机只能处理数字量，所以这些非电的模拟量必须通过传感器转换成电模拟量，再转换成数字量后，才能输入到单片机进行处理。能够将模拟量转换成

数字量的器件称为模/数(A/D)转换器。

目前 A/D 转换器都已集成化，具有体积小、功能强、可靠性高、误差小、功耗低等特点，并且能够很方便地与单片机连接。本节从应用的角度出发，介绍国内较为普遍的 A/D 转换器及其与 80C51 系列单片机的接口方法。

9.5.1　A/D 转换器概述

A/D 转换器用于实现模拟量向数字量的转换。描述 A/D 转换器性能的参数很多，主要有以下几个。

1. 分辨率

分辨率是指 A/D 转换器能分辨的最小模拟输入量。也就是指使输出数字量变化一个相邻数码所需输入模拟电压的变化量。通常用能转换成的数字量的位数来表示，如 8 位、10 位、12 位、16 位等。位数越高，分辨率越高。例如，对于 8 位 A/D 转换器，当输入电压满刻度为 5 V 时，其输出数字量的变化范围为 0～255，转换电路对输入模拟电压的分辨能力为 5 V/255＝19.5 mV。分辨率越高，转换时对输入量的微小变化的反应越灵敏。

2. 转换时间

转换时间是指 A/D 转换器完成一次转换所需的时间。转换时间是编程时必须考虑的参数。若 CPU 采用无条件传送方式输入 A/D 转换后的数据，则从启动 A/D 芯片进行转换开始，到 A/D 转换结束，需要一定的时间，此时间为延时等待时间，实现延时等待的一段延时程序，要放在启动转换程序之后，此延时等待时间必须大于或等于 A/D 转换时间。

3. 量程

量程是指 A/D 转换器所能转换的输入电压范围，如 5 V、10 V 等。

4. 精度

精度是指与数字输出量所对应的模拟输入量的实际值与理论值之间的差值。有绝对精度和相对精度两种表示方法。常用数字量的位数作为度量绝对精度的单位，如精度为 ±1/2LSB，而用百分比来表示满量程时的相对误差，如 ±0.05%。注意，精度和分辨率是不同的概念。精度指的是转换后所得结果相对于实际值的准确度，而分辨率指的是能对转换结果发生影响的最小输入量。分辨率很高者可能由于温度漂移，线性不良等原因而并不具有很高的精度。

在选用 A/D 转换器时，主要关心的指标是分辨率、转换速度以及输入电压的范围。分辨率主要由位数来决定；转换时间的差别很大，可以在几微秒到 100 微秒之间选择。一般情况下，位数增加，转换速率提高，A/D 转换器的价格也急剧上升。故应从实际需要出发慎重选择。

9.5.2　典型 A/D 转换器芯片及其接口

A/D 转换器按转换原理可分为 4 种，即计数式 A/D 转换器、双积分式 A/D 转换器、逐次逼近式 A/D 转换器、并行式 A/D 转换器。目前最常用的是双积分式和逐次逼近式 A/D 转换器。双积分式 A/D 转换器的优点是转换精度高、抗干扰性能好、价格便宜，但转换速度较慢。因此这种转换器主要用于速度要求不高的场合。逐次逼近式 A/D 转换器是一种速度较快、精度较高的转换器，其转换时间在几微秒到几百微秒之间。常用的这类芯片有 ADC0801～ADC0805 型 8 位 MOS 型 A/D 转换器，ADC0808/0809 型 8 位 MOS 型 A/D 转换器，ADC0816/0817 型 8 位 MOS 型 A/D 转换器。下面以 ADC0809 为例说明 A/D 转换器与单片机的接口方法。

1. ADC0809 的性能

- ADC0809 采用＋5 V 电源供电。
- 转换时间：取决于芯片的工作时钟。ADC0809 为外接时钟，转换一次的时间为 64 个时钟周期，当工作时钟为 500 kHz 时，转换时间为 128 μs，最大允许值为 800 kHz。
- 8 位 CMOS 逐次逼近型的 A/D 转换器。
- 三态锁定输出。
- 分辨率：8 位。
- 总误差：±1 LSB。
- 模拟输入电压范围：单极性 0～＋5 V。

2. ADC0809 的内部结构

ADC0809 内部有 8 路模拟选通开关、三态输出锁存器以及相应的通道地址锁存与译码电路。它可实现 8 路模拟信号的分时采集，转换后的数字量的输出是三态的（总线型输出），可直接与单片机数据总线相连接。

ADC0809 内部逻辑结构如图 9.17 所示。

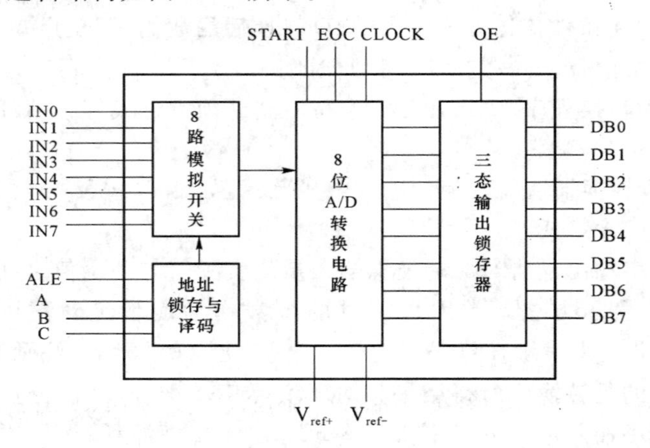

图 9.17 ADC0809 内部逻辑结构

ADC0809 有 8 个模拟量输入通道 IN0～IN7，在某一时刻，模拟开关只能与一路模拟量通道接通，对该通道进行 A/D 转换。8 路模拟开关与输入通道的关系如表 9.8 所示。

表 9.8 8 路模拟开关与输入通道的关系

输入通道	IN0	IN1	IN2	IN3	IN4	IN5	IN6	IN7
A	0	1	0	1	0	1	0	1
B	0	0	1	1	0	0	1	1
C	0	0	0	0	1	1	1	1

表 9.8 中 C、B、A 是三条通道的地址线。当地址锁存信号 ALE 为高电平时，C、B、A 三条线上的数据送入 ADC0809 内部的地址锁存器中，经过译码器译码后选中某一通道。当 ALE＝0 时，地址锁存器处于锁存状态，模拟开关始终与刚才选中的输入通道接通。ADC0809 是分时处理 8 路模拟量输入信号的。

3. ADC0809 的引脚

ADC0809 芯片为 28 引脚双列直插式封装，其引脚排列如图 9.18 所示。ADC0809 各引脚的功能如下。

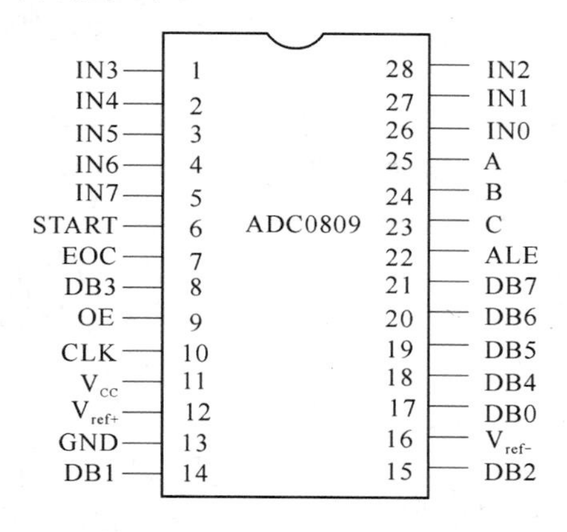

图 9.18　ADC0809 芯片引脚图

IN7～IN0：模拟量输入通道。ADC0809 对输入模拟量的要求主要有：信号单极性，电压范围 0～5 V。另外，在 A/D 转换过程中，模拟量输入的值不应变化太快，因此，对应变化速度快的模拟量，在输入前应增加采样保持电路。

A、B、C：地址线。ADC0809 芯片可以处理 8 路模拟输入信号而不是一路。A、B 和 C 用于决定是哪一路模拟信号被选中，并送到内部的 A/D 转换电路进行转换。

ALE：地址锁存允许信号。在 ALE 上升沿，将 A、B、C 端的信号锁存到地址锁存器中。

START：转换启动信号。START 上升沿时，所有内部寄存器清 0；START 下降沿时，启动内部控制逻辑，使 ADC0809 内部的 8 位 A/D 转换器开始进行 A/D 转换，在 A/D 转换期间，START 应保持低电平。需要注意的是，选中通道的模拟量到达 A/D 转换器时，A/D 转换器并未对其进行 A/D 转换，只有当转换启动信号 START 端出现下降沿并延迟 T_{eoc}（≤8cl＋2 μs）后，才启动芯片进行 A/D 转换。

DB7～DB0：数据输出线。其为三态缓冲输出形式，可以和单片机的数据线直接相连。

OE：输出允许信号。用于控制三态输出锁存器向单片机输出转换得到的数据。当 OE＝0时，输出数据线呈高阻；当 OE＝1 时，输出转换的数据。需要注意的是，A/D 转换结束后，A/D 转换的结果（8 位数字量）送到三态锁存输出缓冲器中，此时 A/D 转换结果还没有出现在数字量输出线 DB0～DB7 上，单片机不能获取它。单片机要想读到 A/D 转换结果，必须使 ADC0809 的允许输出控制端 OE 为高电平，打开三态输出锁存器，这样 A/D 转换结果才出现在 DB0～DB7 上。

CLK：时钟信号。ADC0809 的 A/D 转换过程是在时钟信号的协调下进行的。ADC0809 的内部没有时钟电路，所需时钟信号由外界提供，因此有时钟信号引脚。ADC0809 的时钟信号由 CLK 端送入，该时钟信号的频率决定了 A/D 转换器的转换速度，其最高频率为 800 kHz。

当 ADC0809 用于 89C51 单片机系统时，若 89C51 采用 6 MHz 的晶振，则 ADC0809 的时钟信号可以由 89C51 的 ALE 经过一个二分频电路获取。这时 ADC0809 的时钟频率为 500 kHz，A/D 转换时间为 128 μs。

EOC：转换结束状态信号。在 A/D 转换期间，EOC 维持低电平，当 A/D 转换结束时，EOC 变成高电平。该状态信号既可作为查询的状态标志，又可作为中断请求信号使用。

需要注意的是，ADC0809 的 START 端收到下降沿后，并没有立即进行 A/D 转换，此时 EOC＝1，在延迟 10 μs 后，ADC0809 才开始 A/D 转换，这时 EOC 才变为低电平。

V_{CC}：＋5 V 电源。

GND：地线。

V_{ref+}、V_{ref-}：参考电压。参考电压用来与输入的模拟信号进行比较，作为逐次逼近的基准。一般情况下，它们与本机的电源和地连接，即 V_{ref+} 接＋5 V，V_{ref-} 接 0 V。它们也可以不与本机电源和地相连，但 V_{ref-} 不得为负值，V_{ref+} 不得高于 V_{CC}，且 $[V_{ref+}+V_{ref-}]/2$ 与 $V_{CC}/2$ 之差不得大于 0.1 V。

4. ADC0809 的接口电路

单片机与 ADC0809 连接时，主要考虑 ADC0809 的数字量输出线、通道选择地址线、转换结束信号线、输出允许信号线和启动转换信号线的连接。

ADC0809 的数字量输出线 DB7～DB0 通常与单片机的数据总线 DB7～DB0 直接相连。

ADC0809 的通道选择地址线 C、B、A 可以与单片机的数据总线 DB2～DB0 连接，也可以与单片机的地址总线 AB2～AB0 连接。

ADC0809 的转换结束信号线（EOC）的连接方法取决于单片机确定 A/D 转换是否结束的方法。单片机在读取 A/D 转换结果之前，必须确保 A/D 转换已经结束。单片机获取 A/D 转换是否结束的方法有以下 3 种。

- 延时法：单片机启动 ADC0809 后，延迟 130 μs 以上，可以读到正确的 A/D 转换结果。此时，EOC 端悬空。
- 查询法：单片机启动 ADC0809 后，延迟 10 μs，检测 EOC，若 EOC＝0，则 A/D 转换没有结束，继续检测 EOC 直到 EOC＝1。当 EOC＝1 时，A/D 转换已经结束，单片机可以读取 A/D 转换结果。此时，EOC 必须接到单片机的一条 I/O 线上。
- 中断法：EOC 应该经过非门接到单片机的中断请求输入线 INT0 或 INT1 上。单片机启动 A/D 转换后可以做其他工作，当 A/D 转换结束时，ADC0809 的 EOC 端出现 0 到 1 的跳变，这个跳变经过非门传到单片机的中断请求输入端，单片机收到中断请求信号，若条件满足，则进入中断服务程序，在中断服务程序中单片机读取 A/D 转换的结果。

中断方式下，ADC0809 与 89C51 单片机的一种接口电路如图 9.19 所示。

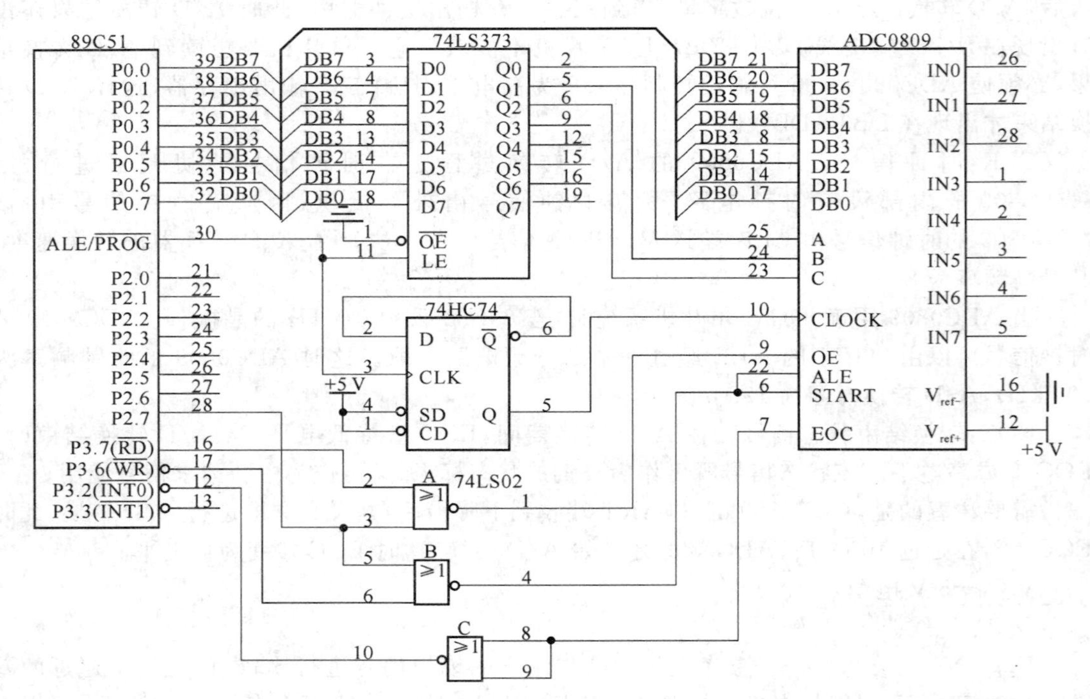

图 9.19　中断方式下 ADC0809 与 89C51 单片机的接口电路

图 9.27 中，ADC0809 的时钟信号由单片机的 ALE 信号经 74HC74 二分频得到，是单片机时钟频率的 1/12。A、B、C 三端分别与 89C51 的地址总线 AB0、AB1、AB2 相接。ADC0809 的 8 位数据输出 DB0～DB7 是带有三态缓冲器的，由输出允许信号（OE）控制，所以 8 根数据线可直接与 89C51 的 P0.0～P0.7 相接。地址锁存信号（ALE）和启动转换信号（START），由软件产生（执行一条 MOVX @DPTR，A 指令），输出允许信号（OE）也由软件产生（执行一条 MOVX A，@DPTR 指令）。由 ALE 和 AB0、AB1、AB2 的连线可知 IN0～IN7 对应的地址分别确定为 7FF8H～7FFFH。转换完成信号经过非门送到 INT0 输入端，89C51 在相应的中断服务程序里，读入经 ADC0809 转换后的数据。如果将转换后的数据送到以 30H 为首址的片内 RAM 中，以模拟通道 0 为例，操作程序如下：

```
        ORG     0000H
        LJMP    MAIN
        ORG     0003H
        LJMP    AINT
MAIN:   MOV     R0,#30H
        SETB    IT0             ;INT0 边沿触发
        SETB    EX1             ;开放 INT0 中断
        SETB    EA              ;CPU 开放中断
        MOV     DPTR,#7FF8H     ;通道 0 口地址
        MOV     A,#00H
        MOVX    @DPTR,A         ;启动 A/D
LOOP:   SJMP    $               ;等待中断
中断服务子程序:
AINT:   PUSH    PSW             ;保护现场
        PUSH    ACC
        PUSH    DPL
        PUSH    DPH
        MOV     DPTR,#7FF8H
        MOVX    A,@DPTR         ;读数据
        MOV     @R0,A           ;数存入以 30H 为首址的片内 RAM
        INC     R0
        MOV     DPTR,#7FF8H
        MOVX    @DPTR,A         ;再次启动 A/D
        DOP     DPH             ;恢复现场
        POP     DPL
        POP     ACC
        POP     PSW
        RETI
```

9.5.3 多路温度采集器

学习目标:通过学习多路温度采集器的完成方法,熟悉单片机与 ADC0809 的连接,掌握延时方式下多路数据采集程序的编写方法。

任务描述:用 89C51 单片机控制 ADC0809,轮流采集 4 个加热炉的温度值,并将温度值存于片内 RAM 中以 50H 为起始地址的单元中。每隔1 s采集 1 次。

任务实施:

(1) 硬件电路设计

根据题意,该多路温度采集器的硬件电路如图 9.20 所示。

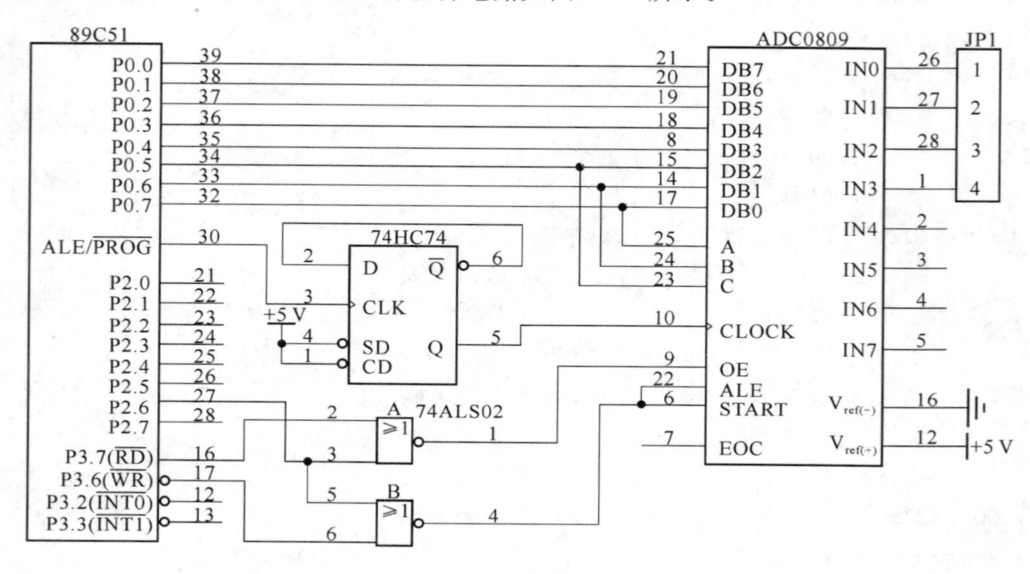

图 9.20 多路温度采集器的硬件电路

图 9.20 中,START 信号与 ALE 连接在一起,并与$\overline{\text{WR}}$间接相连,可以实现在选择输入通道时即开启转换。ADC0809 的 OE 与 80C51 单片机的$\overline{\text{RD}}$间接相连,以供读取转换结果;由 OE 确定的转换结果数据输出地址为 BFFFH。EOC 转换结束信号悬空。编程时通过延时就可以确保 A/D 转换结束。由于 ADC0809 的内部有地址锁存器,所以 C、B、A 可以与单片机的数据总线 DB2～DB0 直接相连。

4 个加热炉的温度信号经过温度传感器并放大后,送到 ADC0809 的 IN0～IN3。注意输入电压应该在 0～5 V 之间。

(2) 驱动程序设计

为了实现定时数据采集,可以用定时器与软计数器结合定时 1 s,当定时时间到时,轮流启动 4 个通道的 A/D 转换,并将转换后的数据存入指定的片内 RAM 单元。

程序如下:

```
ORG    0000H
LJMP   MAIN
ORG    000BH
LJMP   AT
```

```
MAIN: MOV    SP,#60H
      MOV    R0,#50H          ;片内 RAM 首地址
      SETB   ET0              ;开 T0 中断
      SETB   EA               ;开 CPU 中断
      MOV    TMOD,#01H        ;T0 方式 1 定时
      MOV    TL0,#30H         ;初值→T0
      MOV    TH0,#0F8H
      MOV    R6,#200
      SETB   TR0
      SJMP   $                ;等待中断
AT:   MOV    TL0,#30H         ;初值→T1
      MOV    TH0,#0F8H
      DJNZ   R6,AT01          ;计数器进行计数
      MOV    R6,#200          ;计数器减为 0,恢复计数初值
      MOV    R0,#50H
      MOV    R7,#4
      MOV    R2,#00H
AT02: MOV    A,R2
      MOVX   @DPTR,A          ;启动下一个通道的 A/D 转换
      LCALL  DS1              ;延时,等待 A/D 转换结束
      MOVX   A,@DPTR          ;A/D 转换结束,读取转换结果
      MOV    @R0,A            ;存入片内 RAM
      INC    R2               ;修改通道地址
      INC    R0               ;修改片内 RAM 单元地址
      DJNZ   R7,AT02
AT01: RETI
DS1:  MOV    R4,#250
      DJNZ   R4,$
      RET
```

9.5.4 数字电压表

学习目标:通过学习数字电压表的完成方法,进一步熟悉单片机与 ADC0809 的连接,掌握查询方式下单路数据采集程序的编写方法。

任务描述:用 89C51 单片机控制 ADC0809,制作一个数字电压表。该数字电压表可以测试的电压范围为 0～51 V,并可以将测得的电压值显示在数码管上。

任务实施:

(1) 硬件电路设计

因为 ADC0809 的模拟输入信号的电压在 0～5 V 之间。为了使其可以测试 0～51 V 的电压,本任务利用分压器对 0～51 V 进行分压。从测试端输入的电压(0～51 V)经过 90 kΩ

和10 kΩ电阻分压后，送到 ADC0809 输入端的电压大约只有测试端的 1/10，经过 80C51 处理后，将电压值显示在 3 个数码管上。如测试端输入 4.0 V 电压时，数码管显示“04.0”。

该数字电压表的硬件电路如图 9.21 所示。

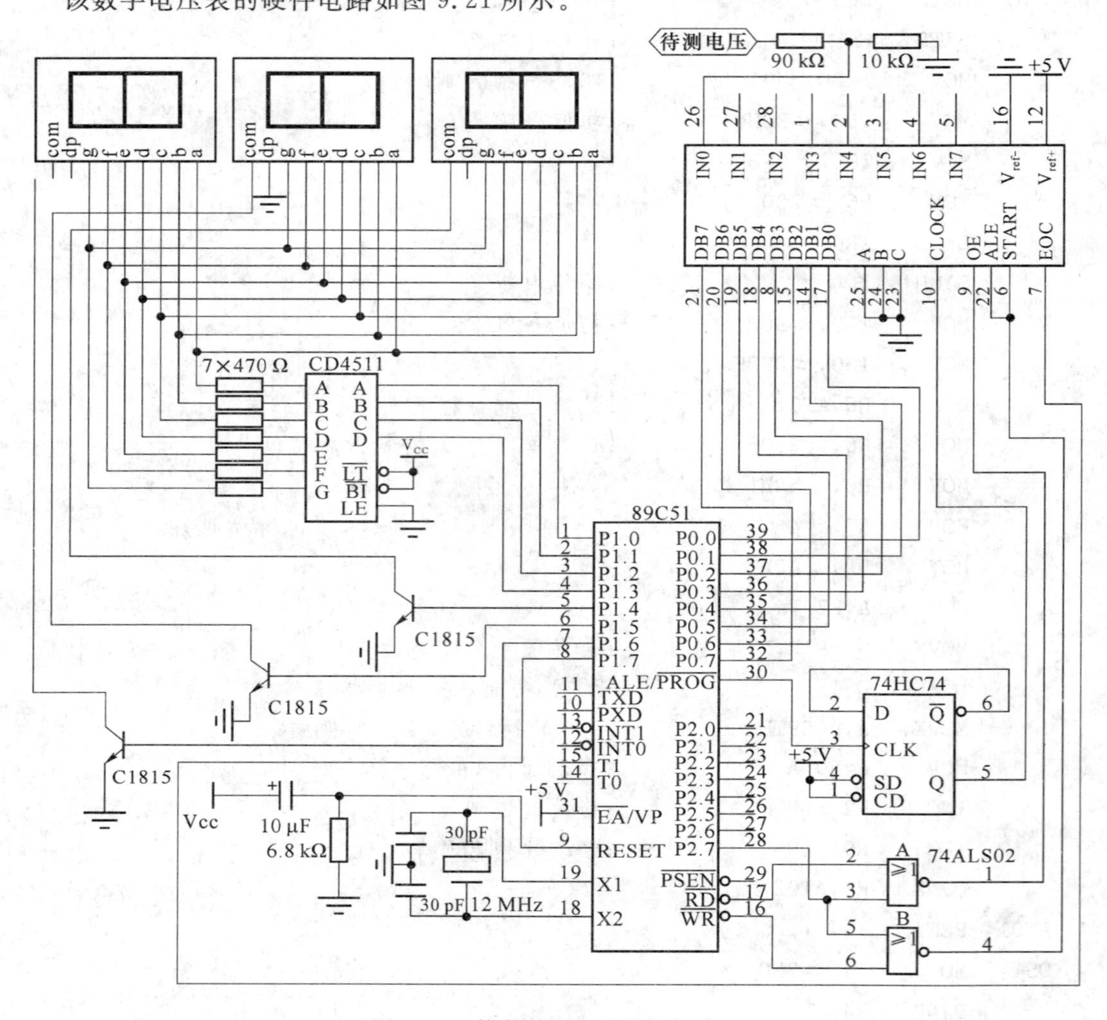

图 9.21 数字电压表的硬件电路图

(2) 驱动程序设计

本题采用查询法确定 A/D 转换是否结束。

当 ADC0809 的 Vin(模拟量输入值)为 5 V 时，其最大转换值为 0FFH(255)，此时待测模拟量输入电压为 51 V，数码管应该显示“51.0”，即 $(255\times 2)/10=51$。由此可知，ADC0809 的转换值先乘以 2 再除以 10，就是待测电压值。

程序如下：

```
        ORG     0000H
        ANL     P1,#0F0H
START:  MOV     DPTR,#0000H        ;ADC0809 的地址
        MOVX    @DPTR,A            ;启动 A/D 转换
        JNB     P1.7,$             ;查询 A/D 转换是否结束
```

```
        MOVX    A,@DPTR         ;读取A/D转换结果
        LCALL   CHULI           ;调用转换值处理程序
        MOV     R1,#05H
UP:     LCALL   DISP            ;调用显示程序
        DJNZ    R1,UP
        SJMP    START
;转换结果处理子程序:
CHULI:  CLR     C
        MOV     R5,#00H         ;十进制转换的低位寄存器
        MOV     R4,#00H         ;十进制转换的高位寄存器
        MOV     R3,#08H         ;十进制调整的次数
NEXT:   RLC     A               ;将欲转换的高位移入C中
        MOV     R2,A            ;暂存于R2
        MOV     A,R5            ;R5×2加C
        ADDC    A,R5
        DA      A               ;作十进制调整
        MOV     R5,A            ;结果存回R5
        MOV     A,R4            ;R4×2加C
        ADDC    A,R4
        DA      A               ;作十进制调整
        MOV     R4,A            ;结果存回R4
        DJNZ    R3,NEXT         ;作十进制调整8次吗?
L2:     MOV     A,R5
        ADD     A,R5            ;R5×2
        DA      A               ;作十进制调整
        MOV     R5,A            ;结果存回R5
        MOV     A,R4            ;R4×2
        ADDC    A,R4            ;作十进制调整
        MOV     R4,A            ;结果存回R4
        RET
;显示子程序:
        MOV     A,R5
        ANL     A,#0FH
        ORL     A,#10H
        MOV     P1,A            ;显示十分位
        LCALL   D5ms
        MOV     A,R5
        ANL     A,#0F0H
        SWAP    A
```

```
        ORL     A,#20H
        MOV     P1,A                ;显示个位
        LCALL   D5ms
        MOV     A,R4
        ANL     A,#0FH
        ORL     A,#40H
        MOV     P1,A                ;显示十位
        LCALL   D5ms
        CLR     A
        RET
;延时子程序:
D5ms:   MOV     R6,#10
D5ms1:  MOV     R7,#250
        DJNZ    R7,$
        DJNZ    R6,D5ms1
        RET
```

9.6 D/A 转换器及其与 80C51 系列单片机的接口和应用

在计算机应用领域中，特别是在实时控制系统中，有时需要将计算机计算结果的数字量转为连续变化的模拟量，用以控制、调节一些执行机构，实现对被控对象的控制。能够实现数字量转为模拟量的器件通常称做数/模(D/A)转换器。

模/数(A/D)和数/模(D/A)转换技术是数字测量和数字控制领域的一个专门分支，有很多专门介绍 A/D 和 D/A 转换技术与原理的专著。对那些具有明确应用目标的单片机产品设计人员来讲，只需要合理地选用商品化的大规模 A/D 和 D/A 转换电路，了解它们的功能和接口方法即可。这一节从应用的角度，叙述常用的典型 D/A 转换电路和 80C51 系列单片机系统的接口逻辑设计和相应的程序设计。

9.6.1 D/A 转换器概述

D/A 转换器输入的是数字量，经 D/A 转换后输出的是模拟量。有关 D/A 转换器的技术性能指标很多，例如，绝对精度、相对精度、线性度、输出电压范围、温度系数、输入数字代码种类(二进制或 BCD 码)等。下面介绍几个与接口有关的技术性能指标。

1. 分辨率

分辨率是 D/A 转换器对输入量变化敏感程度的描述。它反映了数字量在最低位上变化 1 次时，所对应的输出模拟量的最小变化量，即

$$\text{分辨率}=\frac{\text{输出模拟量的满量程值}}{2^n}$$

式中，n 为输入数字量的位数。通常用 D/A 转换器输入数字量的位数来表示分辨率。

例如,能对 8 位二进制数进行 D/A 转换的 D/A 转换器的分辨率是 8 位的,它能对 1/256 的输出模拟量满量程值作出反应。又如能对 10 位二进制数进行 D/A 转换的 D/A 转换器的分辨率是 10 位的,它能对 1/1 024 的输出模拟量满量程值作出反应。显然,D/A 转换器能转换的数字量的位数越多,其分辨率越高。使用时,应根据分辨率的需要来选定 D/A 转换器的位数。

2. 输入编码形式

输入编码形式是指 D/A 转换电路输入的数字量的形式,如二进制码、BCD 码等。

3. 线性度

线性度是指 D/A 转换器的实际转移特性与理想直线之间的最大误差,或最大偏移。通常给出在一定温度下的最大非线性度,一般为 0.01%～0.03%。

4. 输出电平

不同型号的 D/A 转换芯片,输出电平相差很大。大部分 D/A 转换芯片是电压型输出,一般为 5～10 V;也有高压输出型的,为 24～30 V;也有一些是电流型的输出,低者为20 mA 左右,高者可达 3 A。

5. 转换速度

转换速度即每秒可以转换的次数,其倒数为转换时间。转换时间是指从输入数字量到转换为模拟量输出所需的时间。当 D/A 转换器的输出形式为电流时,转换时间较短;当 D/A转换器的输出形式为电压时,由于转换时间还要加上运算放大器的延迟时间,因此转换时间要长一点,一般在几十微秒内。快速的 D/A 转换器的建立时间可达 1 μs。

正确了解转换器件的技术参数,对于合理选用转换芯片、正确进行接口电路的设计是十分重要的。但需要指出的是,目前各器件生产厂家对同一参数往往给出不尽相同的定义,使用时要予以注意。

9.6.2 典型 D/A 转换器芯片及其接口

集成化的 D/A 转换器称为 DAC 芯片,它有多种型号。根据 DAC 芯片是否可采用总线形式与单片机直接接口,可以将其分为以下两类:一类是在 DAC 芯片内部只有完成 D/A 转换功能的基本电路,不带数据锁存器(如 DAC0808),这类 DAC 芯片内部结构简单,价格较低,但与单片机连接时不够方便,为了保存来自单片机的转换数据,接口时要另加锁存器;另一类 DAC 芯片是在其内部除有完成 D/A 转换功能的基本电路外,还带有数据锁存器(如 DAC0832),带锁存器的 D/A 转换器可以看做一个输出口,因此可直接接在数据总线上,不需另加锁存器,目前应用较广泛。下面以目前国内用得较普遍的 D/A 转换器——DAC0832 为例,介绍 DAC 芯片与单片机的接口方法。

1. DAC0832 的性能

DAC0832 是采用 CMOS/Si-Cr 工艺制成的双列直插式单片 8 位 D/A 转换器。它可直接与 CPU 相连,也可同单片机相连,以电流形式输出;当需要转换为电压输出时,可外接运算放大器。其主要特性有:

- 输出电流线性度可在满量程下调节。
- 转换时间为 1 μs。

- 数据输入可采用双缓冲、单缓冲或直通方式。
- 增益温度补偿为 0.02%FS/℃。
- 每次输入数字为 8 位二进制数。
- 功耗为 20 mW。
- 逻辑电平输入与 TTL 兼容。
- 供电电源为单一电源，可在＋5～＋15 V 内。

2. DAC0832 的内部结构

DAC0832 由两个数据锁存器、一个 8 位 D/A 转换器和控制电路等组成。DAC0832 的内部结构如图 9.22 所示。

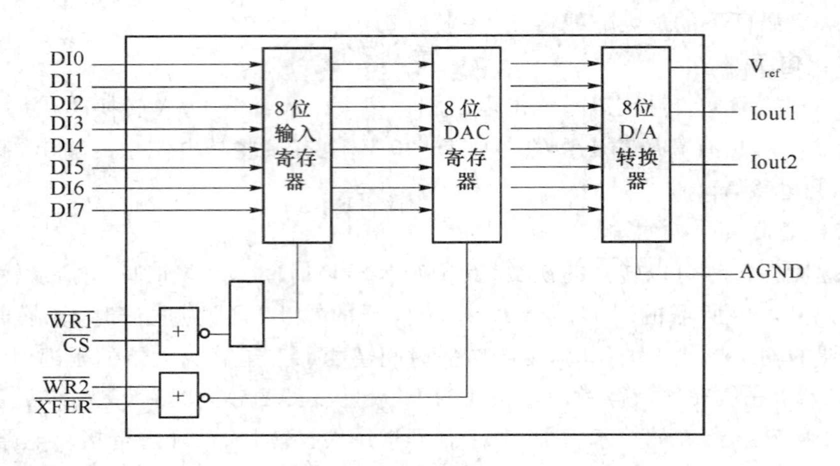

图 9.22　DAC0832 的内部结构图

8 位输入寄存器由 8 个 D 锁存器组成。它的 8 条输入线可以直接和单片机的数据总线相连。IE1 为其控制输入端，当 IE1＝1 时，8 位输入寄存器处于送数状态；当 IE1＝0 时，为锁存状态。

8 位 DAC 寄存器也由 8 个 D 锁存器组成。8 位输入数据只有经过 DAC 寄存器才能送到 D/A 转换器进行转换。它的控制端为 IE2，当 IE2＝1 时，8 位 DAC 寄存器处于送数状态；当 IE2＝0 时，为锁存状态。DAC 寄存器的输出数据直接送到 8 位 D/A 转换器进行数模转换。

8 位 D/A 转换器是采用 T 型网络的 D/A 转换电路，其输出为与数字量成比例的电流。为了得到电压信号还需外接运算放大器。

控制逻辑部分接受外来的控制信号以控制 DAC0832 的工作。当 ILE、$\overline{CS}$、$\overline{WR1}$都有效时，8 位输入寄存器处于送数状态，数据由 8 位输入寄存器的输入端传送到其输出端。当$\overline{XFER}$、$\overline{WR2}$都有效时，DAC 寄存器处于送数状态，数据由 DAC 寄存器的输入端传送到其输出端，并进行 D/A 转换。

3. DAC0832 的引脚

DAC0832 采用 CMOS 工艺，为 20 引脚双列直插式封装。DAC0832 的引脚如图 9.23 所示。

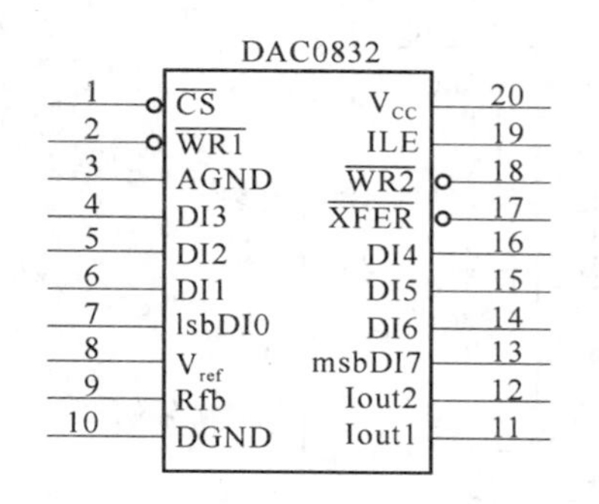

图 9.23　DAC0832 的引脚图

DAC0832 引脚特性如下。

V_{CC}：电源线。DAC0832 的电源可以在＋5～＋15 V 内变化。典型使用时用＋15 V 电源。

AGND 和 DGND：AGND 为模拟量地线，DGND 为数字量地线。使用时，这两个接地端应始终连在一起。

V_{ref}：参考电压线。V_{ref} 接外部的标准电源，与芯片内的电阻网络相连接，该电压可正可负，范围为－10～＋10 V。

Iout1 和 Iout2：电流输出端。Iout1 为 DAC 电流输出 1，当 DAC 寄存器中的数据为 FFH 时，输出电流最大，当 DAC 寄存器中的数据为 00H 时，输出电流为 0。Iout2 为 DAC 电流输出 2。DAC 转换器的特性之一是 Iout1＋ Iout1＝常数。在实际使用时，总是将电流转为电压来使用，即将 Iout1 和 Iout1 加到一个运算放大器的输入端。

ILE：输入锁存允许信号，高电平有效。只有当 ILE＝1 时，输入数字量才可能进入 8 位输入寄存器。

$\overline{CS}$：片选输入，低电平有效。只有当$\overline{CS}$＝0 时，这片 DAC0832 才被选中。

$\overline{WR1}$：写信号 1，低电平有效，控制输入寄存器的写入。

$\overline{WR2}$：写信号 2，低电平有效，控制 DAC 寄存器的写入。

$\overline{XFER}$：传送控制信号，低电平有效，控制数据从输入寄存器到 DAC 寄存器的传送。

Rfb：运算放大器的反馈电阻端，电阻(15 kΩ)已固化在芯片中。因为 DAC0832 是电流输出型 D/A 转换器，为得到电压的转换输出，使用时需在两个电流输出端接运算放大器，Rfb 即为运算放大器的反馈电阻。

DI0～DI7：8 位数字量输入端。应用时，如果数据不足 8 位，则不用的位一般接地。

注意：DAC0832 对于写信号($\overline{WR1}$或$\overline{WR2}$)的宽度，要求不小于 500 ns，若 V_{CC}＝＋15 V，则可为 100 ns。对于输入数据的保持时间亦不应小于 100 ns。这在与单片机接口时都不难得到满足。

4. DAC0832 与 80C51 系列单片机的接口方法

DAC0832 内部有两个寄存器：输入数据寄存器和 DAC 寄存器，因此可以实现两次缓冲，即在输出的同时，还可以存放一个带转换的数字量，这就提高了转换速度。当多芯片同时工作时，可用同步信号实现各模拟量同时输出。

DAC0832 有 3 种不同的工作方式，分别是直通方式、单缓冲方式和双缓冲方式。在 3 种不同的工作方式下，DAC0832 与单片机的接口也不同。

(1) 直通方式下的接口电路

在直通方式下，两个 8 位数据寄存器都处于数据接收状态，即 IE1 和 IE2 都为 1。为此，ILE＝1，而$\overline{WR1}$、$\overline{WR2}$、$\overline{CS}$和$\overline{XFER}$均为 0。输入数据直接送到内部 D/A 转换器去转换。

直通方式下 89C51 单片机与 DAC0832 的连接图如图 9.24 所示。

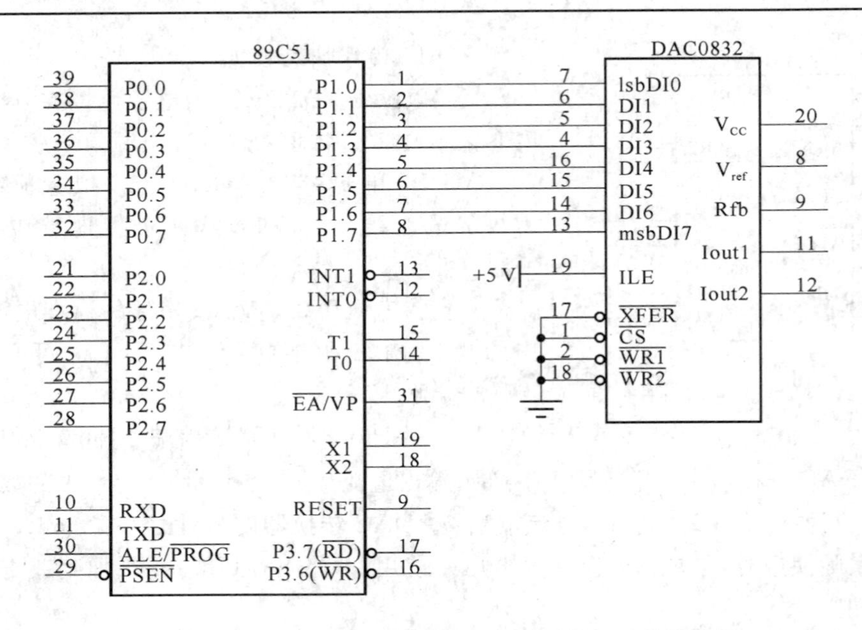

图 9.24 直通方式下 89C51 单片机与 DAC0832 的连接图

用指令 MOV P1,＃data8 就可以将一个数字量(data8)转换为模拟量。

(2) 单缓冲方式下的接口电路

在单缓冲方式下，两个 8 位数据寄存器中有一个处于直通方式(数据接收状态)，而另一个则受单片机的控制，或者两个 8 位数据寄存器同时送数，同时锁存。例如，在单缓冲工作方式下，可以将 8 位 DAC 寄存器置于直通方式。为此，应将$\overline{\mathrm{WR2}}$和$\overline{\mathrm{XFER}}$接地，而输入寄存器的工作状态受单片机的控制。单缓冲方式下 89C51 单片机与 DAC0832 的一种连接图如图 9.25 所示。

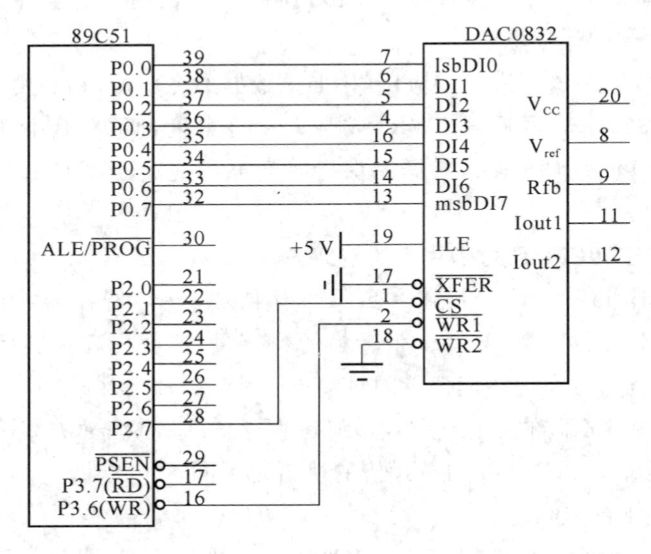

图 9.25 单缓冲方式下 89C51 单片机与 DAC0832 的连接图

当单片机的$\overline{\mathrm{WR}}$和 P2.7 都为 0 时，DAC0832 的 8 位输入寄存器处于送数状态，如果将未使用到的地址线都置为 1，则可以得到 DAC0832 的地址为 7FFFH，用以下两条指令就可以将一个数字量转换为模拟量：

```
MOV     DPTR,#7FFF H
MOVX    @DPTR,A          ;要转换的数字量已放在累加器 A
```

当 89C51 单片机执行 MOVX 指令时，将产生 $\overline{\text{WR}}$信号，并通过 P0 口和 P2 口送出地址码，以此来控制 DAC0832 的和$\overline{\text{WR1}}$和$\overline{\text{CS}}$，从而实现对输入寄存器的写入控制。可见在单缓冲方式下，DAC 芯片对于 80C51 系列单片机来说，相当于一个片外 RAM 单元，用一条 MOVX @DPTR,A 指令就可以将 80C51 系列单片机中的数据送 DAC 芯片进行 D/A 转换。

(3) 双缓冲方式下的接口电路

在双缓冲方式下，两个 8 位数据寄存器都不处于直通方式，DAC0832 的$\overline{\text{WR1}}$、$\overline{\text{WR2}}$、$\overline{\text{CS}}$、$\overline{\text{XFER}}$都受单片机送来的信号的控制。双缓冲方式下 89C51 单片机与 2 片 DAC0832 的连接如图 9.26 所示。

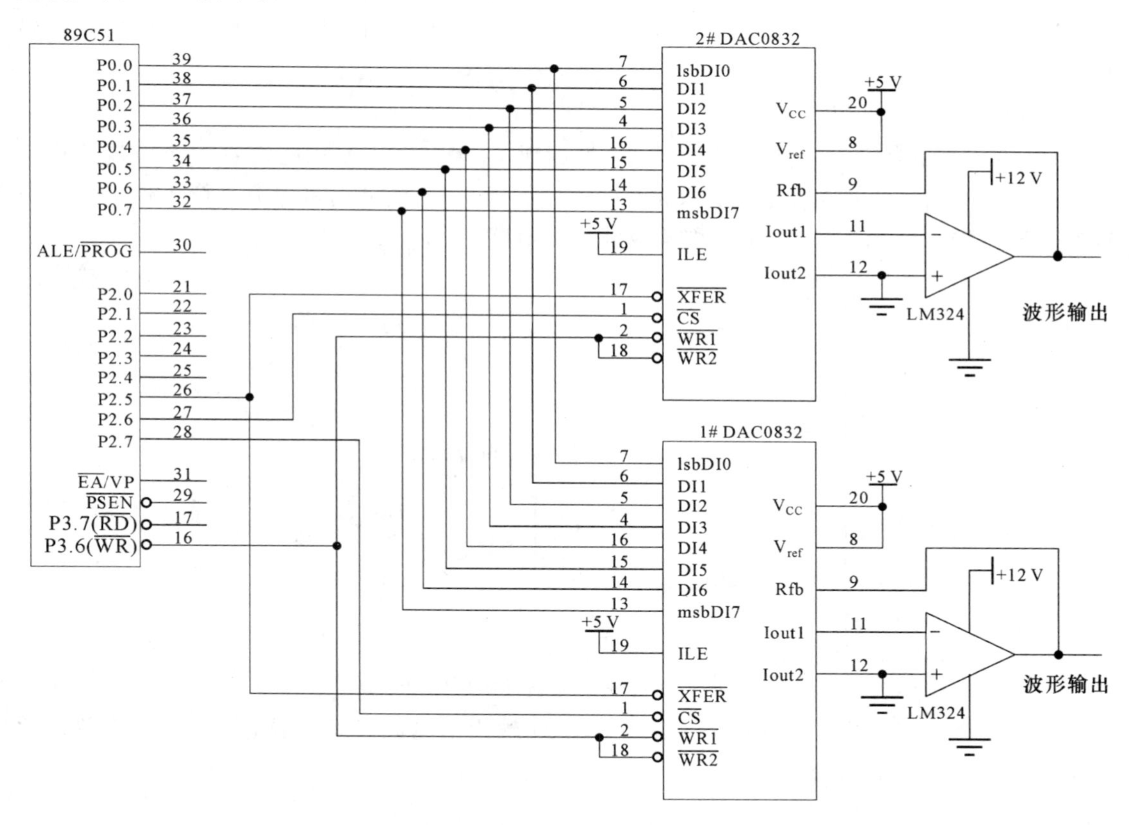

图 9.26　双缓冲方式下 89C51 单片机与 2 片 DAC0832 的连接图

当 89C51 单片机的$\overline{\text{WR}}$和 P2.7 为 0、P2.6 为 1 时，DAC0832 的 8 位输入寄存器处于送数状态，输入端数据送到其输出端，而 8 位 DAC 寄存器处于锁存状态，故不能对输入的数据进行 D/A 转换。如果将未使用到的地址线都置为 1，则可以得到 DAC0832 的 8 位输入寄存器的地址为 7FFFH；当 80C51 单片机的$\overline{\text{WR}}$和 P2.6 为 0、P2.7 为 1 时，DAC0832 的 8 位

DAC 寄存器处于送数状态，其输入端的数据传送到输出端，开始进行 D/A 转换，而 8 位输入寄存器处于锁存状态，故不能接受外界的输入数据。如果将未使用到的地址线都置为 1，则可以得到 DAC0832 的 8 位 DAC 寄存器的地址为 BFFFH。用以下几条指令可以将一个数字量转换为模拟量：

```
MOV     DPTR,#7FFFH
MOVX    @DPTR,A          ;数据送入输入寄存器
MOV     DPTR,#0BFFFH
MOVX    @DPTR,A          ;数据送入 DAC 寄存器,并进行 D/A 转换
```

可见，在双缓冲方式下，单片机必须送两次写信号才能完成一次 D/A 转换。第一次写信号，将数据送入输入寄存器中锁存，第二次写信号才将此数据送入 DAC 寄存器锁存并输出进行 D/A 转换。此时 DAC0832 被看做是片外 RAM 的两个单元而不是一个单元。即应分配给 DAC0832 两个 RAM 地址，然后使用两条 MOVX @DPTR,A 指令，才能将一个数字量转换成模拟量。具体来说，一个地址分配给输入寄存器，另一个地址是给 DAC 寄存器。

双缓冲方式适用于多个模拟量同时输出的场合，如示波器的 X、Y 方向需要同时获得模拟量。

5. DAC0832 的输出

DAC0832 是电流输出型 D/A 转换器，为得到电压的输出，使用时需在两个电流输出端连接运算放大器。根据运放和 DAC0832 的连接方法，运放的输出可以分为单极性输出和双极性输出两种。图 9.27 所示是一种单极性输出电路。

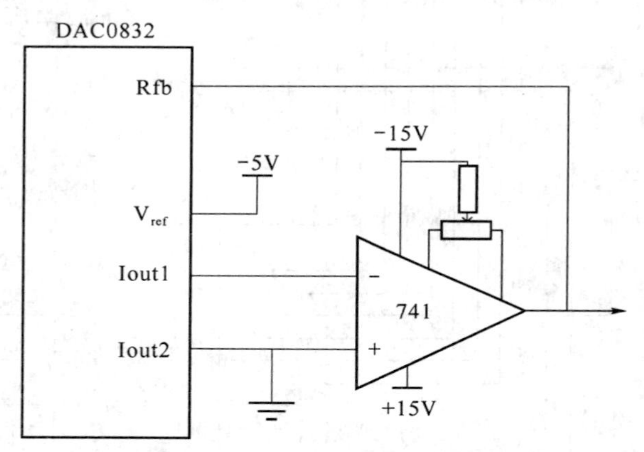

图 9.27　DAC0832 单极性电压输出电路

图 9.27 中 DAC0832 的 Iout2 被接地，Iout1 输出的电流经运放器 741 输出一个单极性电压。运放的输出电压为

$$V_{out}=-\mathrm{Iout1}\times \mathrm{Rfb}=-B\times\frac{V_{ref}}{256}$$

式中，B 为 DAC0832 的输入数字量。由于 V_{ref} 接 −5 V 的基准电压，所以单极性电压的范围为 0～+5 V。

如果在单极性输出的电路中再加一个加法器，便构成双极性输出电路。图 9.28 所示是一种双极性电压输出电路。

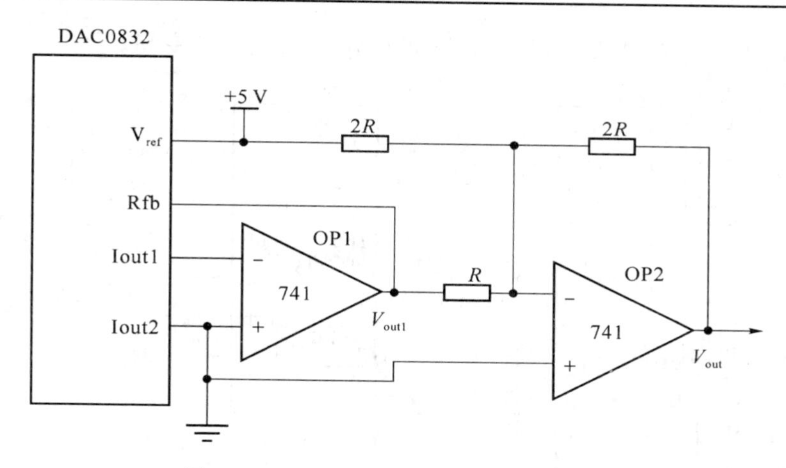

图 9.28　DAC0832 双极性电压输出电路

由运放的连接方法，不难导出输出电压的输入数据的关系。设运 OP1 的输出为 V_{out1}，OP2 的输出为 V_{out}，则

$$\begin{aligned} V_{out} &= -\left(\frac{V_{out1}}{R}+\frac{V_{ref}}{2R}\right)\times 2R = -2V_{out1}-V_{ref} \\ &= 2B\times\frac{V_{ref}}{256}-V_{ref} = B\times\frac{V_{ref}}{128}-V_{ref} \\ &= V_{ref}\times\frac{B-128}{128} \end{aligned}$$

根据上式，在 V_{ref} 为正的条件下，当数字量在 01H～7FH 之间变化时，V_{out} 为负值；当数字量在 80H～FFH 之间变化时，V_{out} 为正值。

9.6.3　灯光亮度控制器

学习目标：通过学习灯光亮度控制器的完成方法，熟悉发光二极管的亮度变化原因，掌握 DAC0832 与单片机的连接方法。

任务描述：用 89C51 单片机控制一个发光二极管，使发光二极管的亮度逐渐变暗，再逐渐变亮，不断循环。

任务实施：若要改变发光二极管的亮度，必须改变通过发光二极管的电流。改变发光二极管的电流的方法很多，本例利用 89C51 单片机控制 DAC0832 数模转换芯片，DAC0832 的输出转换成电压，以电压的形式驱动发光二极管。当 DAC0832 的输入数字量发生变化时，其输出电压也改变，从而使通过发光二极管的电流发生变化，发光二极管的亮度也就随之改变。

(1) 硬件电路设计

灯光亮度控制器的硬件电路如图 9.29 所示。

图 9.29 中的 DAC0832 工作于单缓冲方式，地址为 FDFFH。由于 DAC0832 的 V_{ref} 接 －5 V 的基准电压，所以其输出的单极性电压在 0～＋5 V 之间变化。

(2) 驱动程序设计

根据题目要求，可以将 89C51 单片机内部单元中的数据从 FFH 逐渐变到 00H，再由 00H 逐渐变到 FFH，并逐一送给 DAC0832 芯片，经过 D/A 转换后输出的模拟量就可以使发光二极管的亮暗程度发生变化，先由亮逐渐变暗，再由暗逐渐变亮。

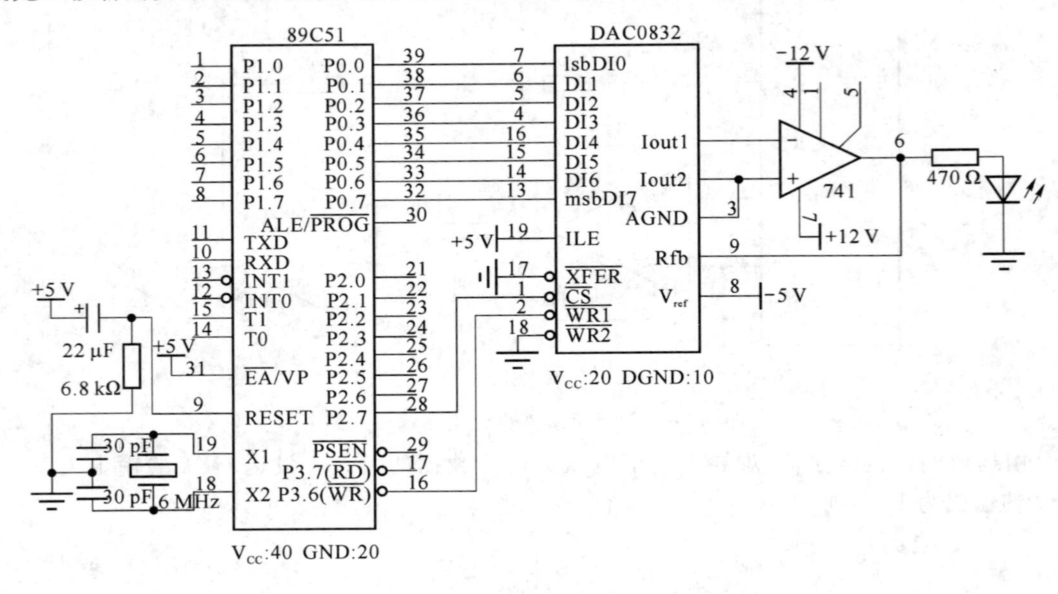

图 9.29　灯光亮度控制器的硬件电路

程序如下：

```
        ORG     0000H
MAIN:   MOV     R2,#0FFH          ;送出数据的初值
UP0:    MOV     DPTR,#0FDFFH      ;DAC0832 的地址
        MOV     A,R2
        MOVX    @DPTR,A           ;将数据送出
        LCALL   DELAY             ;调用延时子程序
        DJNZ    R2,UP0            ;送出的数据减 1
UP1:    MOV     A,R2
        MOVX    @DPTR,A           ;将数据送出
        INC     R2                ;送出的数据加 1
        CJNE    R2,#0FFH,UP1
        SJMP    MAIN              ;程序重新开始
DELAY:  MOV     R7,#02H           ;利用定时器 T0 延时 0.1 s
BACK1:  MOV     TMOD,#01H
        MOV     TH0,#04CH         ; 初始化定时器,50 ms 后重新计时
        MOV     TL0,#00H
        SETB    TR0               ;启动定时器
        JNB     TF0,$             ;定时时间不到,则继续查询
        CLR     TR0
        CLR     TF0
        DJNZ    R7,BACK1
        RET
```

9.6.4　正弦波发生器

学习目标：通过学习正弦波发生器的完成方法，掌握用 DAC0832 产生正弦波信号的方法以及驱动程序的编写方法。

任务描述：利用单片机控制 DAC0832，产生频率为 50 Hz 的正弦波信号。

任务实施：

(1) 硬件电路设计

正弦波发生器的硬件电路如图 9.30 所示。

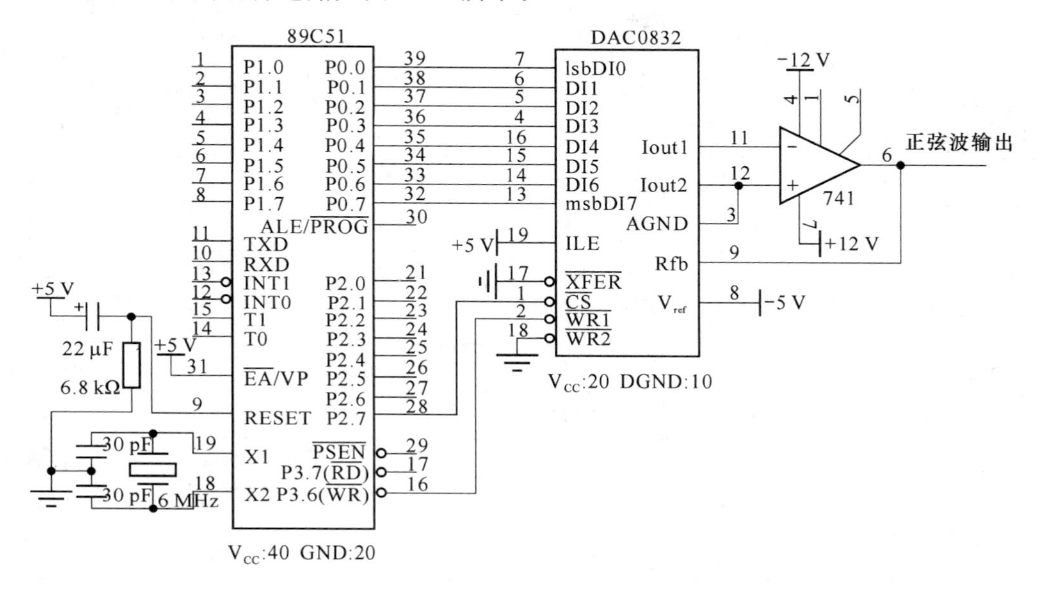

图 9.30　正弦波发生器的硬件电路

(2) 驱动程序设计

如果把正弦信号按等时间间隔进行分割，计算出分割时刻的信号幅值，将这些幅值对应的数字量存储到 ROM 中，然后用查表的方法取出这些取样值，送到 D/A 转换器转换后输出，那么输出信号就是正弦波形。

本任务欲产生频率为 50 Hz 的正弦波信号，波形如图 9.31 所示。

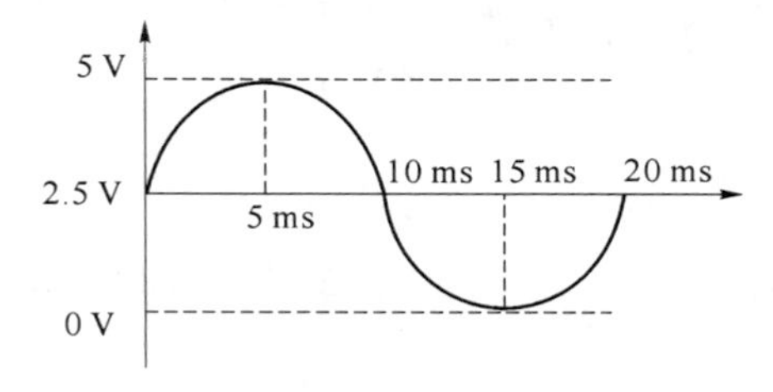

图 9.31　频率为 50 Hz 的正弦波信号

如果将正弦波信号以 5°作为 1 个阶梯，则共分割成 360°/5°＝72 份，时间间隔应该为 20/72＝0.278 ms。当参考电压为－5 V 时，72 个采样值、输出电压值、正弦值、角度如表 9.9 所示。

表 9.9 正弦波数据表

X	sin X	输出电压	输入数字量			
			0°～90°	90°～180°	180°～270°	270°～360°
0°	0.000 0	2.500V	7FH	FFH	7FH	00H
5°	0.087 2	2.718V	8AH	FEH	75H	01H
10°	0.173 6	2.934V	95H	FDH	6AH	02H
15°	0.258 8	3.147V	A0H	FAH	5FH	04H
20°	0.342 0	3.355V	ABH	F7H	54H	07H
25°	0.422 6	3.557V	B5H	F3H	4AH	0CH
30°	0.500 0	3.750V	BFH	EDH	40H	11H
35°	0.573 6	3.934V	C8H	E7H	36H	17H
40°	0.642 8	4.107V	D1H	E1H	2DH	1EH
45°	0.707 1	4.268V	D9H	D9H	25H	25H
50°	0.766 0	4.415V	E1H	D1H	1EH	2DH
55°	0.819 2	4.548V	E7H	C8H	17H	36H
60°	0.866 0	4.665V	EDH	BFH	11H	40H
65°	0.909 3	4.773V	F3H	B5H	0CH	4AH
70°	0.939 7	4.849V	F7H	ABH	07H	54H
75°	0.965 9	4.915V	FAH	A0H	04H	5FH
80°	0.984 8	4.962V	FDH	95H	02H	6AH
85°	0.996 2	4.991V	FEH	8AH	01H	75H
90°	1.000 0	5.000V	FFH	7FH	00H	7FH

正弦波的程序清单如下：

```
START:  MOV     R1,#72          ;72个取样点
        MOV     DPTR,#DTAB      ;数据表首地址
        MOV     R2,#0           ;偏移量初值
LOOP:   MOV     A,R2
        MOVC    A,@A+DPTR       ;查表取数据
        MOVX    @R0,A           ;输出信号到DAC0832
        INC     R2
        LCALL   D260us
        DJNZ    R1,LOOP
        SJMP    START
D250us: MOV     R4,#66
```

```
        DJNZ    R4, $
        RET
DTAB:   DB 7FH,8AH,95H,A0H,ABH,B5H,BFH,C8H,D1H,D9H,E1H
        DB E7H,EDH,F3H,F7H,FAH,FDH,FEH,FFH,FEH,FDH,FAH
        DB F7H,F3H,EDH,E7H,E1H,D9H,D1H,C8H,BFH,B5H,ABH
        DB A0H,95H,8AH,7FH,75H,6AH,5FH,54H,4AH,40H,36H
        DB 2DH,25H,1EH,17H,11H,0CH,07H,04H,02H,01H,00H,01H
        DB 02H,04H,07H,0CH,11H,17H,1EH,25H,2DH,36H,40H,4AH
        DB 54H,5FH,6AH,75H          ;72 个数据
        END
```

程序中延时程序的延时时间为分割时间。

习　　题

一、选择题

1. 访问外部数据存储器时，不起作用的信号是(　　)。

   A. $\overline{RD}$　　B. $\overline{WR}$　　C. $\overline{PSEN}$　　D. ALE

2. 在 80C51 系列单片机中，需双向传递信号的是(　　)。

   A. 地址线　　B. 数据线　　C. 控制信号线　　D. 电源线

3. 在 80C51 系列单片机中，为实现 P0 口线的数据和低位地址复用，应使用(　　)。

   A. 地址锁存器　　B. 地址寄存器

   C. 地址缓冲器　　D. 地址译码器

4. 在下列信号中，不是给程序存储器扩展使用的是(　　)。

   A. $\overline{PSEN}$　　B. EA　　C. ALE　　D. $\overline{WR}$

5. 在下列信号中，不是给数据存储器扩展使用的是(　　)。

   A. EA　　B. $\overline{RD}$　　C. $\overline{WR}$　　D. ALE

6. 如在系统中只扩展一片 Intel2732(4 KB×8)，除应使用 P0 口的 8 条口线外，至少还应使用 P2 口的口线(　　)。

   A. 4 条　　B. 5 条　　C. 6 条　　D. 7 条

7. 6264 芯片是(　　)。

   A. PRROM　　B. RAM　　C. Flash ROM　　D. EPROM

8. 在使用多片 DAC0832 进行 D/A 转换，并分别输入数据的应用中，它的两级数据锁存结构可以(　　)。

   A. 保证各模拟电压能同时输出　　B. 提高 D/A 转换速度

   C. 降低 D/A 转换速度　　D. 增加可靠性

9. 使用 D/A 转换器再配以相应的程序，可以产生锯齿波，该锯齿波的(　　)。

A. 斜率是可调的　　B. 幅度是可调的

C. 极性是可变的　　D. 回程斜率只能是垂直的

10. 下列是把 DAC0832 连接成双缓冲方式进行正确数据转换的措施，其中错误的是(　　)。

A. 给两个寄存器各分配一个地址

B. 把两个地址译码信号分别接 CS 和 XFER 引脚

C. 在程序中使用一条 MOVX 指令输出数据

D. 在程序中使用一条 MOVX 指令输入数据

11. 与其他接口芯片和 D/A 转换芯片不同，A/D 转换芯片中需要编址的是(　　)。

A. 处于转换数据输出的数据锁存器

B. A/D 转换电路

C. 模拟信号输入的通道

D. 地址锁存器

12. 若某存储器芯片地址线为 12 根，它的存储容量为(　　)。

A. 1 KB　　B. 2 KB　　C. 4 KB　　D. 8 KB

13. 扩展存储器时要加锁存器 373，其作用是(　　)。

A. 锁存寻址单元的低 8 位地址　　B. 锁存寻址单元的数据

C. 锁存寻址单元的高 8 位地址　　D. 锁存相关的控制和选择信号

14. 80C51 系列单片机外扩存储器芯片时，4 个 I/O 口中作为数据总线的是(　　)。

A. P0 口和 P2 口　　B. P0 口

C. P2 口和 P3 口　　D. P2 口

二、填空题

1. 半导体存储器分成两大类：__________和__________。其中，__________具有易失性，常用于存储______________；__________具有非易失性，常用于存储________________。

2. 89C51 有______条地址线，它可以寻址的最大范围是______________。

3. 某 ROM 芯片的容量为 16 KB×1，其数据线有______条，地址线有______条，用它构成 32 KB 的存储系统时，须用______片。

4. 某存储系统的存储容量为 2 KB，首地址为 1000H，则其末地址为______________。

5. DAC0832 与 CPU 的连接方式有三种，分别是________、________和________，其中________适合于多个 DAC 同时送出模拟量的场合。

6. 对于电流输出的 D/A 转换器，为了得到电压的转换结果，应使用________。

7. 某 RAM 芯片有 4 条数据线，10 条地址线，则其容量为________。

8. A/D 转换芯片 ADC0809 中既可作为查询的状态标志，又可作为中断请求信号使用的信号是________。

9. 为把 A/D 转换器转换的数据传送给单片机，可使用的控制方式有________、________和________三种。

10. 为扩展存储器而构造系统总线，应以 P0 口的 8 位口线作为________线，以 P2 口的口线作为________线。

11. 在存储器扩展中，无论是线选法还是译码法，最终都是为扩展芯片的________端提供信号。

12. 简单输入口扩展是为了实现输入数据的________功能，而简单输出口扩展是为了实现输出数据的________功能。

13. EPROM 27256 芯片的存储容量为________，它的地址线有________根。

14. 74LS273 通常用来作简单________接口扩展；而 74LS244 则常用来作简单________接口扩展。

15. A/D 转换器的作用是将________量转为________量；D/A 转换器的作用是将________量转为________量。

16. A/D 转换器的 3 个最重要指标是________、________和________。

17. 从输入模拟量到输出稳定的数字量的时间间隔是 A/D 转换器的技术指标之一，称为________。

18. 若某 8 位 D/A 转换器的输出满刻度电压为＋5 V，则该 D/A 转换器的分辨率为________。

19. 某 8 位 ADC 芯片，输入满量程电压为 10 V，若输入的模拟电压为 3 V，则 A/D 转换的结果为________ H。

三、编程题

1. 如图 9.20 所示，利用 ADC0809 芯片进行数据采集，送通道地址启动转换后，若用中断方法取转换结果，请连接 EOC 至外中断 0，并根据已经给出的注释写出 8 路采集子程序（填在程序中的横线上）。

```
        ORG     0000H
        MOV     IE,#81H
        MOV     R0,#30H             ;片内 RAM 首地址
        MOV     R7,#8               ;采集 8 路
        MOV     R2,#0               ;采集第一路
        MOV     A,R2                ;采集路数送 A
        ________________            ;送通道地址
        ________________            ;启动转换
        SJMP    $
        ORG     000BH
        ________________            ;取转换结果送 A
```

```
    ____________________        ;存入片内 RAM
    ____________________        ;修改 R0,使其加 1
    ____________________        ;修改采集的路数,使其加 1
    ____________________        ;送通道地址,启动转换
    DJNZ    R7,DOWN
    MOV     IE,#00H
DOWN: RETI
```

2. 根据图 9.32 的电路接法,判断 DAC0832 是工作在直通方式、单缓冲方式还是双缓冲方式? 欲用 DAC0832 产生如图 9.33 所示波形,则如何编程(设满量程电压 5 V,周期为 2 s)?

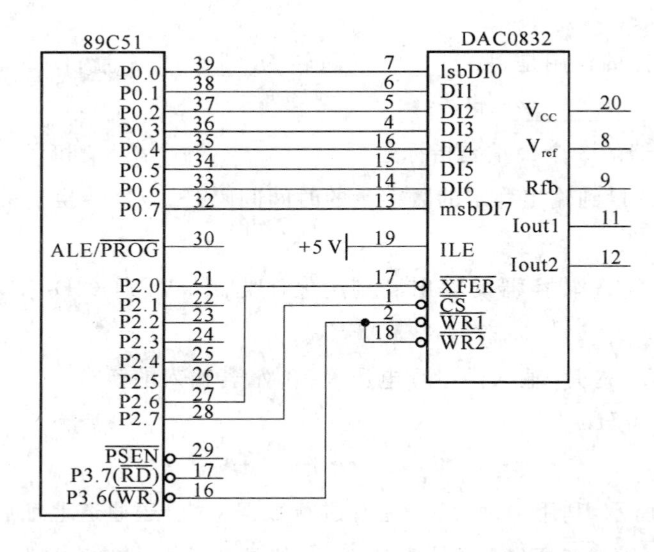

图 9.32 DAC0832 与单片机的连接电路

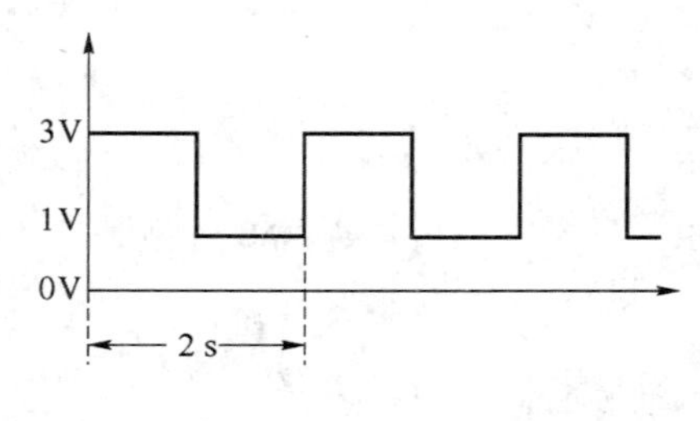

图 9.33 矩形波

3. 图 9.20 为 89C51 与 ADC0809 的接口电路图,若要从该 A/D 接口的 IN5 通道每隔 1 s读入一个数据并将数据存入 30H 开始的片内 RAM 单元中,试进行程序设计。

四、作图题

1. 用 AT29C256(8 KB×8)构成 16 KB 的存储系统,地址范围是 2000H～4FFFH,要求地址码唯一。

2. 用AT29C256(8 KB×8)构成16 KB的存储系统。要求采用线选法产生片选信号，并计算AT29C256的基本地址范围。

3. 用6264(8 KB×8)构成16 KB的存储系统。要求采用全译码法产生片选信号，并计算6264的地址范围。

4. 已给出器件如图9.34所示，试连线，构成一个片外扩展16 KB RAM的电路。

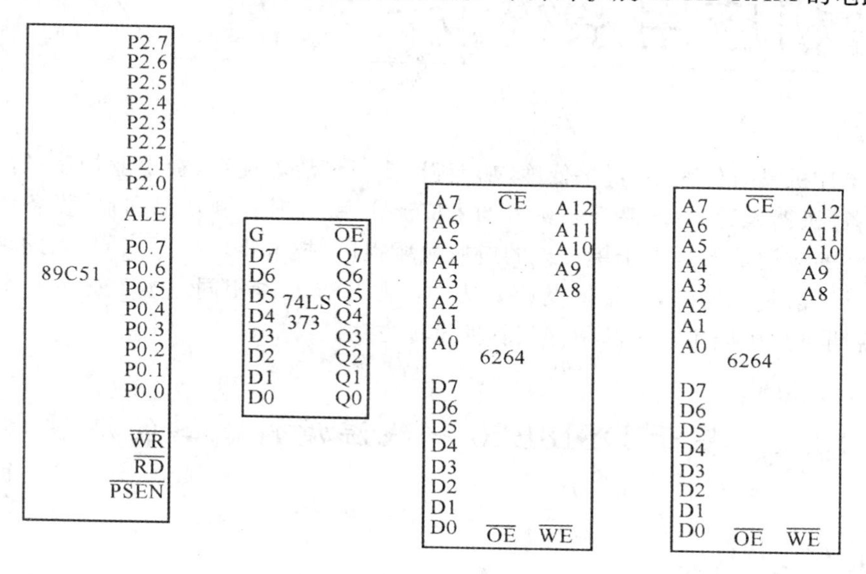

图9.34　器件图

五、简答题

1. 在使用外部程序存储器时，80C31还有多少条I/O线可供用户使用？在使用外部数据存储器时，还有多少条I/O线可供用户使用？并说明原因。

2. 某单片机的存储系统中ROM容量为4 KB，末地址为ABFFH；RAM容量为8 KB。已知其地址是连续的，且ROM区在前，RAM区在后，求该存储系统的首地址和末地址。

3. Intel 2716的容量为2 KB×8，它有几根地址线？几根数据线？若用它构成8 KB的存储系统，需要几片2716？若该存储系统的首地址为1000H，则各片的地址范围是多少？

4. 多片D/A转换器为什么必须采用双缓冲接口方式？

六、设计题

1. 试用DAC0832芯片设计单缓冲方式的D/A转换器接口电路，并编写2个程序，分别使DAC0832输出负向锯齿波和15个正向阶梯波。

2. 设计89C51和ADC0809的接口，采集2通道10个数据，存入片内RAM 50H～59H单元，画出电路，并分别编写延时方式、查询方式、中断方式下的汇编语言源程序。

3. 使用89C51和ADC0809芯片设计一个巡回检测系统，共有8路模拟量输入，采样周期为1 s，其他未列条件可自定，请画出电路连接图进行程序设计。

第10章 单片机应用系统设计实例

由于单片机具有体积小、价格低廉、功能强、使用灵活等优点，在工业控制、智能仪表、航天航空设备、机器人、家电产品等领域得到了广泛应用，尤其在新产品研制、设备的更新改造中具有广泛的应用前景。由于单片机的应用领域很广，技术要求各不相同，因此单片机应用系统的设计一般是不同的，但总体设计方法和研制步骤基本相同。本章通过一个具体项目的开发，说明单片机应用系统的硬件与软件设计方法。

10.1 基于DS18B20一线温度传感器的温度计

10.1.1 项目任务

设计一个数字式温度计，测量温度范围为－20～100 ℃，分辨率为1 bit。

项目要求：

(1) 使用AT89C51单片机读取温度。

(2) 温度显示采用4位数码管，当温度低于0 ℃时，最高位数码管显示“－”。

(3) 每秒刷新一次显示。

10.1.2 项目分析

单片机温度测量系统，除单片机外，最重要的器件之一就是传感器。对于温度测量来说，要使用温度传感器。温度传感器的种类很多，常用的有金属热敏电阻、半导体热敏电阻、热电偶、光纤温度传感器等。这些温度传感器将温度转变为电量，被测温度变化引起相应电量变化。单片机不能直接读取这种电量，需要与传感器相适应的变换电路和接口电路，将这种电量先转换为电压量，如温度变化引起热敏电阻的电阻值变化转变为电压变化，再由A/D转换电路将电压变化转换为十六进制数供单片机读取。典型温度测量系统如图10.1所示。

图10.1 典型温度测量系统

上述温度系统方案的特征是，从传感器到A/D转换器前均为模拟量，经过A/D转换器后变换为十六进制数字量。

除上述系统结构外，目前一些半导体公司还开发生产出一体化温度传感器，将传感器、变换电路和A/D转换器集成在一个器件中，直接输出数字量，使得应用电路大为简化，降低了成本，提高了系统的可靠性。典型的一体化温度传感器如Maxim公司的DS18B20数字温度传感器，它具有数字输出的特点，可以与单片机直接接口，外围器件少，不需要变换电路和A/D转换器；只有一条数据线，占用单片机资源少。所以，用DS18B20与单片机组合的温度计具有结构简单测量温度的优点。本项目将采用DS18B20作为温度传感器。

10.1.3　DS18B20简介

DS18B20是Maxim公司生产的一线式数字温度传感器，有TO-92、SO-8和μSOP-8这3种封装供选择。引脚定义与功能如表10.1所示。

表10.1　引脚定义与功能表

SO-8	TO-92	定　义	功　能
5	1	GND	接地
4	2	DQ	数据输入/输出；寄生供电模式时供电电源
3	3	Vdd	电源；寄生供电模式时接地

DS18B20主要参数如下。

- 温度测量范围：−55～+125 ℃，在−10～85 ℃范围内，精度为±0.5 ℃。
- 分辨率：9～12 bit(可由程序设定)。
- 转换速率：分辨率为12 bit时，750 ms(最大)。
- 电源电压：3.0～5.0 V。
- 工作温度：−55～125 ℃。

DS18B20外围器件少，只有一个阻值为4.7 kΩ的电阻，只占用单片机一个I/O口。典型接线如图10.2所示。

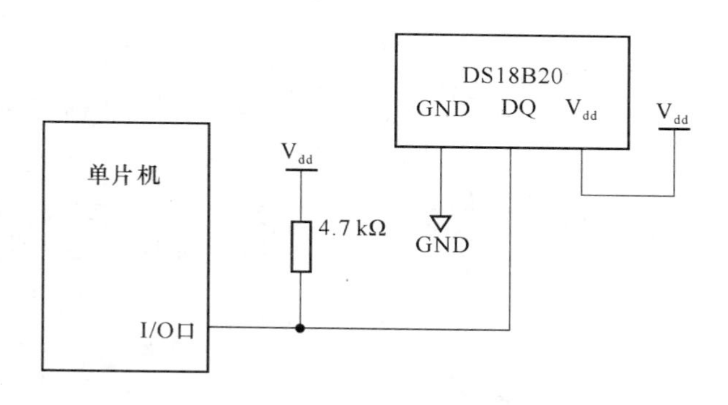

图10.2　DS18B20与单片机的典型连接图

1. DS18B20的内部结构

DS18B20温度传感器的内部寄存器包括一个高速暂存RAM和一个非易失性的可电擦除的E^2RROM，共9字节，E^2RROM用于存放高温度和低温度触发器TH、TL和结构寄存器。这 9 个字节的定义和地址如表 10.2 所示。

表 10.2 DS18B20 内部寄存器

寄存器	字节地址	寄存器	字节地址
温度测量结果高字节	0	保留	5
温度测量结果低字节	1	计算剩余值	6
高温度报警限值	2	每度计算值	7
低温度报警限值	3	CRC 校验	8
保留	4		

内部寄存器包含了 9 个连续字节，地址 0、1 字节用于存放测量得到的温度数值，这 2 个字节的定义如图 10.3 所示，地址 0 存放温度的低 8 位、地址 1 存放温度的高 8 位；地址 2、3 字节为报警温度高低限值，地址 2 为高温度报警限值、地址 3 为低温度报警限值；地址 4、5 字节保留；地址 6、7 字节用于内部计算。地址 8 字节为 CRC 校验。

DS18B20 温度测量结果以用 16 位二进制补码读数形式存放在内部转换结果寄存器中，转换结果寄存器为 2 字节，当设定为 12 位分辨率时，转化结果存放格式如图 10.3 所示，以 0.062 5 ℃/LSB 形式表达，其中 S 为符号位。DS18B20 输出的数据与相应温度的关系列于表 10.3 中。

LSB	bit7	bit6	bit5	bit4	bit3	bit2	bit1	bit0
	2^3	2^2	2^1	2^0	2^{-1}	2^{-2}	2^{-3}	2^{-4}

MSB	bit7	bit6	bit5	bit4	bit3	bit2	bit1	bit0
	S	S	S	S	S	2^6	2^5	2^4

图 10.3 12 位分辨率转化结果存放格式

表 10.3 温度与输出数据对照表

温度/℃	数字输出(Bin)	数字输出(Hex)
+125	0000 0111 1101 0000	07D0H
+85	0000 0101 0101 0000	0550H
+25.062 5	0000 0001 1001 0001	0191H
+10.125	0000 0000 1010 0010	00A2H
+0.5	0000 0000 0000 1000	0008H
0	0000 0000 0000 0000	0000H
−0.5	1111 1111 1111 1000	FFF8H
−10.125	1111 1111 0101 1110	FF5EH
−25.062 5	1111 1110 0110 1111	FE6FH
−55	1111 1100 1001 0000	FC90H

图 10.3 中，S 为符号，共 5 位。当测量温度大于或等于 0 ℃时，S=0，实际温度等于两个

字节数值乘以 0.062 5。当测量温度小于 0 ℃时，S=1，实际温度等于两个字节数值补码乘以 0.062 5。

例 10.1　+85 ℃对应测量温度数值为 0550H

$$0550H=1360D$$
$$1\,360\times0.062\,5=85$$

例 10.2　−10.125 ℃对应测量温度数值为 FF5EH

$$FF5EH=(00A2H)_{补}=162D$$
$$162\times0.062\,5=10.125$$

2. DS18B20 操作指令

DS18B20 的操作指令如表 10.4 所示。

表 10.4　DS18B20 的操作指令表

指　令	约定代码	功　能
温度转换	44H	启动 DS18B20 进行温度转换，转换结构存放于内部转换结构寄存器中(地址 0、1)
读寄存器	0BEH	读取内部寄存器内容
写寄存器	4EH	发出向地址为 2、3 内部寄存器写入报警温度的上、下限数据命令，紧跟该命令后，是传送 2 自己的数据
复制寄存器	48H	将地址为 2、3 字节内容复制到 EEPROM 中
重调 EEPROM	0B8H	将 EEPROM 中内容复制到地址为 2、3 字节寄存器中
读供电方式	0B4H	读 DS18B20 的供电模式。寄生供电模式时 DS18B20 发送“0”，外接供电模式时 DS18B20 发送“1”

DS18B20 的操作时序决定了主机控制 DS18B20 完成温度转换必须经过 3 个步骤：每一次读写之前都要对 DS18B20 进行复位，复位成功后发送一条 ROM 指令，最后发送 RAM 指令，这样才能对 DS18B20 进行预定的操作。复位要求主 CPU 将数据线下拉 500 μs，然后释放，DS18B20 收到信号后等待 16～60 μs，然后发出 60～240 μs 的存在低脉冲，主 CPU 收到此信号表示复位成功。

10.1.4　系统原理设计

1. 温度显示

(1) 4 位共阳 LED 数码管作为温度显示。本系统采用动态显示方式，4 个数码管由位控制依次轮流显示，同一时刻只有一个数码管显示数字，其余 3 个不显示任何内容，快速地轮流显示。由于存在视觉暂留现象，感觉上如同 4 个数码管同时显示不同的数字。

(2) 数码管的 a～g 引脚通过限流电阻直接接在 P0 口。限流电阻是为了限制流过数码管中每一段的电流。

(3) 显示位控制由 P1.0、P1.1 、P1.2 和 P1.3 担任。位控制电流较大，每一位用一个小型 PNP 三极管驱动连接在数码管的两个公共端，图 10.4 中采用三极管的型号为 9012。当 P1.0、P1.1 、P1.2 和 P1.3 中的一个引脚为低电位时，相应的数码管就会显示 P0 口送来的内容。

2. DS18B20 与 AT89C51 连接

DS18B20 与 AT89C51 连接很简单，DQ 引脚接单片机的一个 I/O 口，并通过 4.7 kΩ 电阻接到电源 V_{CC}上。系统原理如图 10.4 所示。

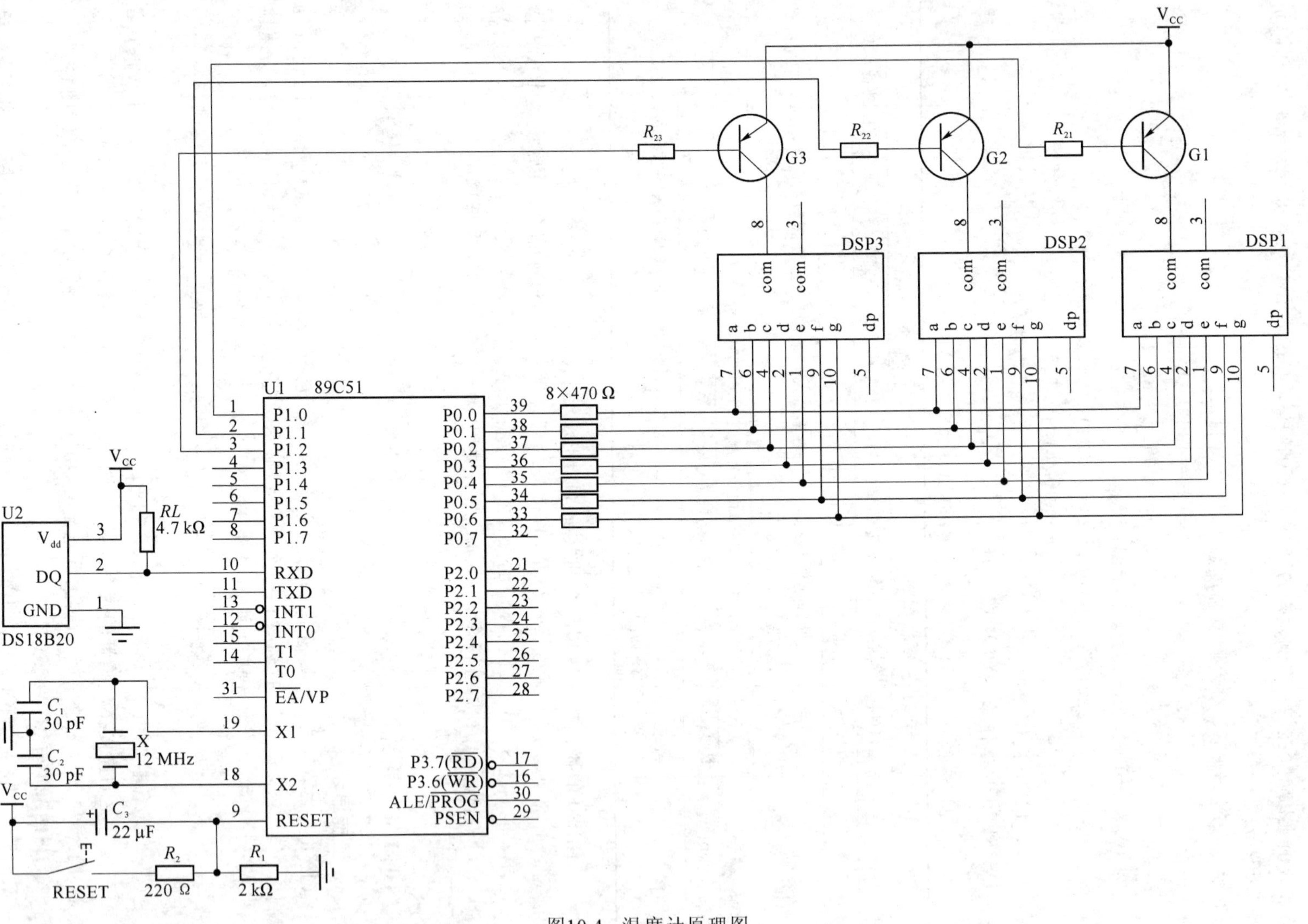
DSP1
DSP2
DSP3
G1
G2
G3
R_{21}
R_{22}
R_{23}
V_{CC}
8×470 Ω
U1 89C51
P0.0
P0.1
P0.2
P0.3
P0.4
P0.5
P0.6
P0.7
P2.0
P2.1
P2.2
P2.3
P2.4
P2.5
P2.6
P2.7
P3.7(RD)
P3.6(WR)
ALE/PROG
PSEN
P1.0
P1.1
P1.2
P1.3
P1.4
P1.5
P1.6
P1.7
RXD
TXD
INT1
INT0
T1
T0
EA/VP
X1
X2
RESET
R_1 2 kΩ
R_2 220 Ω
C_3 22 μF
X 12 MHz
C_1 30 pF
C_2 30 pF
RL 4.7 kΩ
U2 DS18B20
V_{dd}
DQ
GND

图10.4 温度计原理图

10.1.5　程序设计

1. DS18B20 基本操作程序

DS18B20 的读写时序比较复杂，而且比较严格，对 DS18B20 的操作必须严格按照厂商提供的数据手册执行，若操作时序误差较大，将会导致操作失败。这里给出基本操作子程序，读者在编程时可以直接调用。若需进一步了解，请读者参阅 Maxim 公司的 DS18B20 数据手册。

以下子程序的工作条件为晶体振荡器频率 12 MHz ，若使用其他频率的晶体振荡器请修改延时。

```
;*********************************
;变量定义
;********************************
TEMPL     EQU     30H            ;存放读出温度低位数据
TEMPH     EQU     31H            ;存放读出温度高位数据
DQ        BIT     P3.0           ;一线总线控制端口
;*********************************
;变量定义结束
;*********************************
```

(1) DS18B20 初始化

```
;********************************
;DS18B20 复位初始化程序开始
;********************************
INIT:     SETB    DQ
          NOP
          NOP
          NOP
          NOP
          CLR     DQ
          MOV     R0,#200H

DLY1:     DJNZ    R0,$          ;发送复位脉冲持续 600 μs
          MOV     R0,#100
          DJNZ    R0,$
          SETB    DQ            ;主机释放总线
          MOV     R0,#7
          DJNZ    R0,$
          MOV     R0,#110       ;延时 220 μs
          DJNZ    R0,$

          MOV     R0,#200
```

```
DLY22:  JB      DQ,INITF      ;若在 800 μs 时间内 DQ 变为高电位,说明初始化已成功
        DJNZ    R0,DLY2
        RET                   ;初始化不成功,返回

INITF:  SETB    DQ
        RET
;*******************************
;DS18B20 初始化结束
;*******************************
```

(2) 向 DS18B20 写入 1 字节

```
;*******************************
;向 DS18B20 写入 1 字节子程序开始
;*******************************
WRITE:  MOV     R2,#8         ;R2 作计数器
        CLR     C
WRITE1: CLR     DQ
        MOV     R3,#5         ;延时 10 μs
        DJNZ    R3,$
        RRC     A
        MOV     DQ,C          ;发送 1 位
        MOV     R3,#21        ;延时 42 μs
        DJNZ    R3,$
        SETB    DQ
        NOP
        NOP
        NOP
        NOP
        DJNZ    R2,WR1
        SETB    DQ
        MOV     R3,#5         ;延时 10 μs
        DJNZ    R3,$
        RET
;*******************************
;向 DS18B20 写入 1 字节子程序结束
;*******************************
```

(3) 从 DS18B20 读出温度转换结果,存放于 TEMPL、TEMPH 两个单元

```
;*******************************
;读 DS18B20 转换结果子程序开始
;*******************************
READ:   MOV     R4,#2         ;将温度高位和低位从 DS18B20 中读出
```

```
        MOV     R1,#TEMPL
READ1:  MOV     R2,#8          ;读取 8 个位,1 字节
READ2:  CLR     C
        SETB    DQ
        NOP
        CLR     DQ
        NOP
        NOP
        NOP
        NOP
        SETB    DQ
        MOV     R3,#2          ;延时
        DJNZ    R3,$
        MOV     C,DQ           ;读取 1 位

        MOV     R3,#22         ;延时
        DJNZ    R3,$

        RRC     A              ;读入 1 位
        DJNZ    R2,READ2
        MOV     @R1,A
        INC     R1
        DJNZ    R4,READ1
        SETB    DQ
        RET
; ******************************
;读 DS18B20 转换结果子程序结束
; ******************************
```

(4) 连接上述 3 个子程序,构成完整的 DS18B20 操作子程序

```
; ******************************
;DS18B20 测量温度子程序开始
; ******************************
GET_TEMPER:
      SETB    DQ              ;定时入口
      LCALL   INIT_1820       ;调用初始化子程序,复位 DS18B20
      RET                     ;若 DS18B20 不存在则返回
GT1:  MOV     A,#0CCH         ;跳过 ROM 匹配 0CCH
      LCALL   WRITE           ;调用写入 1 字节子程序
      MOV     A,#44H          ;发出温度转换命令
      LCALL   WRITE
```

```
        LCALL   DLY750MS         ;等待 AD 转换结束,调用 750 ms 延时子程序(略)

GT2:    LCALL   INIT             ;读温度之前需复位 DS18B20
        JB      FLAG1,GT3
        AJMP    GT2

GT3:    MOV     A,#0CCH          ;跳过 ROM 匹配
        LCALL   WRITE_1820
        MOV     A,#0BEH          ;发出读温度命令
        LCALL   WRITE
        LCALL   READ             ;读出温度数据,并保存到 TEMPL、TEMPH 中
        RET
;********************************
;DS18B20 测量温度子程序结束
;********************************
```

2. 温度计程序设计

本项目采用的显示方式为 3 位动态显示,显示程序的说明请参考前面有关章节。

(1) 设定 40H～42H 为显示缓冲单元,分别存放温度的个、十、百/负号。

(2) 若读到的温度高字节的高 5 位为“1”,则表示温度低于 0 ℃,最高位数码管显示“—”。

(3) 项目中要求每秒刷新一次显示,此定时由定时器 T0 担任,T0 定时 50 ms,中断 20 次完成 1 s 定时。

参考程序:

```
        TEMPL   EQU     30H      ;存放读出温度低位数据
        TEMPH   EQU     31H      ;存放读出温度高位数据
        TEMP    EQU     32H      ;温度转换之后的数据

        DSP0    EQU     38H      ;显示内容缓冲
        DSP1    EQU     39H
        DSP2    EQU     3AH

        CONTR   EQU     3EH      ;位控制计数
        COUNT   EQU     3FH      ;定时器 T0 计数

        FLG1    BIT     00H      ;温度 +、- 标志;0 = ´+´,1 = ´-´
        FLG2    BIT     01H      ;1 s 计时到标志
        DQ      BIT     P3.0     ;一线总线控制端口
        DC0     BIT     P1.0     ;3 位数码管的位控制
        DC1     BIT     P1.1
        DC2     BIT     P1.2
```

```
        ORG     0000H
        AJMP    MAIN

        ORG     000BH
        AJMP    RVT

        ORG     001BH
        AJMP    DISP

MAIN:   MOV     IE,#8AH
        MOV     IP,#08H
        MOV     TMOD,#11H
        MOV     SP,#70H
        MOV     30H,#0
        MOV     31H,#0
        MOV     32H,#0

        MOV     TL0,#0B0H           ;T0 定时 50 ms
        MOV     TH0,#3CH
        MOV     TL1,#30H            ;T1 定时 2 ms
        MOV     TH1,#0F8H
        SETB    TR0
        SETB    TR1

TEMPER: SETB    DQ                  ;读取 DS18B20 温度
        ACALL   INIT

GT1:    MOV     A,#0CCH
        ACALL   WRITE
        MOV     A,#44H              ;DS18B20 开始转化命令
        ACALL   WRITE
        JNB     FLG2,$              ;等待 1 s 刷新时间,同时也等待 DS18B20 转换
GT2:    ACALL   INIT

GT3:    MOV     A,#0CCH
        ACALL   WRITE
        MOV     A,#0BEH
        ACALL   WRITE
        ACALL   READ
```

```
CVS:    MOV     A,TEMPH
        CJNE    A,#8,CVS1

CVS1:   JNC     CVS2
        SETB    FLG1
        MOV     A,TEMPL                 ;低于 0 ℃处理
        CPL     A
        ADD     A,#1
        MOV     TEMPL,A
        MOV     A,TEMPH
        CPL     A
        ADDC    A,#0
        SJMP    CVS3

CVS2:   CLR     FLG1
CVS3:   MOV     A,TEMPH                 ;去掉小数部分,合并为1字节
        MOV     R0,#4
        RRC     A
        MOV     TEMPH,A
        MOV     A,TEMPL
        RRC     A
        MOV     TEMPL,A
        DJNZ    R0,CVS1
        ANL     A,#7FH

        JNB     FLG,CVS4

        MOV     B,#10                   ;低于 0 ℃
        DIV     AB
        MOV     DSP1,A
        MOV     DSP0,B
        MOV     DSP2,#0AH               ;"-"号
        AJMP    TEMPER

CVS4:   MOV     B,#100                  ;温度高于等于 0 ℃
        DIV     AB
        MOV     DSP2,A
        MOV     A,B
        MOV     B,#10
        DIV     AB
```

```
        MOV     DSP1,A
        MOV     DSP0,B
        AJMP    TEMPER
;主程序结束
;**************************************************
;T1 中断 显示
;显示缓冲 百位 DSP2,十位 DSP1,个位 DSP0
;工作寄存器 1 组
DISP:   MOV     TL1,#30H
        MOV     TH1,#0F8H          ;2 ms
        MOV     DPTR,#TABT
        MOV     50H,A              ;保护现场
        MOV     02H,C
        MOV     C,RS0
        MOV     08H,C
        MOV     C,RS1
        MOV     09H,C
        SETB    RS0
        CLR     RS1

        SETB    DC0                ;显示全关
        SETB    DC1
        SETB    DC2

        CJNE    R0,#0,DISP1
        MOV     A,DSP0             ;显示个位
        MOVC    A,@A+DPTR
        MOV     P0,A
        CLR     DC0
        AJMP    DISP3

DISP1:  CJNE    R0,#1,DISP2
        MOV     A,DSP1             ;显示十位
        MOVC    A,@A+DPTR
        MOV     P2,A
        CLR     DC1
        CLR     P2.7
        AJMP    DISP3

DISP2:  MOV     A,DSP2             ;显示百位
```

```
        MOVC    A,@A+DPTR
        MOV     P2,A
        CLR     DC2

DISP3:  INC     R0
        CJNE    R0,#4,DISP4
        MOV     R0,#0

DISP4:  MOV     C,08H
        MOV     RS0,C
        MOV     C,09H
        MOV     RS1,C
        MOV     A,50H
        RETI

TAB:    DB 0C0H,0F9H,0A4H,0B0H,99H, 92H,82H,0F8H,80H,98H,0DFH
;显示子程序结束
;*****************************************
;T0中断,1 s定时
RVT:    MOV     TL0,#0B0H         ;T0定时50 ms
        MOV     TH0,#3CH
        MOV     R2,COUNT
        INC     R2
        CJNE    R2,#50,RVT1
        MOV     COUNT,#0
        SETB    FLG2
        RETI

RVT1:   MOV     COUNT,R3
        RETI
;T0中断程序结束
;******************************
;DS18B20复位初始化程序开始
INIT:   SETB    DQ
        NOP
        NOP
        NOP
        NOP
        CLR     DQ
        MOV     R0,#200H
```

```
DLY1:  DJNZ     R0, $                 ;发送复位脉冲持续 600 μs
       MOV      R0,#100
       DJNZ     R0, $
       SETB     DQ                    ;主机释放总线
       MOV      R0,#7

       MOV      R0,#110               ;延时 220 μs
       DJNZ     R0, $

       MOV      R0,#200
DLY22: JB       DQ,INITF              ;若在 800 μs 时间内 DQ 变为高电位,说明初始化
                                      已成功
       DJNZ     R0,DLY2
       RET                            ;初始化不成功,返回(未作处理)

INITF: SETB     DQ
       RET
;DS18B20 初始化结束
;******************************
;向 DS18B20 写入 1 字节子程序开始
WRITE: MOV      R2,#8                 ;R2 作计数器
       CLR      C
WRITE1:CLR      DQ
       MOV      R3,#5                 ;延时 10 μs
       DJNZ     R3, $
       RRC      A
       MOV      DQ,C                  ;发送 1 位
       MOV      R3,#21                ;延时 42 μs
       DJNZ     R3, $
       SETB     DQ
       NOP
       NOP
       NOP
       NOP
       DJNZ     R2,WR1
       SETB     DQ
       MOV      R3,#5                 ;延时 10 μs
       DJNZ     R3, $
       RET
;向 DS18B20 写入 1 字节子程序结束
```

```
;*********************************
;读 DS18B20 转换结果子程序开始
READ:  MOV   R4,#2          ;将温度高位和低位从 DS18B20 中读出
       MOV   R1,#TEMPL
READ1: MOV   R2,#8          ;读取 8 个位,1 字节
READ2: CLR   C
       SETB  DQ
       NOP
       CLR   DQ
       NOP
       NOP
       NOP
       NOP
       SETB  DQ
       MOV   R3,#2          ;延时
       DJNZ  R3,$
       MOV   C,DQ           ;读取 1 位

       MOV   R3,#22         ;延时
       DJNZ  R3,$

       RRC   A              ;读入 1 位
       DJNZ  R2,READ2
       MOV   @R1,A
       INC   R1
       DJNZ  R4,READ1
       SETB  DQ
       RET
;读 DS18B20 转换结果子程序结束
;*********************************
```

10.2 LED 点阵显示器

目前 LED 点阵显示器应用已十分广泛,通过编程控制可以显示中英文字符、图形及视频动态图形,广泛用于指示、广告、宣传等领域,在城市商业区随时可见。例如,车站、机场的运行时刻报告牌,商店的广告牌,证券、运动场馆的指示牌,等等。LED 点阵以其组合方式灵活、亮度高、寿命长、成本低廉等特点在各种室内、外显示场合得到广泛应用。

10.2.1 项目任务

设计一个 16×16 点阵显示器,显示文字与简单图形。

项目要求：

(1) 使用 AT89C51 单片机控制显示。

(2) 显示需稳定无闪烁。

(3) 程序设计中，要使文字或图形运动。

10.2.2　项目分析

LED 阵列有多种品种可供选择，以可显示的颜色数可分为单色、双色、三色等；以发光亮度分为普通亮度、高亮度、超高亮度等。一块 LED 点阵块的 LED 数量可有 4×4(即 4 列 4 行)、5×7、5×8、8×8 等规格；点阵中单个 LED 的直径常用的有 1.9 mm、3 mm、3.7 mm、4.8 mm、5 mm、7.62 mm、10 mm、20 mm等。

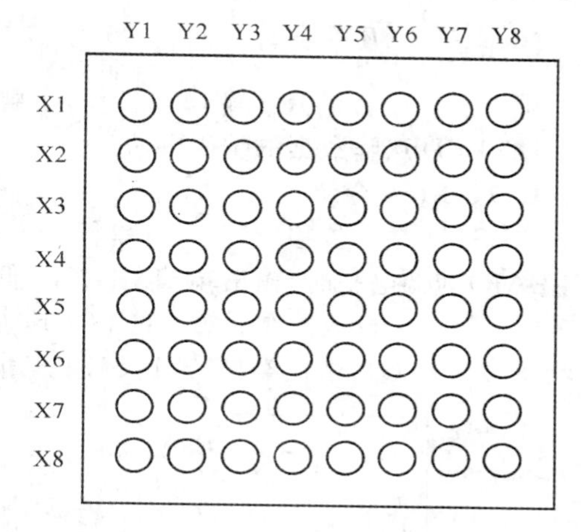

图 10.5　8×8 LED 点阵外观

图 10.5 所示为 8×8 LED 点阵外观及排列示意图，共有 64 个 LED 发光二极管排列在一起。若需更大规模的 LED 点阵，只需将多个点阵块拼在一起即可。

在 LED 点阵中，LED 发光二极管按照行和列分别将阳极和阴极连接在一起，内部接线及引脚编号如图 10.6 所示，行、列编号中，括号中的内容为引脚编号(图中 LED 点阵型号为 ZS＊11288)。

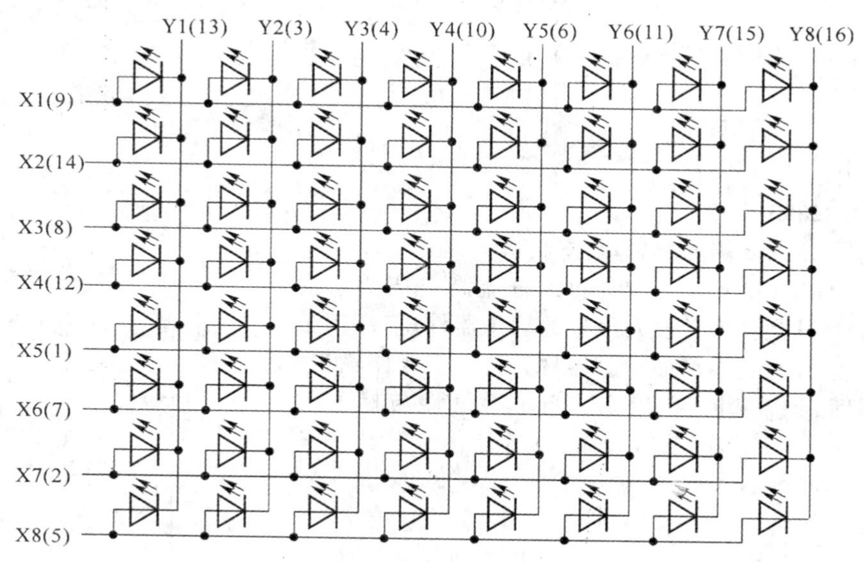

图 10.6　LED 点阵内部接线及引脚编号

在图 10.6 中,列输入引脚(Y1～Y8)接至内部 LED 的阴极端,行输入引脚接至内部 LED 的阳极端,若阳极端输入为高电平,阴极端输入为低电平,则该 LED 点亮,如 X5 为高电平、Y3 为低电平,两条线交叉点上的那个 LED 被点亮。若将 8 位二进制数送给行输入端 X1～X8,列输入端只有 Y1 为低电平,其他为高电平,结果使得图 10.6 中最左侧的一列发光二极管按照行输入端的输入状态亮灭,其他列的 LED 均不亮。

如果使列输入线快速依次变为低电平,同时改变行输入端的内容,即列扫描,视觉上感觉一幅图案完整地显示在 LED 点阵上。

10.2.3 初步设计

初步设计的目的是了解串口扩展;了解 74LS164、LUN2804 等芯片工作原理和使用方法;了解 LED 点阵数据的编码方法。

1. 74LS164 介绍

74LS164 是 8 位移位寄存器(串行输入,并行输出),其引脚如图 10.7 所示。当清除端(CLEAR)为低电平时,输出端 Q0～Q7 为低电平。串行数据由输入端 A、B 输入,一般将 A、B 连在一起。串行数据在时钟端(CLOCK)脉冲上升沿作用下移入 74LS164 的 Q0,而原 Q0 的状态被移入 Q1,依次类推。74LS164 工作逻辑如表 10.5 所示。

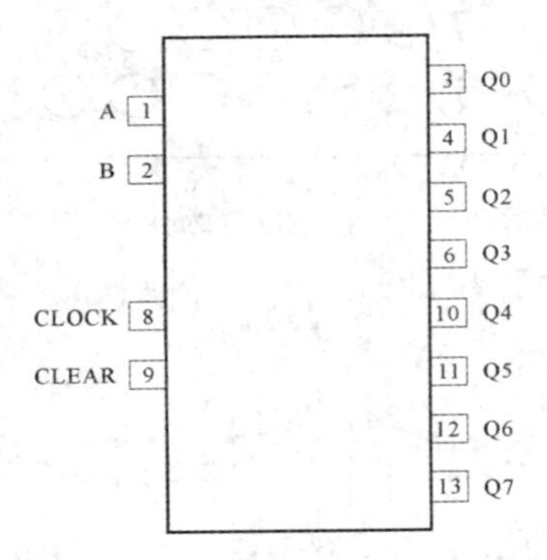

图 10.7 74LS164 引脚图

表 10.5 74LS164 工作逻辑

输入				输出			
CLEAR	CLOCK	A	B	QA	QB	…	QH
L	X	X	X	L	L	…	L
H	L	X	X	QA0	QB0	…	QH0
H	↑	H	H	H	QAn	…	QGn
H	↑	L	X	L	QAn	…	QGn
H	↑	X	L	L	QAn	…	QGn

2. ULN2803 介绍

ULN2803 为 8 路达林顿晶体管列阵,是低逻辑电平数字电路(如 TTL、CMOS 等)和大电流高电压要求的灯、继电器和其他类似负载间接口的理想器件,广泛用于计算机、工业和消费类产品中。器件为集电极开路输出,内部有续流箝位二极管。ULN2803 的设计与标准的 TTL 电平兼容,其内部结构如图 10.8 所示。其技术参数如表 10.6 所示。

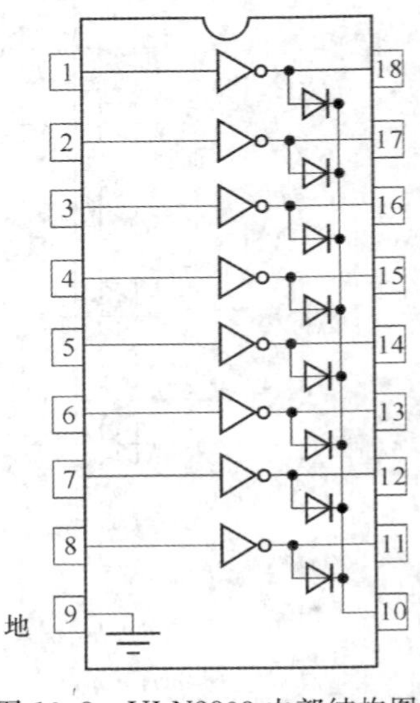

图 10.8 ULN2803 内部结构图

3. 电路设计

为了进一步阐述 AT89C51 单片机如何控制 LED 点阵,以单个 8×8 与单片机的连接为例,说明 LED 点阵的驱动和控制方法,原理图如图 10.9 所示。在图中采用串口扩展连接的方式,使用了串入并出的集成电路芯片 74LS164。本方案只占用单片机 2 个 I/O 口资源。

表 10.6　ULN2803 主要技术参数

额　定　值	参　数	单　位
输出电压	50	V
输入电压	30	V
集电极电流—连续	500	mA
基极电流—连续	25	mA
工作环境温度范围	0～70	℃
保存温度范围	−55～150	℃
结温	125	℃

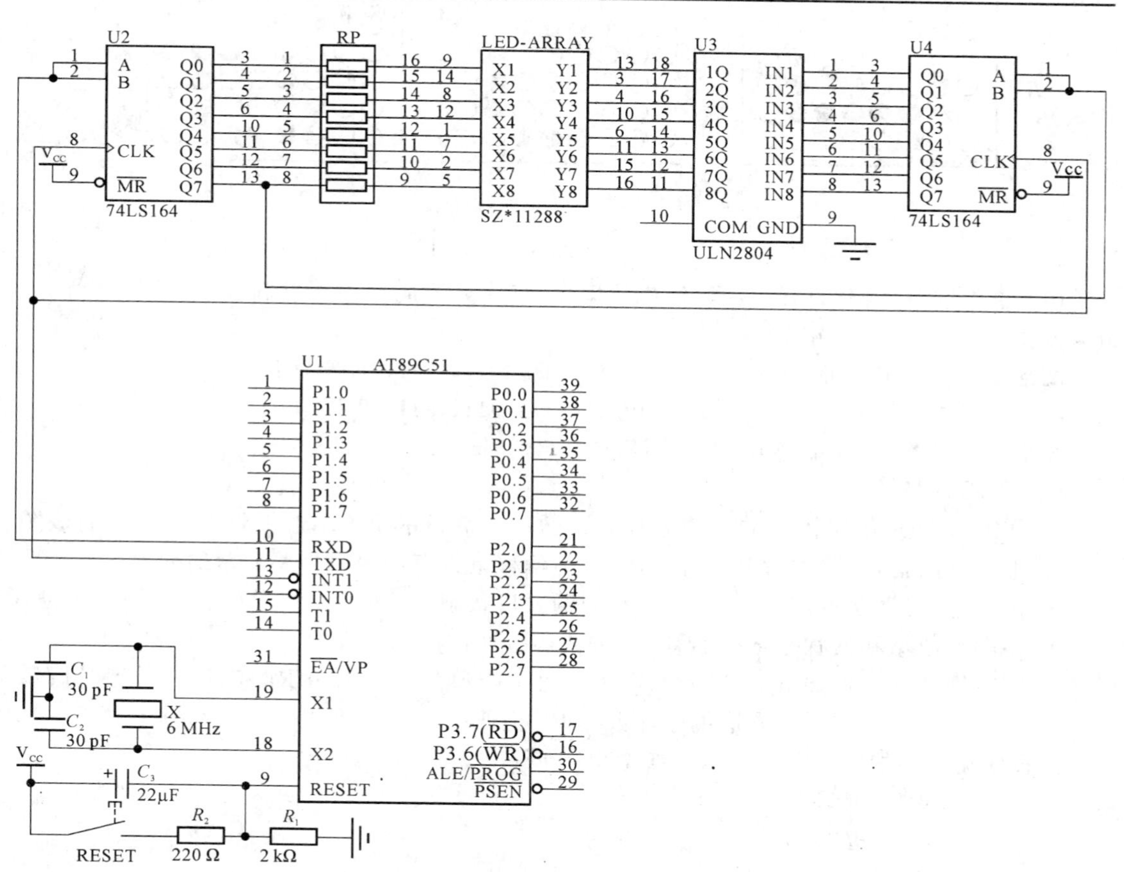

图 10.9　单个 8×8LED 点阵控制原理图

如果以常规 I/O 控制(I/O 并连控制),即 LED 点阵的每一个输入端口均由单片机的一个 I/O 口控制。1 个 LED 点阵的 16 个输入线需要单片机 16 个 I/O 口线。如果更大规模的显示,如 64×32 点,将需要 2 048 个 I/O,这是难以想象的。

74LS164 是 8 位移位寄存器,与 AT98C51 的串口连接,单片机的串口方式 0 来完成数据的输出,每片 74LS164 可扩展 8 位 I/O 口。8×8 LED 阵列共有行、列口线 16 条,需要 2 片74LS164 扩展,连接成级联形式,即成为 16 位移位寄存器。驱动更大规模的显示器,如 64×32点(2048 点),共需要 74LS164 芯片 12 片。

运行时，电流由 8 个行输入端口 X1～X8（阳极）流入，经过发光二极管经列输入端口 Y1～Y8 中的一个流出。一列 8 个发光二极管全亮时，列输入端口通过电流最大。若每个发光二极管通过电流为 5 mA，则流经列输入端口的电流为 5×8＝40 mA。

74LS164 芯片的端口承受电流的能力较小，不足以承受 40 mA 的电流，所以需要根据电流的大小增加驱动芯片。本例中加 ULN2804。

4. 程序设计

程序要求：轮流显示图 10.10 中的 3 幅图形，每秒更换一幅。

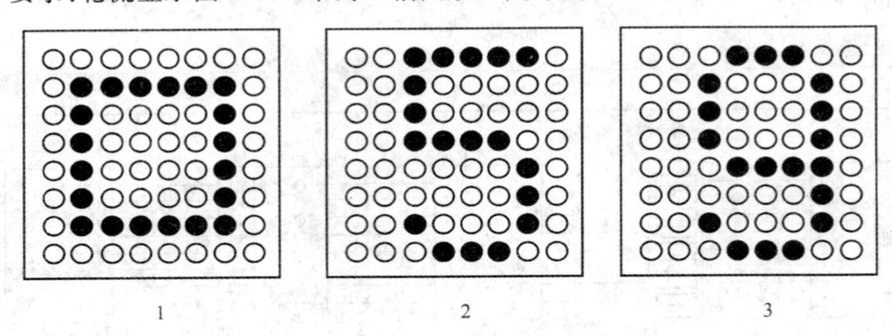

图 10.10　单个点阵的显示图形

(1) 首先准备每幅图形的数据，做成数据表，每一列看成 8 位二进制数，上边为高位，下边为低位，每个图形为 8 字节。

图形 1　空心正方形：00H，7EH，42H，42H，42H，42H，7EH，00H

图形 2　“5”：　00H，00H，0F2H，91H，91H，91H，8EH，00H

图形 3　“9”：　00H，00H，72H，89H，89H，89H，7EH，00H

(2) 编程思路

- 图形数据做成 3 个表，供查表程序查出数据。欲显示哪个图形就将 DPTR 指向该图形数据的首地址（作为基地址），R0 作为偏移量寄存器内容为要显示的列号。
- R1 列状态寄存器，存储内容为当前列输入口状态。
- 将图形数据和列状态寄存器量 R1 的内容分两次由串口发出。
- 定时器 T0 定时 50 ms，计满 20 次为定时 1 s 到时，计数器由 R2 担任。1 s 到时后切换显示下一个图形。图形编号计数由 R3 担任。

主程序流程图如图 10.11 所示。参考程序如下：

```
        ORG     0000H
        AJMP    MAIN
        ORG     000BH
        AJMP    TIME
MAIN:   MOV     TMOD,#21H
        MOV     TH0,#3CH
        MOV     TL0,#0B0H
        MOV     SCON,#0
        MOV     IE,#82H
        SETB    TR0
        SETB    TR1
```

```
        MOV     R0,#0
        MOV     R1,#80H
        MOV     DPTR,#TAB1
LOOP:   MOV     A,R0
        MOVC    A,@A+DPTR
        MOV     SBUF,A
        JNB     TI,$
        CLR     TI
        MOV     SBUF,R1
        JNB     TI,$
        CLR     TI

        ACALL DLY2MS

        MOV     A,R1
        RR      A
        MOV     R1,A
        INC     R0
        CJNE    R0,#8,L1
        MOV     R0,#0
        MOV     R1,#1

L1:     CJNE    R2,#50,LOOP
        MOV     R2,#0
        INC     R3
        CJNE    R3,#3,CDP
        MOV     R3,#0

CDP:    CJNE    R3,#0,CDP1
        MOV     DPTR,#TAB1
        AJMP    LOOP

CDP1:   CJNE    R3,#0,CDP2
        MOV     DPTR,#TAB2
        AJMP    LOOP

CDP2:   MOV     DPTR,#TAB3
        AJMP    LOOP
```

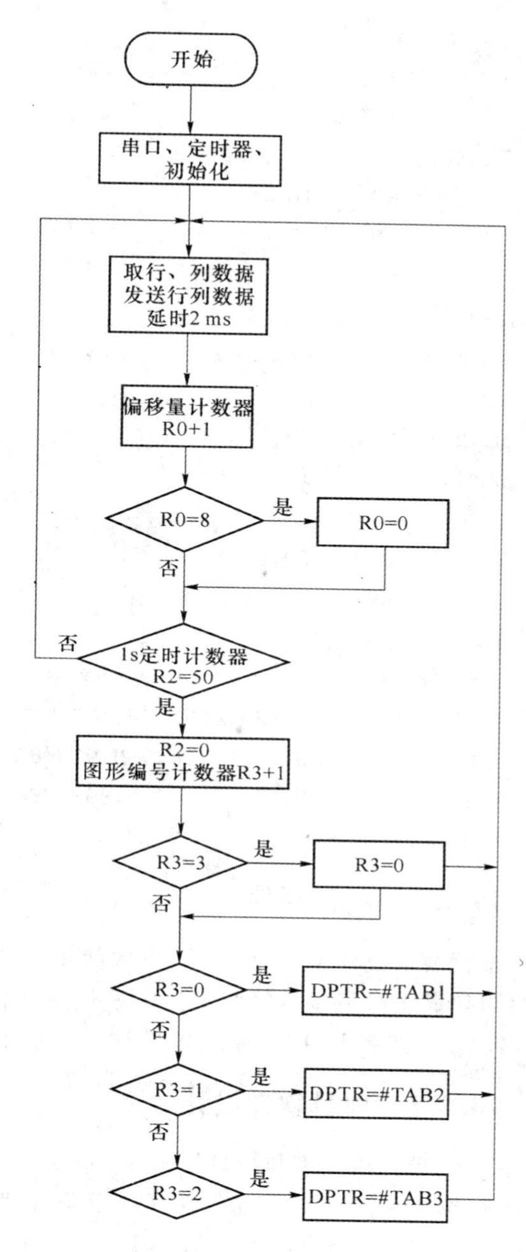

图 10.11　主程序流程图

```
;主程序结束
;******************************
;T0 中断服务程序 50 ms
TIME:   MOV   TH0,#3CH
        MOV   TL0,#0B0H
        INC   R2
        RET
;T0 中断服务程序结束
;******************************
;2 ms 延时子程序
DLY2MS: MOV  30H,#80
DLY1:   MOV  31H,#250
        DJNZ 31H,$
        DJNZ 30H,DLY1
        RET
;2 ms 延时子程序结束
;******************************
TAB1:DB 00H,7EH,42H,42H,42H,42H,7EH,00H
TAB2:DB 00H,00H,0F2H,91H,91H,91H,8EH,00H
TAB3:DB 00H,00H,72H,89H,89H,89H,7EH,00H
END
```

10.2.4 项目硬件设计

根据要求设计 16×16 点阵,再次使用 4 块 8×8 LED 点阵组成 16×16 点阵。16×16 点阵可以满足汉字显示的要求。4 块 8×8 点阵共有行、列输入线各 16 条,共 32 条,需要 4 片 74LS164 控制 I/O 口,原理如图 10.12 所示。

10.2.5 项目软件设计

显示"单片机原理与接口技术"10 个汉字,向左移动循环显示。每 0.2 s 向左移动一列。

- 每个字占用 32 字节。为了显示美观,两个字直接插入 2 列空白(即在每个字的数据后加 4 字节 00H),最后一个字后面加 8 列空白。全部数据共 372 字节,能够用 9 位二进制数完全表示。为了方便编程,最好将数据的首地址存放在××××,×××0,0000,0000H 地址处(本例存放于 0100H),且连续存放。
- 数据读取时,仍以 DPTR 为基地址;R0 为偏移量,R0 的内容 0～7。
- R2、R1 作为列端口状态寄存器,R2、R1 决定某一列的亮或灭。R2 存放左侧点阵列状态,R1 存放右侧点阵列状态。
- 16×16 点阵每列数据为 2 字节,显示图形移动 1 列,需 DPTR＋2,即两条 INC DPTR。

LED 点阵显示器流程图如图 10.13 所示。

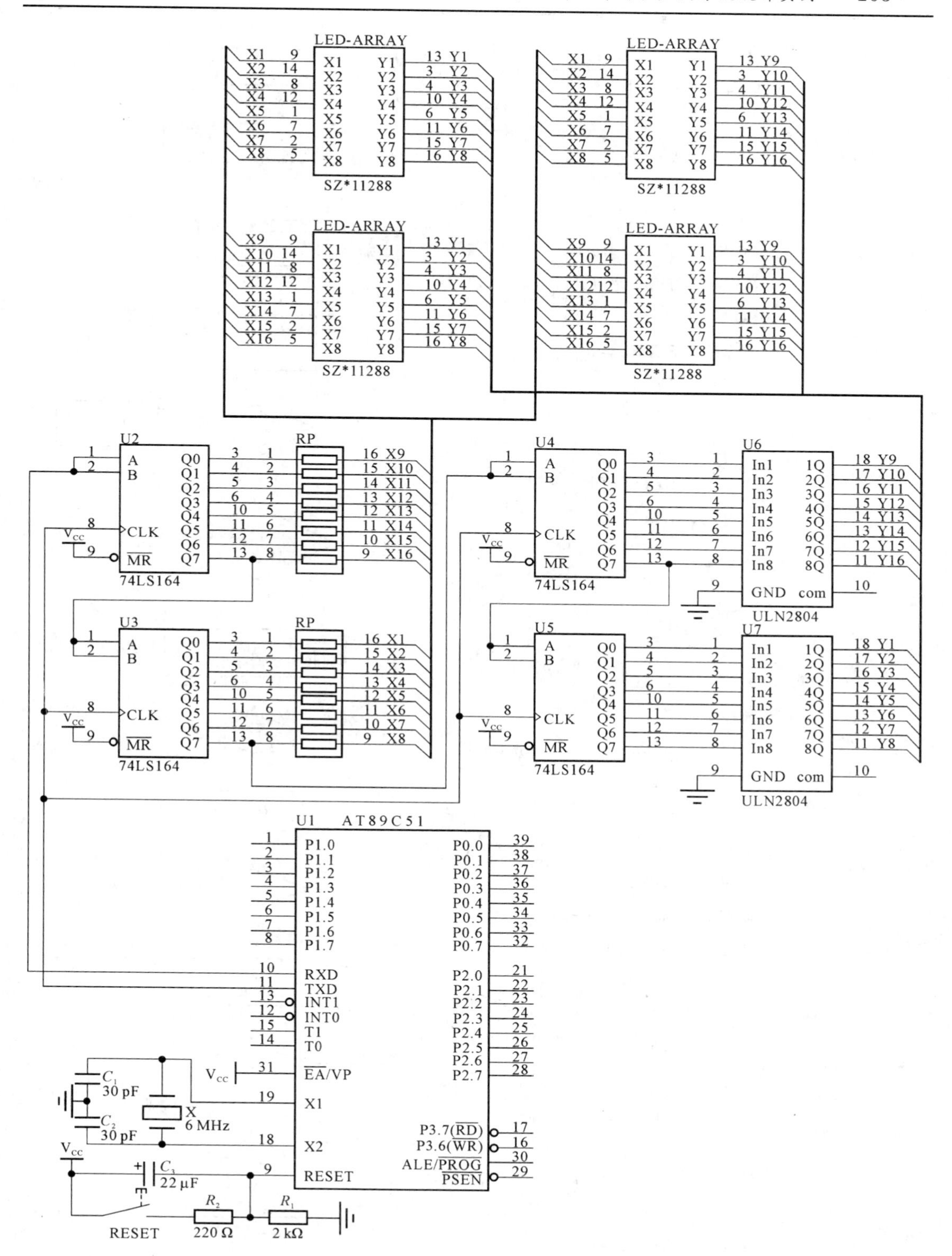

图 10.12　LED 点阵显示器电路图

参考程序如下：

```
        ORG     0000H
        AJMP    MAIN
        ORG     000BH
        AJMP    TIME

MAIN:   MOV     TMOD,#21H
        MOV     TH0,#3CH
        MOV     TL0,#0B0H
        MOV     SCON,#0
        MOV     IE,#82H
        MOV     R0,#0
        MOV     R1,#00H
        MOV     R2,#80H
        MOV     R3,#0
        MOV     DPTR,#TAB
        SETB    TR0
        SETB    TR1

LOOP:   MOV     A,R0
        MOVC    A,@A+DPTR
        MOV     SBUF,A
        JNB     TI,$
        CLR     TI
        INC     R0
        MOV     A,R0
        MOVC    A,@A+DPTR
        MOV     SBUF,A
        JNB     TI,$
        CLR     TI
        INC     R0

        MOV     SBUF,R2
        JNB     TI,$
        CLR     TI
        MOV     SBUF,R1
        JNB     TI,$
        CLR     TI
```

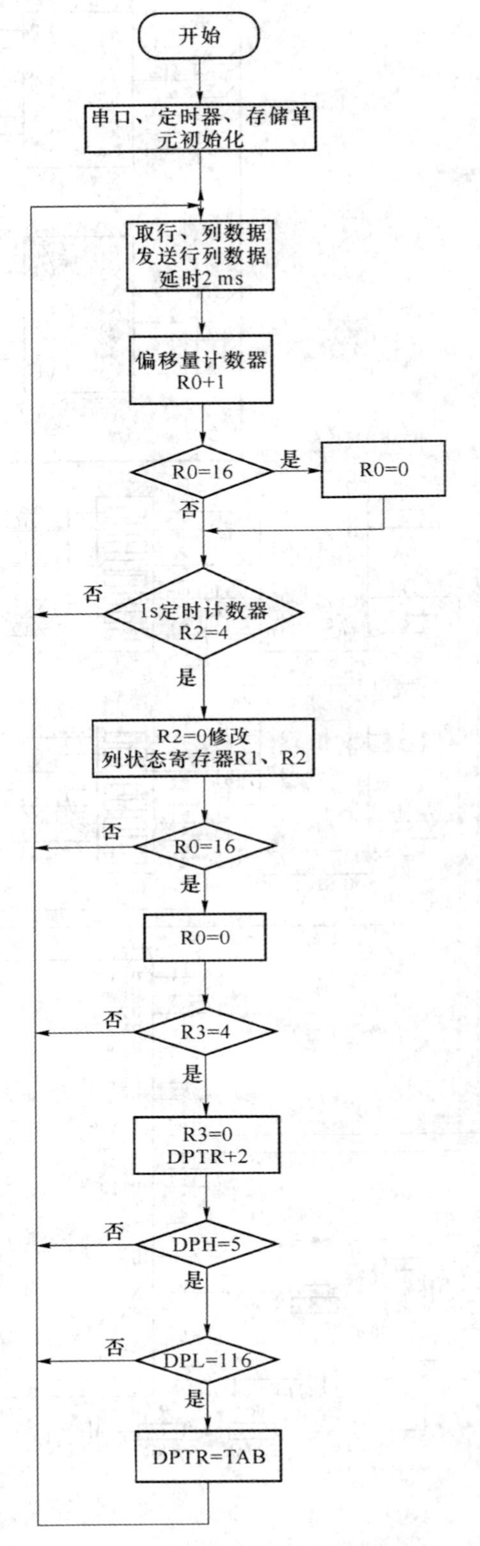

图 10.13　LED 点阵显示器流程图

```
        CLR     C
        MOV     A,R2
        RRC     A
        MOV     R2,A
        MOV     A,R1
        RRC     A
        MOV     R1,A
        RRC     A
        ANL     A,#80H
        ORL     A,R2
        MOV     R2,A

        ACALL   DLY2MS

        CJNE    R0,#16,LOOP
        MOV     R0,#0
T1:     CJNE    R3,#4,T3
        MOV     R3,#0
        INC     DPTR
        INC     DPTR
        MOV     A,DPH
        ANL     A,#01H
        JZ      A,T3

        MOV     A,DPL
        CJNE    A,#116,T3 ;372-256
        MOV     DPTR,#TAB

T3:     AJMP    LOOP

;主程序结束
;*****************************
;T0中断服务程序 50 ms
TIME:   MOV     TH0,#3CH
        MOV     TL0,#0B0H
        INC     R2
        RETI
;T0中断服务程序结束
;*****************************
```

```
;2 ms 延时子程序
DLY2MS:   MOV    30H,#80
DLY:      MOV    31H,#250
          DJNZ   31H,$
          DJNZ   30H,DLY1
          RET
;2 ms 延时子程序结束
;*****************************
          ORG    0100H
TAB:
;单
DB 00H,08H,00H,08H,1FH,0E8H,92H,48H
DB 52H,48H,32H,48H,12H,48H,1FH,0FFH
DB 12H,48H,32H,48H,52H,48H,92H,48H
DB 3FH,0C8H,10H,18H,00H,08H,00H,00H
DB 00H,00H,00H,00H

;片
DB 00H,01H,00H,02H,7FH,0FCH,04H,80H
DB 04H,80H,04H,80H,04H,80H,04H,80H
DB 0FCH,80H,04H,0FFH,04H,00H,04H,00H
DB 04H,00H,0CH,00H,04H,00H,00H,00H
DB 00H,00H,00H,00H

;机
DB 08H,20H,08H,0C0H,0BH,00H,0FFH,0FFH
DB DB 09H,01H,08H,82H,00H,04H,3FH,0F8H
DB 20H,00H,20H,00H,20H,00H,7FH,0FCH
DB 20H,02H,00H,02H,00H,0EH,00H,00H
DB 00H,00H,00H,00H

;原
DB 00H,02H,00H,0CH,7FH,0F0H,40H,02H
DB 47H,0C4H,45H,58H,4DH,42H,75H,41H
DB 45H,7EH,45H,40H,45H,40H,45H,50H
DB 0CFH,0C8H,44H,06H,00H,00H,00H,00H
DB 00H,00H,00H,00H

;理
DB 22H,08H,22H,0CH,3FH,0F8H,62H,10H
```

```
DB 22H,12H,00H,12H,7FH,22H,49H,22H
DB 49H,22H,7FH,0FEH,49H,22H,49H,62H
DB 0FFH,22H,40H,06H,00H,02H,00H,00H
DB 00H,00H,00H,00H

;与
DB 00H,10H,00H,10H,00H,10H,0FFH,10H
DB 11H,10H,11H,10H,11H,10H,11H,10H
DB 11H,10H,11H,32H,11H,11H,11H,02H
DB 33H,0FCH,11H,00H,00H,00H,00H,00H
DB 00H,00H,00H,00H

;接
DB 08H,40H,08H,42H,08H,81H,0FFH,0FEH
DB 09H,40H,2AH,40H,22H,41H,2AH,51H
DB 0A7H,0EAH,62H,44H,26H,4CH,2AH,72H
DB 62H,43H,22H,0C0H,00H,40H,00H,00H
DB 00H,00H,00H,00H

;口
DB 00H,00H,00H,00H,3FH,0FCH,20H,08H
DB 20H,08H,20H,08H,20H,08H,20H,08H
DB 20H,08H,20H,08H,20H,08H,20H,08H
DB 7FH,0FCH,20H,00H,00H,00H,00H,00H
DB 00H,00H,00H,00H

;技
DB 08H,20H,08H,22H,08H,41H,0FFH,0FEH
DB 08H,80H,08H,01H,11H,81H,11H,62H
DB 11H,14H,0FFH,08H,11H,14H,11H,64H
DB 31H,82H,10H,03H,00H,02H,00H,00H
DB 00H,00H,00H,00H

;术
DB 04H,08H,04H,08H,04H,10H,04H,20H
DB 4H,40H,04H,80H,05H,00H,0FFH,0FFH
DB 05H,00H,44H,80H,24H,40H,34H,20H
DB 04H,10H,0CH,18H,04H,10H,00H,00H
DB 00H,00H,00H,00H,00H,00H,00H,00H
DB 00H,00H
```

10.3 PWM 直流电动机调速

PWM(Pulse Width Modulation)指脉冲宽度调制，简称脉宽调制。PWM 利用数字信号对模拟信号进行模拟，是一种非常有效的控制技术，目前广泛应用于测量、通信、功率控制与变换等众多领域。

10.3.1 项目任务

(1) 设计目标：设计直流电动机调速控制器，以 PWM 方式控制直流电动机的转速。

(2) 任务要求：

① 电动机工作电压：直流 12 V。

② 电动机功率：10 W。

③ 转速分挡：电动机单向旋转，速度分为 1～9 共 9 挡。1 挡为最低转速，9 挡为最高转速。用 1 位数码管显示当前速度挡位，另设置一个指示灯，停止时指示灯灭，电动机转动时指示灯亮。

④ 控制器控制操作：设置加、减速按键各一个，启动、停止按键各一个。按下按键电动机以第一挡转速旋转，每按一次加、减速按键转速提高或降低一挡，同时数码管显示当前速度挡位。若当前为第 1 挡转速时减速按键无效；当前为第 9 挡时，加速按键无效。按下停止按键，电动机停止旋转，数码管显示“0”。

10.3.2 项目说明

PWM 是一种对模拟信号电平进行数字编码的方法。在同一个脉冲序列周期，以脉冲宽度变化来描述模拟信号。在某一时刻，满幅值的直流电压施加于负载或负载完全断电，如图 10.14所示。施加在负载上的电压相当于电压效值。图 10.14 中的虚线为有效值。

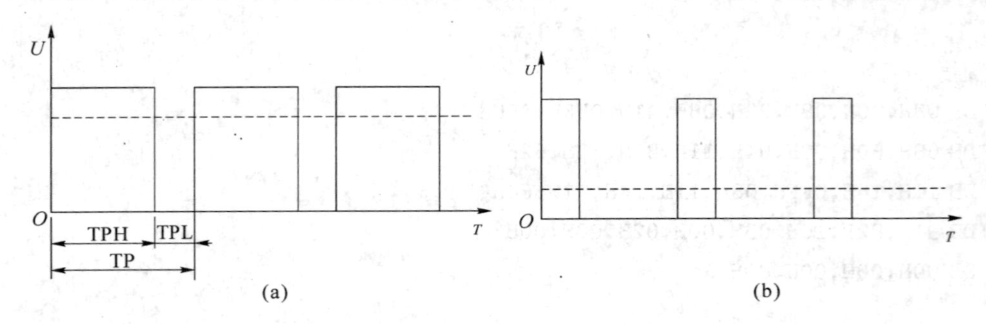

图 10.14 PWM 工作方式示意图

脉冲宽度占整个周期的百分比称为占空比，即

$$K=TH/T\times 100\%$$

加在负载上的电压有效值为

$$UP=U\times K$$

从上式可以看出，电压有效值与占空比成正比。改变脉冲宽度可以有效地改变施加在负载上的电压有效值。

一般来说只要控制系统足够快，如何模拟量均可用PWM模拟。PWM主要优点在于控制器件功率要求小、成本低。

10.3.3 控制器硬件设计

1. 设计说明

(1) 直流电动机驱动

单片机I/O口的驱动功率是有限的，若要驱动直流电动机，需要使用驱动电路。直流电动机的驱动电路种类较多，可以是分立元件组装，也可以直接采用集成电路驱动器。典型的分立元件驱动电路如图10.15所示。图10.15(a)所示为单向电动机驱动电路，图10.15(b)所示为双向桥式电动机驱动电路。双向桥式驱动电路由4支驱动管组成，对角线的两支驱动管为一对，如图Q1、Q3和Q2、Q4。Q1、Q3导通同时Q2、Q4截止时，电流从左向右流过电动机，电动机沿一个方向旋转；Q1、Q3截止同时Q2、Q4导通时，电流从右向左流过电动机，电动机沿另一个方向旋转，实现了电动机的双向旋转控制。

为使驱动充分饱和，采用NPN达林顿三极管，典型型号有TIP122等。

电动机是感性负载，断电时会产生感应电动势，对驱动三极管造成威胁。图10.15中二极管的作用就是在断电时构成环路释放感应电动势。在这里称此二极管为续流二极管。

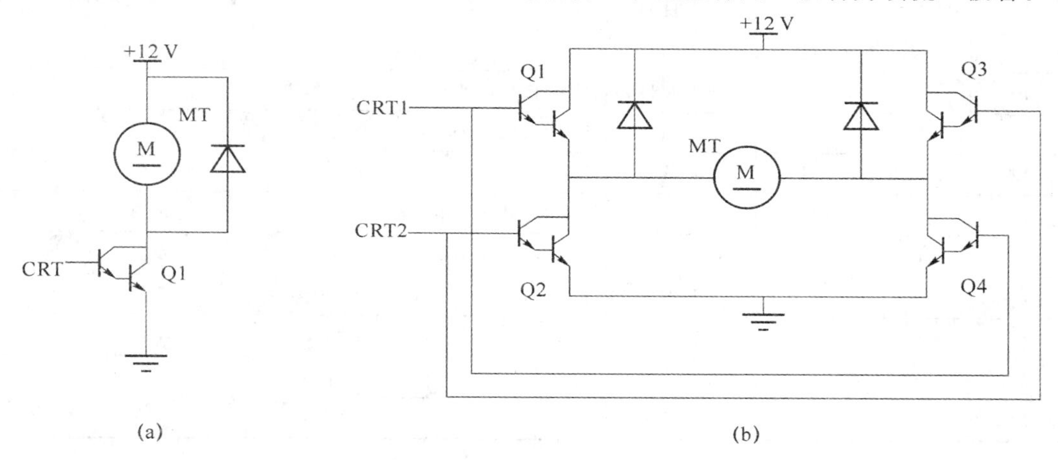

图10.15 直流电动机驱动电路图

(2) 译码、锁存、驱动芯片CD4511介绍

CD4511是一款用于驱动共阴极LED数码管的BCD码-七段码译码、锁存、驱动器，其特点为具有BCD码转换、消隐和锁存控制、七段译码及驱动功能的CMOS电路，能够提供较大的拉电流，可直接驱动LED显示器，是一款使用方便的BCD-七段码译码器。引脚如图10.16所示，功能逻辑如表10.7所示。

BI：消隐输入控制端，当BI=0时，不管其他输入端状态如何，七段数码管均处于熄灭(消隐)状态，不显示数字。

LT：测试输入端，当BI=1，LT=0时，译码输出全为1，七段均为亮，显示“8”。主要用于检测数码管是否损坏。

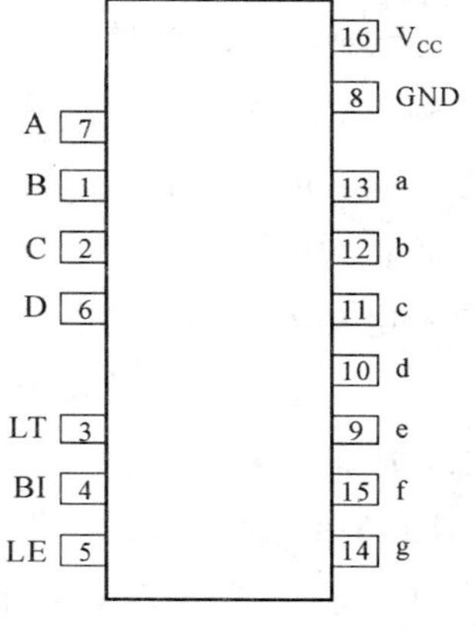

图10.16 CD4511引脚图

LE:锁定控制端。当 LE=0 时,允许译码输出;当 LE=1 时,译码器锁存 A、B、C、D 输入端输入的数据。

A、B、C、D:BCD 码输入端。

a、b、c、d、e、f、g:七段码输出端。

表 10.7 CD4511 功能逻辑表

输入				输出	显示
LE	BI	LT	DCBA	abcdefg	
L	H	H	LLLL	HHHHHHL	0
L	H	H	LLLH	LHHLLLL	1
L	H	H	LLHL	HHLHHLH	2
L	H	H	LLHH	HHHHLLH	3
L	H	H	LHLL	LHHLLHH	4
L	H	H	LHLH	HLHHLHH	5
L	H	H	LHHL	LLHHHHH	6
L	H	H	LHHH	HHHLLLL	7
L	H	H	HLLL	HHHHHHH	8
L	H	H	HLLH	HHHLLHH	9
L	H	H	HLHL	LLLLLLL	空白
L	H	H	HLHH	LLLLLLL	空白
L	H	H	HHLL	LLLLLLL	空白
L	H	H	HHLH	LLLLLLL	空白
L	H	H	HHHL	LLLLLLL	空白
L	H	H	HHHH	LLLLLLL	空白
X	X	L	XXXX	HHHHHHH	8
X	L	H	XXXX	LLLLLLL	空白

2. 硬件设计

电动机 PWM 转速控制器的电路原理图如图 10.17 所示。

图 10.17 中 LG 为光耦合器。光耦合器的作用是把单片机与驱动电路之间的电气连接关系彻底切断,改用光来传送信号。切断单片机与驱动电路之间的电器连接关系的目的是彻底防止大电流高电压的控制对象对单片机的各种干扰。例如,大电流通、断时感性负载的感应及电动势常用光耦隔离。

P1.0=1 时,LG 的发光二极管无电流通过而灭,LG 中的三极管截止。Q1 基极无电流流入,Q1 截止,电动机断电。

P1.0=0 时,LG 的发光二极管有电流通过而亮,LG 中的三极管导通。Q1 基极有电流流入,Q1 饱和,电动机有电流通过。

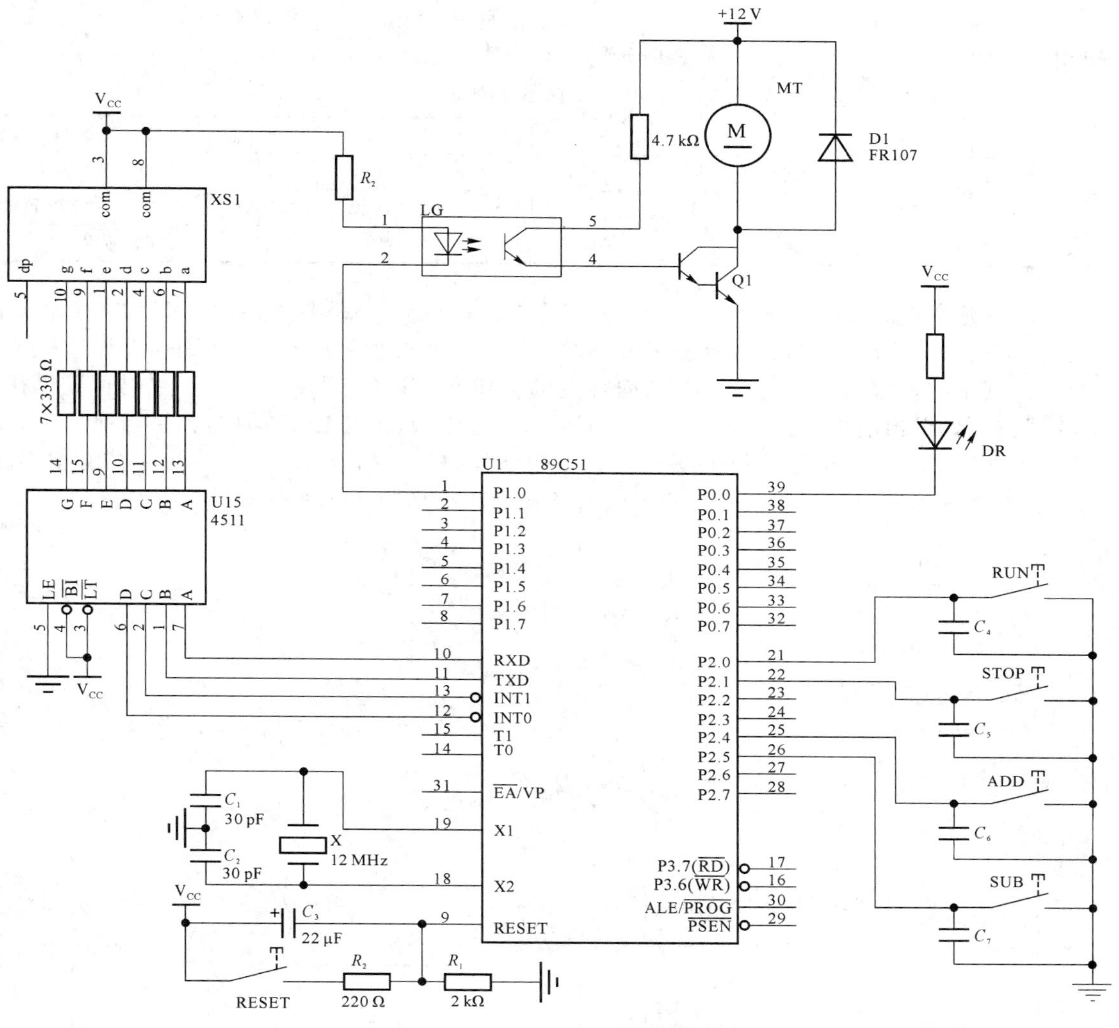

图 10.17　电动机 PWM 转速控制器原理图

10.3.4　控制器程序设计

电动机控制器的程序可分为两部分：一是 PWM 波形的产生；二是检测按键，若有按键按下作相应的处理，并显示当前设定的转速挡位。

1. PWM 波形

目前不少 80C51 内核的单片机集成了 PWM 波形发生器，可以简化单片机外围电路和程序设计。本例中采用的 AT89C51 单片机内部并未集成 PWM 波形发生器，因此需用软件产生 PWM 波形。

PWM 波形利用单片机内部集成的定时器/计数器 T0 按照电动机转速需要分别计算出输出高、低电平的定时初值，并由 P1.0 引脚输出 PWM 波形，经光电隔离及驱动放大输出至电动机，使电动机达到预期的转速。

本例设定转速共 9 挡，为 1～9 挡。9 挡 PWM 波形以占空比计算，其对应转速还需实验测得。占空比以等比数列形式分挡，最低挡占空比为 20%，最高挡占空比为 100%，等比系数为

$$q=(100\div 20)1/8=1.223$$

根据等比系数计算其他各挡位的占空比，并由此计算出 P1.0 引脚高、低电平所持续时间相对应的 T0 定时初值，如表 10.8 所示。

表 10.8　T0 定时初值

速度挡位	1	2	3	4	5	6	7	8	9
占空比(%)	20	24.5	29.9	36.6	44.7	54.7	66.9	81.8	100
高电平初值	CCCC	C163	B370	A24D	8D83	7400	54CD	2EA6	FFFF
低电平初值	3333	3E9C	4C8F	5DB2	727C	8BFF	AB32	D159	

2. 按键检测及相应处理

在主程序中检测按键状态，有按键按下跳转到相应的处理程序段。程序中 R2 用做挡位计数器，其中的内容为 1～9。将 R2 的内容直接送到 P3 口，经 CD4511 译码，数码管显示相应的挡位。如果当前挡位是 9 挡，再按增加挡位的按键 ADD 则无效；同样，如果当前挡位是 1 挡，再按降低挡位的按键 SUB 也无效。按键按下程序作完相应处理后一直等待按键抬起。

主程序流程如图 10.18 所示，T0 中断服务程序流程如图 10.19 所示。

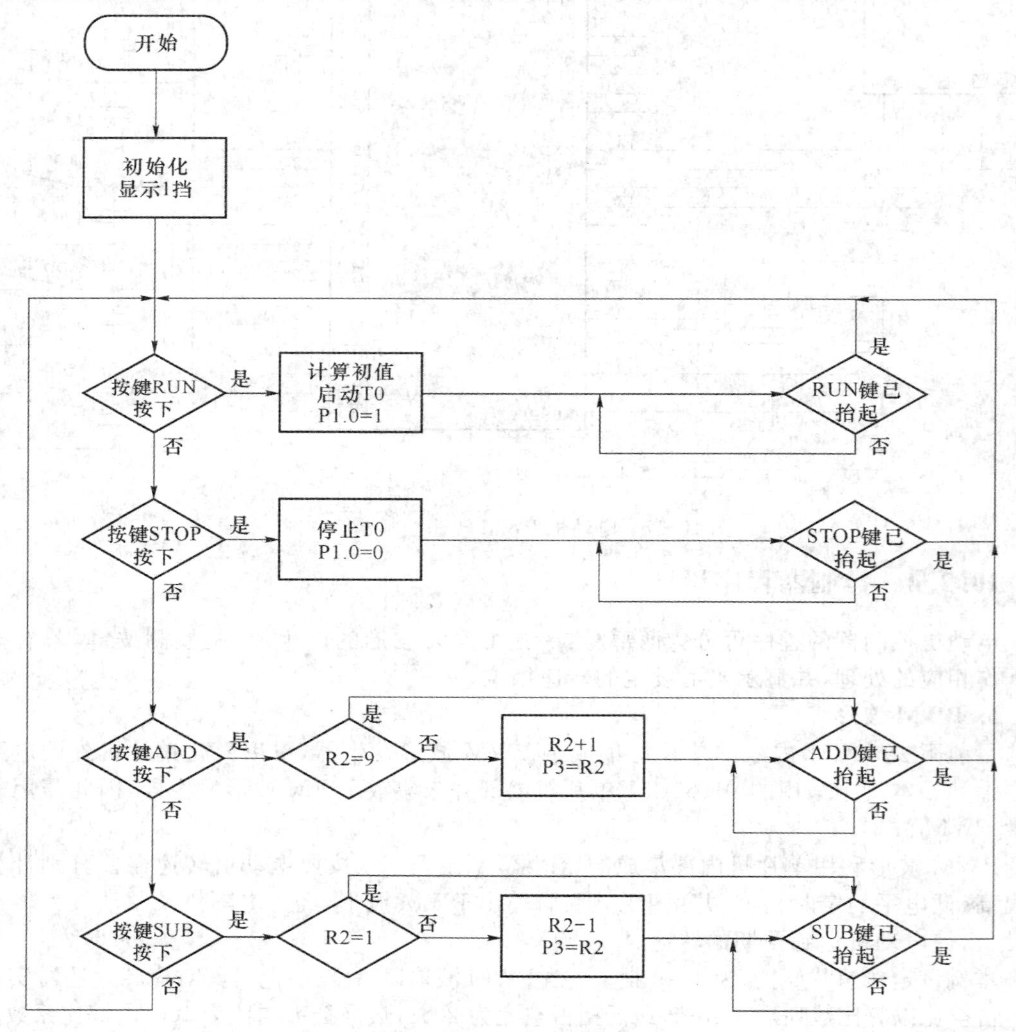

图 10.18　主程序流程图

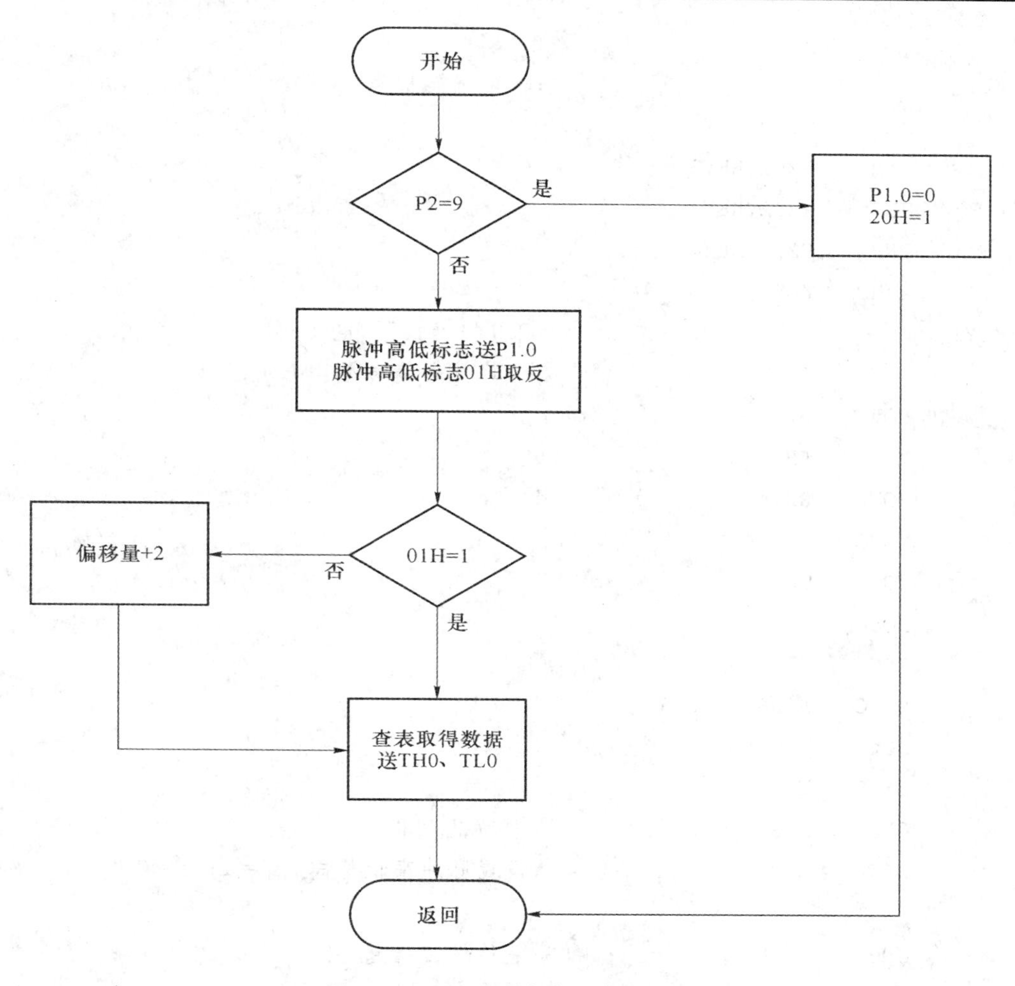

图 10.19　T0 中断服务程序流程图

参考程序：

```
        ORG     0000H
        AJMP    MAIN
        ORG     000BH
        AJMP    TIME

MAIN:   MOV     TMOD,#01H
        MOV     DPTR,#TAB
        DEC     DPTR                ;因挡位从 1 开始
        DEC     DPTR
        DEC     DPTR
        DEC     DPTR
        MOV     R2,#1               ;R2:速度挡位计数,初始值为 1 挡
        MOV     P3,R2               ;数码管显示 R2 中的内容
```

```
KEY:                                ;取得按键状态
        JNB     P2.0,KEY1
        JNB     P2.1,KEY2
        JNB     P2.2,KEY3
        JNB     P2.3,KEY4
        AJMP    KEY
KEY1:                               ;RUN 按键按下,电动机启动
        MOV     A,R2                ;计算数表偏移量
        MOV     B,#4
        MUL     AB
        MOV     R3,A
        MOVC    A,@A+DPTR
        MOV     TH0,A
        MOV     A,R3
        INC     A
        MOVC    A,@A+DPTR
        MOV     TL0,A
        SETB    TR0
        CLR     P1.0                ;电动机供电
        SETB    20H                 ;设置脉冲高低标志,高=1;低=0

        JNB     P2.0,$              ;等待按键抬起
        AJMP    KEY

KEY2:                               ;STOP 按键按下,停止电动机
        CLR     TR0
        SETB    P1.0
        JNB     P2.0,$
        AJMP    KEY

KEY3:                               ;加速一挡
        CJNE    R2,#9,KEY31
        AJMP    KEY32
KEY31:  INC     R2
        MOV     P3,R2
KEY32:  JNB     P2.2,$
        AJMP    KEY
```

```
KEY4:                               ;减速一挡
        CJNE    R1,#1,KEY41
        SJMP    KEY42               ;当前为 1 挡,则不能减速
KEY41:  DEC     R2                  ;当前不为 1 挡,减一挡
        MOV     P3,R2
KEY42:  JNB     P2.2,$              ;等待按键抬起
        AJMP    KEY
;****************************************************
;定时器 T0z 中断服务程序
TIME:   PUSH    PSW
        PUSH    ACC

        CJNE    R2,#9,TIME1
        SETB    20H
        CLR     P1.0
        AJMP    TIME3

TIME1:
        MOV     C,20H
        MOV     P1.0,C
        CPL     20H

        MOV     A,R2
        MOV     B,#4
        MUL     AB
        JB      20H,TIME2
        INC     A
        INC     A
        MOV     R4,A

TIME2:  MOVC    A,@A+DPTR
        MOV     TH0,A
        INC     R4
        MOV     A,R4
        MOVC    A,@A+DPTR
        MOV     TL0,A
```

```
        POP     ACC
        POP     PSW

TIME3: RETI
;中断服务程序结束
;*****************************************
TAB:    DW      0CCCCH,3333H        ;1 挡
        DW      0C163H,3E9CH        ;2 挡
        DW      0B370H,4C8FH        ;3 挡
        DW      0A24DH,5DB2H        ;4 挡
        DW      8D83H,727CH         ;5 挡
        DW      7400H,8BFFH         ;6 挡
        DW      54CDH,0AB32H        ;7 挡
        DW      2EA6H,0D159H        ;8 挡
```

附 录

80C51系列单片机指令表

1. 数据传送类指令

指令助记符	十六进制代码	指令功能	CY	AC	OV	P	字节数	周期数
MOV A,#data	74H data	A←data	×	×	×	√	2	1
MOV A,direct	E5H direct	A←(direct)	×	×	×	√	2	1
MOV A,@Ri	E6H～E7H	A←((Ri)), i=0,1	×	×	×	√	1	1
MOV A,Rn	E8H～EFH	A←(Rn), n=0～7	×	×	×	√	1	1
MOV Rn,#data	78H～7FH data	Rn←data	×	×	×	×	2	1
MOV Rn,direct	A8H～AFH direct	Rn←(direct)	×	×	×	×	2	2
MOV Rn,A	F8H～FFH	Rn←(A)	×	×	×	×	1	1
MOV direct,#data	75H direct data	direct←data	×	×	×	×	3	2
MOV direct2,direct1	85H direct2 direct1	direct2←(direct1)	×	×	×	×	3	2
MOV direct,A	F5H direct	direct←(A)	×	×	×	×	2	1
MOV direct,Rn	88H～8FH direct	direct←(Rn)	×	×	×	×	2	2
MOV direct, @Ri	86H～87H direct	direct←((Ri))	×	×	×	×	2	2
MOV @Ri,#data	76H～77H data	(Ri)←data	×	×	×	×	2	1
MOV @Ri,direct	A6H～A7H direct	(Ri)←(direct)	×	×	×	×	2	2
MOV @Ri,A	F6H～F7H	(Ri)←(A)	×	×	×	×	1	1
MOV DPTR,#data16	90H data15～8 Data7～0	DPTR←data16	×	×	×	×	3	2
MOVC A,@A+DPTR	93H	A←((A)+(DPTR))	×	×	×	√	1	2
MOVC A,@A+PC	83H	A←((A)+(PC))	×	×	×	√	1	2
MOVX A,@Ri	E2H～E3H	读片外 RAM 低 256 单元数据送累加器	×	×	×	√	1	2
MOVX A,@DPTR	E0H	(A)←(DPTR)	×	×	×	√	1	2
MOVX @Ri,A	F2H～F3H	把累加器内容写入片外 RAM 低 256 单元	×	×	×	×	1	2
MOVX @DPTR,A	F0H	(DPTR)←(A)	×	×	×	×	1	2

续 表

指令助记符	十六进制代码	指令功能	CY	AC	OV	P	字节数	周期数
PUSH direct	C0H direct	SP←(SP)+1 (SP)←(direct)	×	×	×	×	2	2
POP direct	D0H direct	direct←(SP) SP←(SP)−1	×	×	×	×	2	2
XCH A,Rn	C8H～CFH	(A)交换(Rn)	×	×	×	√	1	1
XCH A,direct	C5H direct	(A)交换(direct)	×	×	×	√	2	1
XCH A,@Ri	C6H～C7H	(A)交换((Ri))	×	×	×	√	1	1
XCHD A,@Ri	D6H～D7H	(A)3～0 交换 ((Ri))3～0	×	×	×	√	1	1
SWAP A	C4H	(A)7～4 交换(A)3～0	×	×	×	×	1	1

2. 算术运算类指令

指令助记符	十六进制代码	指令功能	CY	AC	OV	P	字节数	周期数
ADD A,#data	24H data	A←(A)+data	√	√	√	√	2	1
ADD A,direct	25H direct	A←(A)+(direct)	√	√	√	√	2	1
ADD A,Rn	28H～2FH	A←(A)+(Rn)	√	√	√	√	1	1
ADD A,@Ri	26H～27H	A←(A)+((Ri))	√	√	√	√	1	1
ADDC A,#data	34H data	A←(A)+data+(C)	√	√	√	√	2	1
ADDC A,direct	35H direct	A←(A)+(direct) +(C)	√	√	√	√	2	1
ADDC A,Rn	38H～3FH	A←(A)+(Rn) +(C)	√	√	√	√	1	1
ADDC A,@Ri	36H～37H	A←(A)+((Ri)) +(C)	√	√	√	√	1	1
INC A	04H	A←(A)+1	×	×	×	√	1	1
INC direct	05H direct	direct←(direct)+1	×	×	×	×	2	1
INC Rn	08H～0FH	Rn←(Rn)+1	×	×	×	×	1	1
INC @Ri	06H～07H	(Ri)←((Ri))+1	×	×	×	×	1	1
INC DPTR	A3H	DPTR←(DPTR)+1	×	×	×	×	1	2
SUBB A,#data	94H data	A←(A)+data− (C)	√	√	√	√	2	1
SUBB A,direct	95H direct	A←(A)+(direct) − (C)	√	√	√	√	2	1
SUBB A,Rn	98H～9FH	A←(A)+(Rn) − (C)	√	√	√	√	1	1
SUBB A,@Ri	96H～97H	A←(A)+((Ri)) − (C)	√	√	√	√	1	1
DEC A	14H	A←(A) −1	×	×	×	√	1	1
DEC direct	15H direct	direct←(direct) −1	×	×	×	×	2	1
DEC Rn	18H～1FH	Rn←(Rn) −1	×	×	×	×	1	1
DEC @Ri	16H～17H	(Ri)←((Ri)) −1	×	×	×	×	1	1
DA A	D4H	若(A)3～0>9 或(AC)=1,则 A3～0←(A)3～0+6 若(A)7～4>9 或(C)=1, 则 A7～4←(A)7～4+6 若(A)7～4=9 或(A)3～0>9, 则 A7～4←(A)7～4+6	√	√	√	√	1	1

续表

指令助记符	十六进制代码	指令功能	CY	AC	OV	P	字节数	周期数
MUL AB	A4H	AB←(A)×(B)	0	×	√	√	1	4
DIV AB	84H	A←(A)/(B)的商	0	×	√	√	1	4
		B←(A)/(B)的余数						

3. 逻辑运算类指令

指令助记符	十六进制代码	指令功能	CY	AC	OV	P	字节数	周期数
ANL A,#data	54H data	A←(A) ∧data	×	×	×	√	2	1
ANL A,direct	55H direct	A←(A) ∧(direct)	×	×	×	√	2	1
ANL A,Rn	58H～5FH	A←(A)∧(Rn)	×	×	×	√	1	1
ANL A,@Ri	56H～57H	A←(A) ∧((Ri))	×	×	×	√	1	1
ANL direct, #data	53H direct data	direct←(direct)∧data	×	×	×	×	3	2
ORL direct,A	42H direct	direct←(A) ∨(direct)	×	×	×	×	2	1
ORL A,#data	44H data	A←(A) ∨data	×	×	×	√	2	1
ORL A,direct	45H direct	A←(A) ∨(direct)	×	×	×	√	2	1
ORL A,Rn	48H～4FH	A←(A)∨(Rn)	×	×	×	√	1	1
ORL A,@Ri	46H～47H	A←(A) ∨((Ri))	×	×	×	√	1	1
ORL direct, #data	43H direct data	direct←(direct)∨data	×	×	×	×	3	2
XRL direct,A	62H direct	direct←(A)⊕(direct)	×	×	×	×	2	1
XRL A,#data	64H data	A←(A)⊕data	×	×	×	√	2	1
XRL A,direct	65H direct	A←(A)⊕(direct)	×	×	×	√	2	1
XRL A,Rn	68H～6FH	A←(A)⊕(Rn)	×	×	×	√	1	1
XRL A,@Ri	66H～67H	A←(A)⊕ ((Ri))	×	×	×	√	1	1
XRL direct, #data	63H direct data	direct←(direct)⊕data	×	×	×	×	3	2
XRL direct,A	62H direct	direct←(A)⊕(direct)	×	×	×	×	2	1
CPL A	F4H	累加器取反	×	×	×	×	1	1
CLR A	E4H	A←0	×	×	×	0	1	1
RL A	23H	A 内容循环左移一位	×	×	×	×	1	1
RR A	03H	A 内容循环右移一位	×	×	×	×	1	1
RLC A	33H	累加器内容连同进位标志位循环左移一位	√	×	×	√	1	1
RRC A	33H	累加器内容连同进位标志位循环右移一位	√	×	×	√	1	1

4. 位操作类指令

指令助记符	十六进制代码	指令功能	CY	AC	OV	P	字节数	周期数
MOV C,bit	A2H bit	C←(bit)	√	×	×	×	2	1
MOV bit,C	92H bit	bit←(C)	×	×	×	×	2	2

续 表

指令助记符	十六进制代码	指令功能	CY	AC	OV	P	字节数	周期数
CLR C	C3H	C←0	0	×	×	×	1	1
CLR bit	C2H bit	bit←0	×	×	×	×	2	1
SETB C	C3H	C←1	1	×	×	×	1	1
SETB bit	C2H bit	bit←1	×	×	×	×	2	1
ANL C,bit	82H bit	C←(C)∧(bit)	√	×	×	×	2	2
ANL C,/bit	B0H bit	进位标志逻辑与直接寻址位的反	√	×	×	×	2	2
ORL C,bit	72H bit	C←(C) ∨(bit)	√	×	×	×	2	2
ORL C,/bit	A0H bit	进位标志逻辑或直接寻址位的反	√	×	×	×	2	2
CPL C	B3H	C←(C 取反)	√	×	×	×	1	1
CPL bit	B2H bit	bit←(bit 取反)	×	×	×	×	2	1

5. 控制转移类指令

指令助记符	十六进制代码	指令功能	CY	AC	OV	P	字节数	周期数
LJMP addr16	02H	PC←addr16	×	×	×	×	3	2
AJMP addr11	A10 A9 A8 1 0 0 0 1 A7 ～A0	PC←(PC)+2 PC10～0←addr11	×	×	×	×	2	2
SJMP rel	80H rel	PC←(PC)+2 PC←(PC)+rel	×	×	×	×	2	2
JMP @A+DPTR	72H	PC←(A)+(DPTR)	×	×	×	×	1	2
JZ rel	60H rel	若(A)=0, 则 PC←(PC)+2+rel 若(A)≠0, 则 PC←(PC)+2	×	×	×	×	2	2
JNZ rel	70H rel	若(A)≠0, 则 PC←(PC)+2+rel 若(A)=0, 则 PC←(PC)+2	×	×	×	×	2	2
JC rel	40H rel	若(C)=1, 则 PC←(PC)+2+rel 若(C)≠1, 则 PC←(PC)+2	×	×	×	×	2	2
JNC rel	50H rel	若(C)=0, 则 PC←(PC)+2+rel 若(C)≠0, 则 PC←(PC)+2	×	×	×	×	2	2
JB bit,rel	20H bit rel	若(bit)=1, 则 PC←(PC)+3+rel 若(bit)≠1, 则 PC←(PC)+3	×	×	×	×	3	2

续表

指令助记符	十六进制代码	指令功能	CY	AC	OV	P	字节数	周期数
JNB bit,rel	30H bit rel	若(bit)＝0, 则 PC←(PC)＋3＋rel 若(bit)≠0, 则 PC←(PC)＋3	×	×	×	×	3	2
JBC bit,rel	10H bit rel	若(bit)＝1, 则 PC←(PC)＋3＋rel, bit←0 若(bit)≠1, 则 PC←(PC)＋3	×	×	×	×	3	2
CJNE A,direct,rel	B5H direct rel	若(A)＝(direct), 则 PC←(PC)＋3,C←0 若(A)＞(direct), 则 PC←(PC)＋3＋rel, C←0 若(A)＜(direct), 则 PC←(PC)＋3＋rel, C←1	√	×	×	×	3	2
CJNE A,#data,rel	B4H data rel	若(A)＝data, 则 PC←(PC)＋3,C←0 若(A)＞data, 则 PC←(PC)＋3＋rel, C←0 若(A)＜data, 则 PC←(PC)＋3＋rel, C←1	√	×	×	×	3	2
CJNE Rn,#data,rel	B8H～BFH data rel	若(Rn)＝data, 则 PC←(PC)＋3,C←0 若(Rn)＞data, 则 PC←(PC)＋3＋rel,C←0 若(Rn)＜data, 则 PC←(PC)＋3＋rel, C←1	√	×	×	×	3	2
CJNE @Ri,#data,rel	B6H～B7H data rel	若((Ri))＝data, 则 PC←(PC)＋3,C←0 若((Ri))＞data, 则 PC←(PC)＋3＋rel,C←0 若((Ri))＜data, 则 PC←(PC)＋3＋rel,C←1	√	×	×	×	3	2

续 表

指令助记符	十六进制代码	指令功能	CY	AC	OV	P	字节数	周期数
DJNZ Rn,rel	D8H～DFH rel	Rn←(Rn)－1 若(Rn)≠0, 则 PC←(PC)＋2＋rel 若(Rn)＝0, 则 PC←(PC)＋2	×	×	×	×	2	2
DJNZ direct,rel	D5H direct rel	direct←(direct)－1 若(direct)≠0, 则 PC←(PC)＋3＋rel 若(direct)＝0, 则 PC←(PC)＋3	×	×	×	×	3	2
LCALL addr16	12H	PC←(PC)＋3 SP←(SP)＋1 (SP)←(PC)7～0 SP←(SP)＋1 (SP)←(PC)15～8 PC←addr16	×	×	×	×	3	2
ACALL addr11	A10 A9 A8 1 0 0 0 1 A7～A0	PC←(PC)＋2 SP←(SP)＋1 (SP)←(PC)7～0 SP←(SP)＋1 (SP)←(PC)15～8 PC10～0←addr10～0	×	×	×	×	2	2
RET	22H	PC15～8←((SP)) SP←(SP)－1 PC7～0←((SP)) SP←(SP)－1	×	×	×	×	1	2
RETI	32H	PC15～8←((SP)) SP←(SP)－1 PC7～0←((SP)) SP←(SP)－1	×	×	×	×	1	2
NOP	00H	PC←(PC)＋1	×	×	×	×	1	1

参考文献

[1] 苏平.单片机原理与接口技术.北京:电子工业出版社,2003.

[2] 徐惠民,等.单片微型计算机原理、接口及应用.北京:北京邮电大学出版社,2000.

[3] 王法能.单片机原理及应用.北京:科学出版社,2004.

[4] 张迎新,等.单片机原理及应用.北京:电子工业出版社,2005.

[5] 胡汉才.单片机原理及其接口技术.北京:清华大学出版社,2002.

[6] 张友德,等.单片微型计算机原理、应用与实验.上海:复旦大学出版社,1993.

[7] 王宗和,等.单片机实验与综合训练.北京:高等教育出版社,2005.

[8] 刘焕平.单片机原理与接口技术.北京:北京航空航天大学出版社,2007.

[9] 吴金戎,等.8051单片机实践与应用.北京:清华大学出版社,2002.

[10] 张洪润,等.单片机应用技术教程.北京:清华大学出版社,2003.